Anton Amann · Ulrich Müller-Herold

Offene Quantensysteme

Die Primas Lectures

 Springer

Prof. Dr. Anton Amann
Institut für Atemgasanalytik
der Österreichischen
Akademie der Wissenschaften
Dammstr 22
A-6850 Dornbirn
anton.amann@oeaw.ac.at
und
Medizinische Universität Innsbruck
Anichstr 35
A-6020 Innsbruck
anton.amann@i-med.ac.at

Prof. Dr. Ulrich Müller-Herold
ETH Zürich
Departement für Umweltwissenschaften
Universitätsstr. 16
CH-8092 Zürich
mueller-herold@env.ethz.ch

ISSN 0937-7433
ISBN 978-3-642-05186-9   e-ISBN 978-3-642-05187-6
DOI 10.1007/978-3-642-05187-6
Springer Heidelberg Dordrecht London New York

Die Deutsche Nationalbibliothek verzeichnet diese Publikation in der Deutschen Nationalbibliografie; detaillierte bibliografische Daten sind im Internet über http://dnb.d-nb.de abrufbar.

Einbandentwurf: WMXDesign GmbH, Heidelberg

Gedruckt auf säurefreiem Papier

Springer ist Teil der Fachverlagsgruppe Springer Science+Business Media (www.springer.com)

Zum Geleit

Im akademischen Jahr 1980/1981 hielt Hans Primas an der ETH Zürich zwei Vorlesungen Statistische Mechanik I und II im Rahmen der Doktorandenfortbildung am Laboratorium für Physikalische Chemie. Abgesehen von den üblichen Kursen in Molekülstatistik, in welchen es um die Berechnung thermodynamischer Stoffdaten aus spektroskopischen Moleküldaten geht, fehlte ein entsprechendes Angebot in der Ausbildung der physikalischen Chemiker an der ETH. In den darauf folgenden Jahren wurden diese Vorlesungen dann unter der Bezeichnung „Physikalische Chemie A" für Studierende nach dem Vordiplom in das physikalisch-chemische Fachstudium integriert.

Die Vorlesungen vermitteln eine *allgemeine* Einführung in die Spektroskopie. Im Laufe der 1950er Jahre war das Laboratorium für Physikalische Chemie der ETH zu einem der Weltzentren der Molekülspektroskopie geworden, an welchem eine Vielzahl von spektroskopischen Methoden gepflegt und weiterentwickelt wurde. Jede dieser Methoden hatte ihre eigene Theorie, so dass im Unterricht das Bedürfnis nach einer allgemeinen, von den Einzelheiten der jeweiligen Spektroskopie unabhängigen theoretischen Einführung entstand – damit nicht für jede Methode das weitgehend Gleiche stets aufs Neue vorgetragen werden musste.

Das theoretische Rahmenkonzept dafür bildete, was man als „Signaltheorie thermischer Quantensysteme" bezeichnen könnte: Ein Eingangssignal für die elektromagnetische Anregung wird mit einem Ausgangssignal in Beziehung gesetzt, das in Form von Spektren die Reaktion des untersuchten Quantensystems fixiert, welches sich mit seiner Umgebung im Wärmegleichgewicht befindet. Es ist dies die Theorie, wie sie in den Kapiteln vier, fünf und sechs dargestellt wird.

Eine Besonderheit der Vorlesungen lag darin, dass für die Vermittlung der thermodynamischen Grundlagen der damals unübliche, elegante informationstheoretische Zugang nach E. T. Jaynes gewählt wurde. Auf diese Weise wurden viele der mathematischen und begrifflichen Schwierigkeiten umgangen, die die statistische Mechanik seit ihren Anfängen vor über hundert Jahren belasten. Darüber hinaus enthielt die Primassche Darstellung zahlreiche kürzere und längere Einschübe zu umstrittenen oder verdrängten, jedenfalls aber offenen Fragen der berührten Gebiete. Die Ausarbeitungen etwa über das Verhältnis von mechanischen und thermodynamischen Theorien, über das Wesen der Entropie, über die Herleitung von Fermi's

Golden Rule oder zu der Frage: „Gibt es Quantensprünge?" boten überraschende Einsichten und haben bis heute nichts von ihrer Frische verloren.

Zum Zeitpunkt ihres Entstehens hatte Primas gerade sein theoretisches Hauptwerk „Chemistry, Quantum Mechanics and Reductionism" fertiggestellt.[1] Nach einer Berufslehre als Chemielaborant und anschliessendem Technikumsabschluß hatte er auf Grund herausragender Leistungen eine Anstellung bei Prof. Hans Heinrich Günthard an der ETH erhalten. 1953 entschloß sich Günthard, den wenige Jahre zuvor von Edward Purcell und Felix Bloch entdeckten kernmagnetischen Resonanzeffekt aufzugreifen und zusammen mit seinem jugendlichen Mitarbeiter hochauflösende NMR-Spektrometer für chemische Anwendungen zu konstruieren.

In den darauf folgenden zehn Jahren entwickelte sich Primas zum anerkannten Experten für Analogelektronik und den Bau spezieller Magnete. Er löste zahlreiche ingenieurtechnische, physikalisch-chemische und mathematische Probleme der frühen Kernresonanz. Einer seiner damaligen Doktoranden, der nur fünf Jahre jüngere spätere Nobelpreisträger Richard Ernst, hat Jahre später diese Arbeiten in einem aufschlußreichen Essay porträtiert.[2] Sie führten u.a. zu 30 Patenten, einer Reihe kommerziell erfolgreicher NMR-Geräte und 1961 zu einer zunächst ausserordentlichen Professur an der ETH. Danach verlagerten sich Primas' Forschungsinteressen von der experimentellen zur theoretischen Chemie, wobei quantenmechanische Grundlagenprobleme immer mehr in den Vordergrund traten.

Die Vorlesungen entstanden 1980 im Rückblick auf eine fast zwanzig Jahre zurück liegende Forschungszeit. Sie belegen, wie Primas sich mit der Theorie spektroskopischen Experimentierens zu einer Zeit auseinandersetzte, als es noch kaum kommerzielle Spektrometer gab und physikalisch-chemische Doktorarbeiten vor allem in der Konstruktion neuer Geräte bestanden. Die hier vorliegende Überarbeitung beruht auf maschinengeschriebenen Unterlagen, die an die Studierenden abgegeben wurden, sowie auf handschriftlichen Vorlesungsnotizen. Die Herausgeber sind die Rechnungen durchgegangen, haben die Formeln kontrolliert und die Texte sprachlich bereinigt. Soweit irgend möglich wurde dabei die oft eigenwillige Ausdrucksweise beibehalten, die Primas' Vorlesungen den unverwechselbaren Ton gab.

In Inhalt und Perspektive richten sich die Lectures vor allem an Doktorierende der physikalischen Chemie und verwandter Fächer. Sie gehen zurück auf eine Zeit, als Macs und PCs noch wenig verbreitet waren. Um den Text als Lehr- und Lernbuch für den heutigen Gebrauch zu aktualisieren, haben die Herausgeber die Originalübungen durch zusätzliche Übungsaufgaben ergänzt, die mit Programmen wie MATLAB bearbeitet werden können. Die Lösungen können unter `quantum.voc-research.at` eingesehen werden.

---

[1] *Chemistry, Quantum Mechanics and Reductionism. Perspectives in Theoretical Chemistry* (with a foreword by Paul Feyerabend), Springer, Berlin, 1981.

[2] R. R. Ernst, Hans Primas and nuclear magnetic resonance, in H. Atmanspacher et al. (eds.), *On Quanta, Mind and Matter. Hans Primas in Context*, Kluwer, Dordrecht (1999).

Das Anspruchsniveau der Darstellung schwankt. Während die ersten Abschnitte der Einführung in die Informationsthermostatik so elementar gehalten sind, dass sie auch auf Gymnasialstufe vermittelt werden könnten, entspricht das sonstige Niveau im allgemeinen dem, was mathematisch und chemisch-physikalisch von einem Doktoranden anfangs der 1980er Jahren erwartet wurde. Gelegentlich aber gehen die mathematischen und begrifflichen Ansprüche doch darüber hinaus – vor allem dann, wenn Primas' eigene Forschungsinteressen berührt werden. In der Regel sind solche Abschnitte durch eine hinweisende Raute $\sharp$ („Kann beim ersten Studium überschlagen werden") gekennzeichnet.

Wir danken Hans Primas, dass er das Material, das für ihn abgesunken im historischen Sediment liegt, zur Aufarbeitung frei gegeben hat. Besonderer Dank gilt auch seinem letzten Doktoranden, Prof. Dr. Pierre Funck, der die Abbildungen des vorliegenden Buches gestaltet, sowie Dr. Harald Atmanspacher, der das Personen- und Sachverzeichnis zusammengestellt hat.

Innsbruck und Zürich, den 1. Mai 2010

Anton Amann
Ulrich Müller-Herold

Inhaltsverzeichnis

Kapitel 1
Informationsthermostatik

1.1 Eine Denksportaufgabe

„Wieviele Fragen muss man mindestens stellen, um eine von einer anderen Person gedachte positive ganze Zahl zwischen 1 und 1 000 mit Sicherheit zu bestimmen? Es wird vereinbart, dass auf alle Fragen nur mit ‚ja‘ oder ‚nein‘ geantwortet wird." [1]

Betrachte zunächst nur einmal die Zahlen zwischen 1 und 10, dann ist „offensichtlich" folgende Strategie optimal:

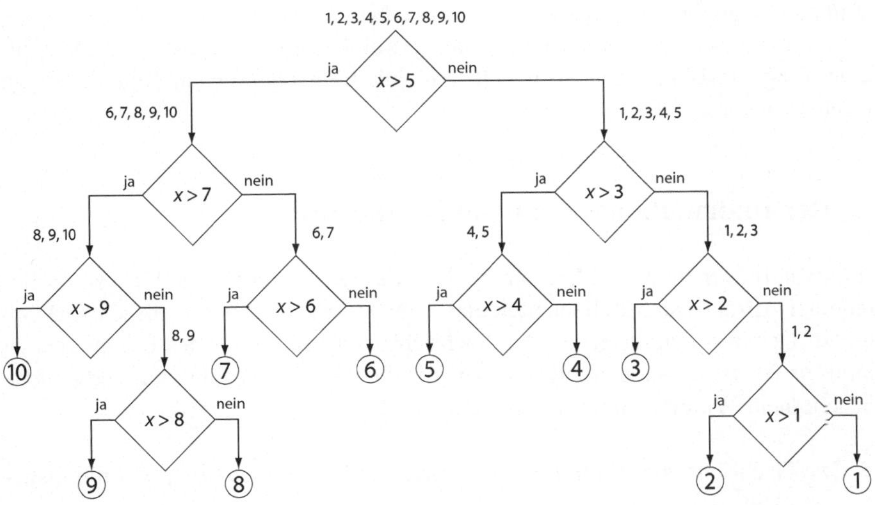

Die Umkehrung der Fragestellung ist rechnerisch einfacher:

Mit $k = 4$ Ja-Nein-Fragen kann man $2^k = 16$ Möglichkeiten unterscheiden

---

[1] Entnommen aus B. A. Kordemski: *Köpfchen, Köpfchen!* (Aufgabe 250). Urania Verlag, Leipzig, 9. Auflage (1971).

A. Amann, U. Müller-Herold, *Offene Quantensysteme*, Springer-Lehrbuch, DOI 10.1007/978-3-642-05187-6_1, © Springer-Verlag Berlin Heidelberg 2011

Allgemeiner:

Mit n binären Fragen kann man $2^n = N$ disjunkte Ereignisse unterscheiden.

Umkehrung:

Um N disjunkte Ereignisse zu unterscheiden, braucht man $[\log_2 N]$ binäre Fragen (wobei $[x]$ die kleinste ganze Zahl $\geq x$ ist).

Also lautet die Antwort auf die Denksportaufgabe: Die notwendige Anzahl der binären Fragen ist

$$[\log_2 1000] = \left[\frac{\log_{10} 1000}{\log_{10} 2}\right] = \left[\frac{3}{0{,}301}\right] = 10.$$

Tatsächlich könnte man mit 10 Fragen sogar $2^{10} = 1\,024$ Möglichkeiten unterscheiden.

Beachte: Die gewählte Strategie ist *sicher*, das heisst, sie führt unabhängig von jeder Wahrscheinlichkeitsverteilung in jedem Fall nach maximal $[\log_2 N]$ binären Fragen zur richtigen Antwort, *aber* sie ist im statistischen Mittel nur dann *optimal*, wenn alle möglichen Ereignisse *gleich wahrscheinlich sind*.

Es war der wesentliche Punkt bei der gewählten Strategie, dass mit jeder binären Frage zwischen zwei (ungefähr) gleich wahrscheinlichen Situationen zu entscheiden war.

1.2 Der Informationsgehalt von Nachrichten

Intuitiv ist Information ein Mass für den Unterschied zwischen dem blossen Vorliegen einer Anzahl von Möglichkeiten und dem Wissen, welche von diesen wirklich zutrifft. Der Informationsgehalt der Nachricht vom Eintreten eines Ereignisses ist damit ein Mass für seine Neuigkeit bzw. für die mit seinem Eintreten verbundene Unsicherheit. Wir einigen uns auf folgende zwei wichtige Konventionen:

i. Die Nachricht vom Eintreffen eines sicheren Ereignisses bringt definitionsgemäss keine Information.
ii. Die mathematische Informationstheorie klammert die Frage nach der Bedeutung aus. Das heisst, die mathematische Informationstheorie abstrahiert völlig von der Relevanz einer Mitteilung für den Empfänger (sie betrachtet Information vom Standpunkt der Telefongesellschaften: Deren Aufgabe ist das möglichst fehlerfreie *Übermitteln* von Nachrichten, nicht Spionage).

In der Informationstheorie wird der Informationsgehalt einer Nachricht mit der Anzahl der damit verknüpften Binärfragen definiert. Die Einheit der Information

heisst *Bit*. Ein Bit misst die Information, die damit verbunden ist, dass eine binäre
Ziffer den Wert 0 oder 1 annimmt.

Bit, Byte, Baud und Pit
Die Einheit der Information „*Bit*" stammt ursprünglich von „binary digit", d. h. einer
binären Zahl, deren Wert entweder 0 oder 1 ist. In der statistischen Informationstheorie darf man aber die Einheit „*Bit*" nicht mit einer Binärzahl identifizieren, da
ein binäres Symbol mit einer Wahrscheinlichkeit $\pm\frac{1}{2}$ gerade *nicht* 1 Bit Information
liefert. Ein *Byte* ist eine kurze Folge von binären Zahlen, üblicherweise von 8 Bits
Länge (PDP-11), selten von 6 Bits (PDP-8) oder 9 Bits Länge. Ein *Baud* ist die
Einheit des Informationsflusses, d. h. ein Bit pro Sekunde. Ein *Pit* ist die Information
tragende Vertiefung einer digitalen Kompakt-Schallplatte.

Jede Information kann als Kennzeichnung eines gewissen Elements ω einer Menge Ω – der Menge der möglichen Nachrichten, des sogenannten Stichprobenrau-
mes – aufgefasst werden. Ist Ω eine Menge mit $N = 2^n$ Elementen $\omega_1, \omega_2, \ldots, \omega_N$
(„Nachrichten", „elementare Ereignisse"), dann genügt zur Spezifizierung eines bestimmten Elements von Ω eine n-gliedrige Folge von Nullen und Einsen (Binärkodierung). Wir sagen, eine solche Nachricht habe den kombinatorischen Informationsgehalt I von $n = \log_2 N$ bit (Hartley, 1928[2]). Allgemeiner definiert man die zur
Charakterisierung eines Elements ω des Stichprobenraums $\Omega = \{\omega_1, \omega_2, \ldots, \omega_N\}$
nötige Information durch

$$I = \log_2 N,$$

auch dann, wenn N keine Zweierpotenz ist.

Beispiel: 3-bit-Nachrichten
Es sei $N = 8$. Eine mögliche Binärkodierung für die acht disjunkten, d. h. einander
ausschliessenden Elementarereignisse $\omega_1, \omega_2, \ldots, \omega_8$ ist:

ω_1 code: 0 0 0	ω_5 code: 1 0 0
ω_2 code: 0 0 1	ω_6 code: 1 0 1
ω_3 code: 0 1 0	ω_7 code: 1 1 0
ω_4 code: 0 1 1	ω_8 code: 1 1 1

Beispiel: Informationsgehalt von Zeichen des Alltagslebens
– eine Dezimalzahl repräsentiert $I = \log_2 10 \approx 3{,}3$ bit
– ein Buchstabe des Alphabets repräsentiert $I = \log_2 26 \approx 4{,}7$ bit
– ein Anschlag einer Schreibmaschine mit 2×44 Zeichen repräsentiert
   $I = \log_2 88 \approx 6{,}5$ bit

Beispiel: Compact Disc
Die Bandbreite eines Signales bezeichnet die Differenz der beiden Frequenzen f_2
und f_1, die den Frequenzbereich $[f_1, f_2]$ des Signales bilden. Mit der Abtastrate,

---

[2] R. V. L. Hartley: Transmission of information. Bell Syst. Tech. J. **7**, 535–563 (1928).

auch Samplingrate, bezeichnet man in der digitalen Signalverarbeitung die Häufigkeit, mit der das Signal pro Zeitintervall abgetastet wird. Gemäss einem 1948 von Claude Shannon abgeleiteten Theorem („sampling theorem") muss für die exakte Darstellung eines Signals von begrenzter Bandbreite die Abtastfrequenz einer Digitaldarstellung mindestens doppelt so hoch sein wie die Frequenz des höchsten vorkommenden Spektralanteils. Für Audiosignale bis zu 20 kHz ist die bei der Compact Disc verwendete Schaltfrequenz von 44,1 kHz hinreichend. Die Compact Disc arbeitet mit einer linearen 16 bit Analog-Digitalumwandlung, was einen Signal-Rauschabstand von rund 96 dB ergibt (6 dB pro bit). Das heisst, das Analogsignal wird alle 22,7 µs abgetastet und die dabei festgestellte Amplitudenhöhe wird linear (d. h. mit einer gleichmässigen Stufung) im Binärcode in ein 16-bit-Wort umgewandelt, was $2^{16} = 65\,536$ verschiedenen Amplitudenwerten entspricht. Ein *Pit* ist eine Oberflächenvertiefung einer Compact Disc (Tiefe: 0,11 µm; Breite: 0,5 µm; Länge: 0,8 bis 3,6 µm), ein Pit kann ein oder mehrere Bits markieren. Die in den Pits enthaltene Information wird mit einem Laserstrahl (Ga-Al-As-Laserdiode mit 780 nm Wellenlänge), welcher auf 1,7 µm Durchmesser fokussiert ist, abgetastet. Der Spurabstand beträgt 1,6 µm. Dies ergibt eine effektive Informationsdichte von 0,77 Mbit/mm^2. Pro Kanal beträgt der Audio-Datenfluss 1,4112 Mbit/s. Somit sind auf einer Compact Disc von 60 Minuten Spielzeit pro Audiokanal 5,08 Gbit gespeichert. Die zwei Stereokanäle zusammen mit den Steuerungssignalen und Fehlerkennungscodes ergeben eine totale Speicherkapazität einer 60-Minuten-CD von 15,56 Gbit.

Technische Daten einer einseitigen Audio-CD mit zwei Kanälen [3]:

Plattendicke	1,2 mm
Plattendurchmesser	120 mm
Programmstart bei einem Durchmesser von	50 mm
Breite des Programmbereichs	33 mm
Plattendrehzahl, variabel	486–196 U/min
Ablesegeschwindigkeit, konstant	1,2 m/s
Spielzeit	max. 74 min
Spurbreite	0,5 µm
Spurabstand	1,6 µm
Spurtiefe	0,1 µm
Pitlänge, variabel	0,833–3,05 µm
Quantisierung (pro Kanal)	16 Bit linear
Abtastfrequenz	44,1 kHz
Fehlerkorrektur	CIRC[4]
Speicherkapazität	ca. 16 Gbit
Kanalbitrate	4,3218 Mbit/s
Frequenzresponse	20…20,000 Hz, ± 0,5 dB
Harmonische Verzerrungen	< 0,01 %
Signal/Rauschverhältnis	> 90 dB
Dynamikumfang	> 90 dB
Kanalseparation	> 90 dB

---

[3] Nach: H. Nakajima, T. Doi, J. Fukuda, A. Iga, *The Sony Book of Digital Audio Technology*, Tab Books Inc., Blue Ridge Summit, Pa, 1983.

[4] CIRC = Cross Interleave Reed Solomon Code.

Beispiel: CD-ROM als Datenspeicher[5]
Eine CD-ROM („Compact Disc Read-Only Memory") sieht genau gleich aus wie
eine Audio Compact Disc (exakt dieselben Dimensionen), unterscheidet sich aber
in der logischen Organisation der eingeprägten Daten. Zusätzlich zu den für die Organisation und die Fehlerkorrektur reversierten Daten stehen 650 Megabyte (mit 1
Byte = 8 bit, d. h. 5,2 Gbit) frei benutzbare Speicherkapazität mit einer Zugriffszeit
im Bereich von wenigen Sekunden zur Verfügung. Bereits ist die „Grolier Academic Encyclopedia" (ein 20-bändiges Werk mit $9 \cdot 10^6$ Wörtern) auf *einer* (nur zu
einem Fünftel beanspruchten!) CD erhältlich. Dabei ist der eigentliche neun Mil-
lionen Wörter umfassende Text des Lexikons in einer 60 MByte grossen Datenbank
abgelegt. In einem 50 MByte umfassenden Index sind noch einmal alle Begriffe,
nach denen gesucht werden kann, abgelegt.

Denkbar wäre auch ein Telefonverzeichnis mit den 10^3 Telefonnummern der USA
auf nur 5 CD-ROM. Für solche Anwendungen sind die Herstellungskosten von
Compact Discs viel geringer als die von gedruckten Verzeichnissen.

Aufgabe: Die verfügbare Speicherkapazität einer CD-Rom beträgt 5,2 Gbit. Wieviel
ist das in der Realisierung mit einem traditionellen Datenträger, z. B. mit Schreib-
maschinenschrift (mit 88 verschiedenen Zeichen) und auf A4-Papier (mit 40 Zeilen
zu 60 Anschlägen)?

Resultat: Mit $\log_2 88 \approx 6,5$ erhält man

$$5,2 \cdot 10^9 : (6,5 \cdot 40 \cdot 60) \approx 330\,000 \text{ Blätter A4.}$$

Bei einer Papierdicke von 0,1 mm ergibt dies einen Stapel von 33 m Höhe.

Die bisher erwähnten Beispiele bezogen sich auf reine *kombinatorische* Kodie-
rungsprobleme. Die heutige mathematische Informationstheorie wurde begründet
durch Claude E. Shannon (The mathematical theory of communication, Bell Syst.
Tech. J. **27**, 379–423, 623–656, 1948) und ist eine *statistische* Theorie. Sie bezieht
sich auf ein fiktives Ensemble von unter gleichartigen Bedingungen durchgeführten
stochastischen Experimenten. In dieser statistischen Informationstheorie ist 1 Bit die
mittlere Information einer binären Zufallsgrösse, deren beide Werte mit derselben
Wahrscheinlichkeit $\frac{1}{2}$ produziert werden.

1.3 Elementare Wahrscheinlichkeitsbegriffe

Gegenstand wahrscheinlichkeitstheoretischer Betrachtungen sind *stochastische Experimente*, d. h. Experimente, deren Verlauf und Ergebnis als nicht durch ihre Aus-
gangssituation festgelegt betrachtet werden. Man sagt, das Resultat eines stochastischen Experiments sei *„vom Zufall mitbestimmt".*

Die möglichen Ergebnisse eines Zufallsexperiments werden *Elementarereignisse*
genannt und zur Menge Ω aller Elementarereignisse zusammengefasst. Diese Menge Ω heisst auch der *Stichprobenraum* des stochastischen Experiments. Teilmengen
von Ω werden als *Ereignisse* bezeichnet.

Beispiel
Mit einem Würfel werde zehnmal gewürfelt. Dann ist der Stichprobenraum dieses
stochastischen Experiments gleich der Menge aller Folgen der Länge 10 aus den

---

[5] Gemäss Audio, Dezember 1986, pp. 29–32, und Funkschau 6/1987, pp. 33–37.

Ziffern 1 bis 6. Alle Folgen, die ohne 6 gebildet werden, sind ein Beispiel für ein Ereignis.

Jedem Elementarereignis wird eine nichtnegative reelle Zahl als *Wahrscheinlichkeit* zugeordnet. Durch Summation über die Wahrscheinlichkeiten aller zu einem Ereignis gehörigen Elementarereignisse ergibt sich daraus die Wahrscheinlichkeit dieses Ereignisses. Wir betrachten hier nur *vollständige* stochastische Experimente, bei denen bei jedem Versuch mit Sicherheit irgend ein Ereignis eintritt. Die Menge Ω entspricht selbst einem Ereignis, dem sogenannten trivialen oder sicheren Ereignis, das bei jedem Versuch eintritt. Wir normieren die Wahrscheinlichkeit so, dass die Wahrscheinlichkeit des sicheren Ereignisses Ω gleich 1 ist.

Die *Häufigkeitsinterpretation* der mathematischen Wahrscheinlichkeitstheorie interpretiert Wahrscheinlichkeiten als relative Häufigkeiten in einem stochastischen Experiment. Die Aussage „die Wahrscheinlichkeit des Ereignisses E hat den Wert p" bedeutet danach, dass bei sehr oft wiederholten stochastischen Experimenten, die durch dasselbe mathematische Modell beschrieben und unabhängig voneinander durchgeführt werden, die relative Häufigkeit derjenigen Experimente, bei denen das eingetretene Ereignis zu E gehört, dicht bei p liegt.

Es sei E ein zufälliges Ereignis und $p(E)$ seine Wahrscheinlichkeit. Dann gilt $0 \leq p(E) \leq 1$, wobei $p(E) = 1$ bedeutet, dass E ein sicheres Ereignis ist; $p(E) = 0$ bedeutet, dass E ein unmögliches Ereignis ist. Dabei ist $p(E)$ die Wahrscheinlichkeit für das Eintreten von E, und $1 - p(E)$ ist die Wahrscheinlichkeit für das Nichteintreten von E.

Das Ereignis „wenigstens eines der beiden Ereignisse E_1 oder E_2 tritt ein" nennt man die *Summe* der Ereignisse E_1 und E_2 und schreibt:

$$E_1 + E_2 = E_1 \vee E_2 = \text{„}E_1 \text{ oder } E_2\text{"} \text{ (inklusives oder).}$$

Das Ereignis „sowohl E_1 als auch E_2 treten gleichzeitig ein" nennt man das Produkt der Ereignisse E_1 und E_2 und schreibt

$$E_1 E_2 = E_1 \wedge E_2 = \text{„}E_1 \text{ und } E_2\text{".}$$

Zwischen den Wahrscheinlichkeiten $p(E_1 \vee E_2)$, $p(E_1 \wedge E_2)$, $p(E_1)$, $p(E_2)$ besteht die Boole'sche Relation

$$p(E_1 \vee E_2) = p(E_1) + p(E_2) - p(E_1 \wedge E_2).$$

Sind zwei Ereignisse E_1, E_2 miteinander unvereinbar, so gilt $p(E_1 \wedge E_2) = 0$. E_1 und E_2 heissen dann *disjunkte* Ereignisse. Für disjunkte Ereignisse E_1, E_2 gilt das Additionsgesetz für Wahrscheinlichkeiten von disjunkten Ereignissen:

$$p(E_1 \vee E_2) = p(E_1) + p(E_2).$$

Beeinflusst das Eintreten eines Ereignisses E_1 das Eintreten eines Ereignisses E_2 nicht, dann heissen E_1 und E_2 *stochastisch unabhängige Ereignisse* und es gilt das *Multiplikationsgesetz* für unabhängige Ereignisse

$$p(E_1 \wedge E_2) = p(E_1)p(E_2).$$

Die Wahrscheinlichkeit für das Eintreten des Ereignisses E_1, wenn mit Sicherheit bekannt ist, dass das Ereignis E_2 eintritt, heisst die *„bedingte Wahrscheinlichkeit $p(E_1|E_2)$* für das Eintreten von E_1 unter der Bedingung E_2". Es gilt

$$p(E_1|E_2) = \frac{p(E_1 \wedge E_2)}{p(E_2)} \text{ falls } p(E_2) > 0.$$

Für unabhängige Ereignisse E_1, E_2 gilt $p(E_1|E_2) = p(E_1)$.

Eine reellwertige Funktion auf der Menge der Elementarereignisse heisst eine *Zufallsvariable*. Es sei $a : \Omega \to \mathbb{R}$ eine Zufallsvariable, dann definiert man den *Erwartungswert* $\langle a \rangle$ von a durch

$$\langle a \rangle := \sum_j p_j a(\omega_j) \qquad \omega_j \in \Omega,$$

wobei p_j die Wahrscheinlichkeit des j-ten Elementarereignisses ω ist.

1.4 Der Informationsgehalt stochastischer Experimente

Aus der Sicht der statistischen Informationstheorie ist die Denksportaufgabe von Abschn. 1.1 nur dann optimal gelöst, wenn bei einer vielfachen Wiederholung des Experiments alle Ereignisse mit gleicher Häufigkeit auftreten, d. h. wenn sie „gleich wahrscheinlich" sind. Ist p_i die Wahrscheinlichkeit für das Eintreten des Ereignisses $\omega_i \in \Omega = \{\omega_1, \omega_2, \ldots, \omega_N\}$, wobei

$$0 \le p_i \le 1, \quad \sum_{i=1}^{N} p_i = N,$$

so heissen die Ereignisse *gleich wahrscheinlich*, wenn

$$p_1 = p_2 = \cdots = p_N$$

so dass $p_i = 1/N$ für alle $i = 1, 2, \ldots, N$. Die Nachricht, dass das Ereignis ω_i eingetroffen ist, hat gemäss Abschn. 1.2 den Informationsgehalt $I(\omega_i) = \log_2 N$, was wir auch in der Form

$$I(\omega_i) = \log_2(1/p_i) = -\log_2(p_i)$$

schreiben können. Shannon (1948) hat diese Beziehung für beliebige Wahrscheinlichkeitsverteilungen verallgemeinert und definiert allgemein

$$I(\omega_i) := -\log_2(p_i),$$

wobei p_i die Wahrscheinlichkeit für das Eintreten des Ereignisses ω_i ist.

> Die Mitteilung, dass ein Ereignis i mit Eintretenswahrscheinlichkeit p_i tatsächlich eingetreten ist, hat einen Informationsgehalt von $\log_2(1/p_i)$.

Wenn wir sagen, dass in einem stochastisehen Experiment ein Ereignis ω_i, mit der Wahrscheinlichkeit p_i, $0 \leq p_i \leq 1$, auftritt, so meinen wir, dass bei einer n-fachen Wiederholung des Experiments das Ereignis ω_i ungefähr mit der Häufigkeit np_i auftritt, wobei für $n \to \infty$ stochastische Konvergenz im Sinne der Gesetze der grossen Zahlen[6] zu erwarten ist.

Wir betrachten nun ein stochastisches Experiment mit einer endlichen Zahl von möglichen disjunkten Resultaten (indiziert mit $i = 1, 2, \ldots, N$), wobei die Wahrscheinlichkeit für das i-te Ereignis mit p_i bezeichnet sei. Wir nehmen immer an, dass („vollständiges Experiment").

Tritt das i-te Ereignis ein, so entspricht die Kenntnis dieser Tatsache einem Informationsgewinn von $-\log_2 p_i$. Da die Wahrscheinlichkeit für das i-te Ereignis gleich p_i ist, und in einem vollständigen stochastischen Experiment mit Sicherheit ein Ereignis eintritt, $\sum_{i=1}^{N} p_i = 1$, so ist im Ensemblemittel der Informationsgehalt eines ausgeführten stochastischen Experiments gegeben durch $-\sum_{i=1}^{N} p_i \log_2 p_i$. Die *mittlere Information H*

$$H := \sum_{i=1}^{N} p_i I(\omega_i) = -\sum_{i=1}^{N} p_i \log_2(p_i)$$

heisst auch die *Shannoninformation* oder die *Shannonentropie* (kurz auch Entropie). Die Grösse H ist ein Mass für die Informationsmenge, die *im Mittel* zur Kennzeichnung eines beliebigen Ereignisses der Stichprobenmenge $\Omega = \{\omega_1, \omega_2, \ldots, \omega_N\}$ benötigt oder bei einem entsprechenden stochastischen Experiment erhalten wird.

> **Resultat**
>
> Der mittlere Informationsgehalt H eines stochastischen Experiments mit N möglichen disjunkten Resultaten und den Wahrscheinlichkeiten $p_1, p_2, \ldots, p_N$ ist gegeben durch
>
> $$H = -\sum_{i=1}^{N} p_i \log_2 p_i \, \text{bits}.$$

---

[6] Für eine präzise Definition, siehe: L. Wassermann, *All of Statistics. A Concise Course in Statistical Inference*, Springer, New York, NY, 2004.

Bemerkungen

(i) Disjunkte Ereignisse sind Ereignisse, welche nicht gleichzeitig eintreten können

(ii) Wegen $\lim\limits_{p\to +0} p\ln p = 0$ setzen wir $0\ln 0 := 0$.

Die Shannonentropie ist nie negativ: $H(P) \geq 0$. Der maximale mittlere Informationsgehalt eines Experiments mit N disjunkten Ereignissen ist gleich $\log_2 N$ und tritt genau bei einer Gleichverteilung der Wahrscheinlichkeiten auf (d. h. falls $p_1 = p_2 = \cdots = p_N = 1/N$). Es gilt also für beliebige stochastische Experimente die Ungleichung

$$0 \leq H \leq \log_2 N.$$

Übungsaufgaben

(aus S. Goldman, *Information theory*, Constable, London 1953, p. 7)

1. Zwei nichtgezinkte Spielwürfel mit den Zahlen 1, 2, 3, 4, 5, 6 werden geworfen. Wieviel Information enthält die Mitteilung, dass die Summe der geworfenen Zahlen gleich sieben ist?
   (Antwort: $H = \log_2 6 = 2{,}58\,\text{bits}$)
2. In einem Dorf sind 25% aller Mädchen blond, und 75% aller Blondinen haben blaue Augen. Weiter haben 50% aller Mädchen blaue Augen. Wenn von einem Mädchen bekannt ist, dass es blaue Augen hat, wieviel zusätzliche Information enthält die Mitteilung, dass sie eine Blondine ist?
   (Antwort: $H = -\log_2\{\frac{3}{4}\cdot\frac{1}{4}\cdot 2\} = 1{,}42\,\text{bits}$)

Die Shannonentropie H eines stochastischen Experiments hat folgende, sehr konkrete und experimentell überprüfbare Interpretation: Wenn man das Experiment oft wiederholt, so sind zur Registrierung des Resultats eines Versuchs durchschnittlich nur beliebig wenig mehr als

$$H = -\sum_{i=1}^{N} p_i \log_2(p_i).$$

Null- oder Einszeichen nötig (für eine präzise ε-δ-Formulierung und den Beweis dieses Satzes vgl. A. Rényi, *Wahrscheinlichkeitsrechnung*, VEB Deutscher Verlag der Wissenschaften, Berlin, 1966; S. 45).

Weiterführende Literatur:
Als elementare Einführung in die statistische Informationstheorie empfehlen wir A. M. Jaglom und I. M. Jaglom, *Wahrscheinlichkeit und Information*, VEB Deutscher Verlag der Wiss., Berlin, 1965, sowie das oben zitierte Buch von S. Goldman. Eine hervorragende, mathematisch orientierte, aber sehr lesbare Einführung gibt A. Rényi, *Wahrscheinlichkeitsrechnung*, VEB Deutscher Verlag der Wiss., Berlin, 1962 [English enlarged and reprinted Version: A. Rényi, *Probability theory*, Dover Publishers, 2007].

1.5 Eine Charakterisierung der Shannonschen Entropie

Die von Claude Shannon 1948 eingeführte informationstheoretische Entropie $H = -\sum_i p_i \log p_i$ für ein stochastisches Experiment mit den Wahrscheinlichkeiten $p_1, p_2, \ldots$ (mit $0 \leq p_i \leq 1$ und $\sum_i p_i = 1$) spielt in der modernen Informationstheorie und in der informationstheoretischen Begründung der Thermodynamik eine derart zentrale Rolle, dass man gerne eine etwas härtere Motivierung für den Ausdruck $-\sum p_i \log p_i$ hätte. Die folgende, mathematisch strenge und physikalisch ansprechende Charakterisierung stammt von Aczél und Mitarbeitern.[7]

Wir betrachten ein Experiment P mit Ereignismenge $\{E_j \mid j = 1, 2, \ldots, n\}$ und entsprechenden Wahrscheinlichkeiten $p_1, p_2, \ldots, p_n$, wobei

$$p_j = \text{Wahrscheinlichkeit für das Eintreffen von} E_j$$

mit

$$0 \leq p_j \leq 1 \quad \text{und} \quad \sum_{j=1}^{n} p_j = 1.$$

Analog sei Q ein anderes Experiment mit Ereignismenge $\{F_k \mid k = 1, 2, \ldots, m\}$ und den entsprechenden Wahrscheinlichkeiten $q_1, q_2, \ldots, q_m$. Mit $P \wedge Q$ bezeichnen wir die Kombination beider Experimente mit der Ereignismenge

$$\{E_j \text{ und } F_k \mid j = 1, \ldots, n; \ k = 1, \ldots, m\}.$$

Wir bezeichnen die mittlere Information aus Experiment P mit $H(P)$ und benutzen folgende Terminologie:

i. $H(P)$ heisst *symmetrisch*, wenn $H(P)$ eine symmetrische Funktion der $p_1, p_2, \ldots, p_n$ ist, d. h. nicht von der Numerierung der p_i abhängt,

ii. $H(P)$ heisst *erweiterbar*, falls $H(P)$ für $(p_1, \ldots, p_n)$ und $(p_1, \ldots, p_n, 0)$ denselben Wert hat,

iii. $H(P)$ heisst *additiv*, wenn die Information von zwei unabhängigen[8] Experimenten gleich der Summe der Informationen der Einzelexperimente ist, d. h.

$$H(P \wedge Q) = H(P) + H(Q) \text{ falls } P, Q \text{ unabhängig}$$

iv. $H(P)$ heisst *subadditiv*, wenn die Kombination von zwei Experimenten nicht mehr Informationen ergibt als die Information aus den entsprechenden Einzel-

---

[7] J. Aczél, B. Porte, C. T. Ng, Why the Shannon and Hartley Entropies Are 'Natural', Adv. Appl. Prob. **6**, 131–146 (1974) J. Aczél, Z. Daróczy, *On Measures of Information and Their Characterizations*, Academic Press, New York, NY, 1975.

[8] Für eine präzise Definition, siehe: L. Wassermann, *All of Statistics. A Concise Course in Statistical Inference*, Springer, New York, NY, 2004.

experimenten, d. h.

$$H(P \wedge Q) \leq H(P) + H(Q),$$

v. $H(P)$ heisst *klein für fast sichere Experimente* P, falls für ein Experiment P mit zwei Ereignissen und den Wahrscheinlichkeiten p und $1 - p$ gilt:

$$\lim_{p \to +0} H(P) = 0.$$

Gemäss den Resultaten von Aczél et al. gilt folgender Satz:

Satz **– Charakterisierung der Shannonentropie**

Jedes reellwertige Informationsmass $H(P)$, welches nur von den Wahrscheinlichkeiten $p_1, p_2, \ldots, p_n$ $(0 \leq p_i \leq 1, \sum_j p_j = 1)$ abhängt und welches

(i) symmetrisch,
(ii) erweiterbar,
(iii) additiv,
(iv) subadditiv,
(v) klein für fast sichere Experimente,

ist, ist proportional zur Shannonentropie, d. h.

$$H(P) = -k \sum_{j=1}^{n} p_j \log p_j,$$

wobei k eine beliebig wählbare positive Konstante ist.

Bemerkung
In der Informationstheorie wird der an sich undefinierte Ausdruck $0 \cdot \log 0$ durch

$$0 \cdot \log 0 := \lim_{p \to +0} p \ln p = 0$$

definiert.

1.6 Das Prinzip der maximalen Entropie

Im folgenden akzeptieren wir die Shannonsche informationstheoretische Entropie H als ein *Mass für die fehlende Information*, das heisst, H misst, was der Beobachter nicht weiss.

E. T. Jaynes (Information theory and statistical mechanics, Phys. Rev. **106**, 620–630, 1957) hat 1957 ein Verfahren angegeben, das erlaubt, *Wahrscheinlichkeitsverteilungen aus Beobachtungsdaten konsistent zu schätzen*. Das war ein altes Problem!

Bereits Laplace hatte mit seinem „Prinzip vom unzureichenden Grund" vorgeschlagen, als a-priori-Wahrscheinlichkeitsverteilung die Gleichverteilung anzunehmen, sofern man sonst gar nichts weiss. Jaynes hat das Laplacesche Prinzip ganz wesentlich verschärft und präzisiert:

A-priori-Wahrscheinlichkeiten sollen

   (i) konsistent mit unserem Vorwissen sein und

  (ii) ansonsten minimal präjudiziert sein.

Wir betrachten eine Wahrscheinlichkeitsverteilung als minimal präjudiziert, wenn sie so zufällig wie möglich ist. Wählen wir als Mass für die fehlende Information die Shannonentropie H, *dann heisst eine Wahrscheinlichkeitsverteilung minimal präjudiziert, wenn sie unter allen Wahrscheinlichkeitsverteilungen, welche mit unserem Vorauswissen verträglich sind, die grösste Shannonentropie H hat.*

Um diese Idee zu präzisieren nehmen wir an, dass unser Vorauswissen in der Kenntnis der Erwartungswerte einiger Zufallsvariablen bestehe. Betrachten wir den Fall von abzählbaren Stichprobenräumen Ω. Bezeichnen wir die disjunkten elementaren Ereignisse mit $\omega_1, \omega_2, \ldots$, und die dazugehörigen a-priori-Wahrscheinlichkeiten mit $p_1^\circ, p_2^\circ, \ldots, \sum_i p_i^\circ = 1$.

Im allgemeinen können die Elementarereignisse $\omega_i \in \Omega$ selbst nicht direkt beobachtet werden, sondern nur gewisse Funktionen der Elementarereignisse. Mathematisch werden diese Funktionen durch reellwertige Funktionen $a : \Omega \to \mathbb{R}$ dargestellt. Man spricht in diesem Kontext auch von einer Zufallsvariablen, welche für ein Elementarereignis ω_i den Wert $a(\omega_i)$ annimmt. Tritt das Elementarereignis ω_i mit der Wahrscheinlichkeit p_i° auf, dann ist der Erwartungswert $\langle a \rangle$ der Zufallsvariablen $a : \Omega \to \mathbb{R}$ bezüglich einer Wahrscheinlichkeitsverteilung $(p_1^\circ, p_2^\circ, \ldots)$ gegeben durch

$$\langle a \rangle = \sum_i p_i^\circ \, a(\omega_i).$$

Damit können wir das Jaynessche Verfahren, in konsistenter und vorurteilsloser Weise Schätzungswerte $(p_1, p_2, \ldots)$ für die a-priori-Wahrscheinlichkeiten $(p_1^\circ, p_2^\circ, \ldots)$ zu erhalten, wie folgt formulieren:

Postulat – **Prinzip der maximalen Entropie**

Als Vorausinformation seien die Erwartungswerte $A_1, A_2, \ldots, A_m$ von m reellwertigen Zufallsvariablen $a_\nu : \Omega \to \mathbb{R}$ ($\nu = 1, 2, \ldots, m$) bekannt, wobei Ω ein abzählbarer Stichprobenraum sei. Dann ist die *minimal präjudizierte* Wahrscheinlichkeitsverteilung $(p_1, p_2, \ldots)$, welche mit dieser Vorausinformation verträglich ist, gegeben durch

$$H(p_1, p_2, \ldots) = -k \sum_i p_i \ln p_i \quad \text{ist maximal,} \quad k > 0$$

unter den Nebenbedingungen

$$0 \leq p_i \leq 1, \quad \sum_i p_i = 1, \quad A_\nu = \sum_i p_i a_\nu(\omega_i)$$

für $\nu = 1, 2, \ldots, m$.

Bequemlichkeitshalber haben wir für den Logarithmus nun den natürlichen Logarithmus (zur Basis e) gewählt und eine beliebig wählbare positive Konstante k eingeführt.

Das mit dem Prinzip der maximalen Entropie verknüpfte mathematische Extremalwertproblem kann leicht mit der Methode der Lagrangeschen Multiplikatoren gelöst werden.

Pro memoria: Die Methode der Lagrangemultiplikatoren[9]

Um eine Funktion $f : \mathbb{R} \to \mathbb{C}$ von n reellen Variablen unter den m Nebenbedingungen $g_\alpha(x_1, \ldots, x_n) = 0, \alpha = 1, \ldots, m$, zu maximieren oder minimieren, sucht man ein Extremum $x_1^\circ, \ldots, x_n^\circ$ einer neuen Funktion $F : \mathbb{R}^n \to \mathbb{C}$, definiert durch

$$F := f + \sum_{\alpha=1}^{m} \lambda_\alpha g_\alpha, \quad \lambda_\alpha \in \mathbb{C}$$

d. h.

$$\partial F(x_1, \ldots, x_n)/\partial x_j = 0 \quad \text{für} \quad x_1 = x_1^\circ, \ \ldots, \ x_n = x_n^\circ, \ j = 1, \ldots, n.$$

Die m unbestimmten Parameter $\lambda_1, \ldots, \lambda_m$ heissen *Lagrange multiplikatoren*. Sie werden bestimmt durch die m Nebenbedingungen

$$g_\alpha(x_1^\circ, \ldots, x_n^\circ) = 0, \quad \alpha = 1, \ldots, m.$$

Beweis: Durch direktes Nachrechnen.

Für die Normierungsbedingung $\sum_i p_i = 1$ führen wir den Lagrangeparameter $k\lambda_0$, für die m weiteren Nebenbedingungen $A_\alpha = \sum_i p_i a_\alpha(\omega_i)$, $\alpha = 1, \ldots, m$, die Lagrangeparameter $k\lambda_1, \ldots, k\lambda_m$ ein. Dabei haben wir die Konstante $k > 0$ ausgeschrieben, um den Anschluss an die übliche Schreibweise zu gewinnen. Damit erhalten wir mit der Methode der Lagrangemultiplikatoren als Extremalbedingung für die Shannonentropie

---

[9] Anmerkung der Hg.: Eine anschauliche geometrische Motivierung findet man in dem Eintrag *Lagrange-Multiplikatoren* von Josef Leydold (1997) in der Wikipedia.

$$\frac{\partial}{\partial p_j}\left\{-\sum_i p_i \ln p_i - \lambda_0 \left(\sum_i p_i - 1\right) - \sum_{\nu=1}^m \lambda_\nu \left(\sum_i p_i a_\nu(\omega_i) - A_\nu\right)\right\} = 0.$$

Ausführung der Differentiation ergibt:

$$-\ln p_j - 1 - \lambda_0 - \sum_{\nu=1}^m \lambda_\nu a_\nu(\omega_j) = 0,$$

oder

$$p_j = \exp\left\{-\lambda_0 - 1 - \sum_{\nu=1}^m \lambda_\nu a_\nu(\omega_j)\right\}.$$

Aus der Nebenbedingung $\sum p_j = 1$ folgt

$$e^{\lambda_0+1} = \sum_j \exp\left\{-\sum_{\nu=1}^m \lambda_\nu a_\nu(\omega_j)\right\} := Z,$$

so dass

$$p_j = Z^{-1}\exp\left\{-\sum_{\nu=1}^m \lambda_\nu a_\nu(\omega_j)\right\}.$$

Mit

$$\frac{\partial Z}{\partial \lambda_\alpha} = -\sum_j a_\alpha(\omega_j)\exp\left\{-\sum_{\nu=1}^m \lambda_\nu a_\nu(\omega_j)\right\} = -Z\sum_j p_j a_\alpha(\omega_j)$$

und

$$\frac{\partial^2 Z}{\partial \lambda_\beta \partial \lambda_\alpha} = \sum_j a_\beta(\omega_j)a_\alpha(\omega_j)\exp\left\{-\sum_{\nu=1}^m \lambda_\nu a_\nu(\omega_j)\right\} = Z\sum_j p_j a_\beta(\omega_j)a_\alpha(\omega_j)$$

folgt wegen

$$-\frac{\partial \ln Z}{\partial \lambda_\alpha} = -\frac{1}{Z}\frac{\partial Z}{\partial \lambda_\alpha}$$

$$-\frac{\partial^2 \ln Z}{\partial \lambda_\beta \partial \lambda_\alpha} = \frac{1}{Z^2}\frac{\partial Z}{\partial \lambda_\beta}\cdot\frac{\partial Z}{\partial \lambda_\alpha} - \frac{1}{Z}\frac{\partial^2 Z}{\partial \lambda_\beta \partial \lambda_\alpha}$$

das wichtige Resultat

$$A_\alpha = \sum_i p_i a_\alpha(\omega_i) = -\frac{\partial \ln Z}{\partial \lambda_\alpha}$$

$$\sum_i p_i \{a_\alpha(\omega_i) - A_\alpha\}\{a_\beta(\omega_i) - A_\beta\} = \frac{\partial^2 \ln Z}{\partial \lambda_\alpha \partial \lambda_\beta}.$$

Damit ergibt sich der folgende für die Anwendungen fundamentale Satz:

Satz **– Minimal präjudizierte Wahrscheinlichkeitsverteilungen**

Es sei $a_\nu(\omega_i)$ der Wert einer Zufallsvariablen a_ν für das zufällige Ereignis ω_i, welches mit der Wahrscheinlichkeit p_i vorkomme. Als Vorausinformation seien die m Erwartungswerte $A_1, A_2, \ldots, A_m$ bekannt, wobei

$$A_\nu := \sum_i p_i a_\nu(\omega_i), \quad \nu = 1, 2, \ldots, m.$$

Dann ist die mit dieser Vorausinformation verträgliche, minimal präjudizierte Wahrscheinlichkeitsverteilung gegeben durch eine verallgemeinerte Boltzmannverteilung

$$p_i = \frac{1}{Z} \exp\left\{ -\sum_{n=1}^m \lambda_\nu a_\nu(\omega_i) \right\},$$

wobei die sogenannte Zustandssumme Z gegeben ist durch

$$Z(\lambda_1, \ldots, \lambda_m) := \sum_j \exp\left\{ -\sum_{n=1}^m \lambda_\nu a_\nu(\omega_j) \right\}.$$

Die Lagrangeparameter $k\lambda_1, \ldots, k\lambda_m$ sind implizite durch die Mittelwerte $A_1, \ldots, A_m$ der Zufallsvariablen $a_1, \ldots, a_m$ bestimmt

$$A_\alpha = -\frac{\partial \ln Z(\lambda_1, \ldots, \lambda_m)}{\partial \lambda_\alpha}, \quad \alpha = 1, \ldots, m.$$

Die Kovarianzen berechnen sich zu ($\alpha, \beta = 1, \ldots, m$):

$$\mathrm{cov}(a_\alpha a_\beta) := \sum_i p_i \{a_\alpha(\omega_i) - A_\alpha\}\{a_\beta(\omega_i) - A_\beta\} = \frac{\partial^2 \ln Z}{\partial \lambda_\alpha \partial \lambda_\beta}.$$

Speziell ist also die Varianz σ_α^2 von a_α gegeben durch

$$\sigma_\alpha^2 := \mathrm{cov}(a_\alpha a_\alpha) = \frac{\partial^2 \ln Z}{\partial \lambda_\alpha^2}.$$

Die unter den durch $A_1, \ldots, A_m$ gegebenen Nebenbedingungen maximisierte Shannonentropie H bezeichnen wir mit S

$$S(A_1, \ldots, A_m) = H(p_1(A_1, \ldots, A_m), \ldots, p_j(A_1, \ldots, A_m), \ldots, p_m(A_1, \ldots, A_m))$$
$$= H(p_1, \ldots, p_j, \ldots, p_m),$$

wobei $(p_1, \ldots, p_j, \ldots, p_m)$ die mit den Nebenbedingungen verträgliche und minimal präjudizierte Wahrscheinlichkeitsverteilung durch

$$p_j = p_j(A_1, \ldots, A_m) = Z^{-1} \exp\left\{ -\sum_{\nu=1}^{m} \lambda_\nu a_\nu(\omega_j) \right\}$$

gegeben ist. Damit folgt

$$S = -k \sum_j p_j \ln p_j = -k \sum_j p_j \ln\left\{ Z^{-1} \exp\left[-\sum_\nu \lambda_\nu a_\nu(\omega_j) \right] \right\}$$
$$= k \ln Z \sum_j p_j + k \sum_j \sum_\nu p_j \lambda_\nu a_\nu(\omega_j)$$

oder

$$S(A_1, \ldots, A_m) = k \ln Z + k \sum_{\nu=1}^{m} \lambda_\nu A_\nu .$$

Die unter den Nebenbedingungen $A_1, \ldots, A_m$ maximierte Shannonentropie $S(A_1, \ldots, A_m)$ repräsentiert die für eine vollständige Spezifikation des Systems *fehlende Information.*

Bemerkung: Ein anderer Beweis des Hauptresultats
Vom mathematischen Standpunkt aus ist unser Beweis etwas anfechtbar. Wir haben die Bedingung $p_i \geq 0$ nicht berücksichtigt, wir haben nicht bewiesen, dass das Extremum ein Maximum ist, und nicht gezeigt, dass die gefundene Lösung eindeutig ist. Statt unseren Beweis zu verbessern, ist es einfacher, einen neuen, hieb- und stichfesten Beweis zu geben. Das ist leicht möglich mit Hilfe der fundamentalen Ungleichung der Informationstheorie. Wenn eine reellwertige Funktion $x \mapsto f(x)$ einer rellen Variablen x stetige Ableitungen bis zur zweiten Ordnung hat, so gilt folgende Taylorentwicklung mit Restglied

$$f(x) = f(a) + \frac{x-a}{1!} f'(a) + \frac{(x-a)^2}{2!} f''\{a + \lambda(x-a)\}$$

mit $0 \leq \lambda \leq 1$. Mit $f(x) = \ln x$, $f'(x) = x^{-1}$, $f''(x) = -x^{-2}$ und $a = 1$ folgt damit für $x \geq 0$:

$$\ln x = (x-1) - \tfrac{1}{2}(x-1)^2 \kappa(x),$$

mit

$$\kappa(x) := (1 + \lambda x - \lambda)^{-2} > 0.$$

Setzen wir $x = q_i / p_i$, so folgt

$$\sum_i p_i \ln(q_i/p_i) = \sum_i p_i \left(\frac{q_i}{p_i} - 1 \right) - \frac{1}{2} \sum_i p_i \left(\frac{q_i}{p_i} - 1 \right)^2 \kappa(q_i/p_i).$$

Falls $q_1, q_2, \ldots$ und $p_1, p_2, \ldots$ Wahrscheinlichkeitsverteilungen sind, ist $q_i \geq 0$, $p_i \geq 0$ und $\sum_i q_i = \sum_i p_i = 1$, sodass

$$\sum_i p_i \ln(q_i/p_i) \leq 0,$$

wobei das Gleichheitszeichen dann und nur dann gilt, wenn $q_i = p_i$ für alle i. Diese fundamentale Ungleichung

$$-\sum_i p_i \ln p_i \leq -\sum_i p_i \ln q_i$$

der Informationstheorie benützen wir, um die Shannonentropie $H(p_1, p_2, \ldots) = -\sum_i p_i \ln p_i$ einer beliebigen Wahrscheinlichkeitsverteilung $(p_1, p_2, \ldots)$ mit der speziellen Wahrscheinlichkeitsverteilung $(q_1, q_2, \ldots)$

$$q_i := Z^{-1} \exp \left\{ -\sum_\nu \lambda_\nu a_\nu(\omega_i) \right\},$$

$$Z := \sum_i \exp \left\{ -\sum_\nu \lambda_\nu a_\nu(\omega_i) \right\},$$

zu vergleichen. Die Shannonentropie dieser Wahrscheinlichkeitsverteilung bezeichnen wir mit S

$$S = -k \sum_i q_i \ln q_i = k \ln Z + k \sum_\nu \lambda_\nu \sum_i q_i a_\nu(\omega_i).$$

Damit folgt für den Ausdruck $-\sum p_i \ln q_i$ die Relation

$$-\sum p_i \ln q_i = \ln Z + \sum_\nu \lambda_\nu \sum_i p_i a_\nu(\omega_i)$$

$$= S/k + \sum_\nu \lambda_\nu \left\{ \sum_i p_i a_\nu(\omega_i) - \sum_i q_i a_\nu(\omega_i) \right\}.$$

Falls die beiden Wahrscheinlichkeitsverteilungen $(p_1, p_2, \ldots)$ und $(q_1, q_2, \ldots)$ dieselben Nebenbedingungen erfüllen

$$\sum_i p_i a_\nu(\omega_i) = \sum_i q_i a_\nu(\omega_i)$$

so gilt gemäss der fundamentalen Ungleichung

$$H(p_1, p_2, \ldots) \leq S$$

wobei das Gleichheitszeichen dann und nur dann gilt, wenn $p_i = q_i$ für alle i, Q. E. D.

Erstes Anwendungsbeispiel:
Das Laplacesche Beispiel vom hinreichenden Grund
Haben wir keinerlei Vorwissen, so folgt aus unserem Resultat, dass $p_i = Z^{-1}$ für
alle i, d. h. alle p_i sind gleich gross („Gleichverteilung"). Falls wir n zufällige Ereignisse zu berücksichtigen haben, ist $p_i = 1/n$. Man beachte, dass die Gleichverteilung nicht existiert, falls n abzählbar unendlich ist, und natürlich auch nicht im
Falle einer kontinuierlichen Wahrscheinlichkeitsverteilung.

Zweites Anwendungsbeispiel: Die Gaussverteilung
Man kann die Shannonentropie auch für kontinuierliche Wahrscheinlichkeitsverteilungen definieren. Falls der Stichprobenraum Ω aus allen reellen Zahlen besteht, $\Omega = \mathbb{R}$, ist eine Wahrscheinlichkeitsdichte p eine nichtnegative Funktion
$\omega \mapsto p(\omega)$, $\omega \in \mathbb{R}$, mit

$$\int_{-\infty}^{\infty} p(\omega)\, \mathrm{d}\omega = 1, \quad p(\omega) \geq 0, \quad \omega \in \mathbb{R}.$$

Die Shannonentropie ist in diesem Fall definiert durch

$$H = -k \int_{-\infty}^{\infty} p(\omega) \ln\{p(\omega)\}\, \mathrm{d}\omega, \quad k > 0.$$

Kennt man die Erwartungswerte A_ν,

$$A_\nu = \int_{\mathbb{R}} p(\omega) a_\nu(\omega)\, \mathrm{d}\omega, \quad \nu = 1, \ldots, m,$$

dann ist die Wahrscheinlichkeitsverteilung maximaler Shannonentropie, welche diese Nebenbedingungen erfüllt, gegeben durch

$$p(\omega) = \frac{1}{Z} \exp\left\{ -\sum_{\nu=1}^{m} \lambda_\nu a_\nu(\omega) \right\}$$

mit

$$Z(\lambda_1, \ldots, \lambda_m) = \int_{\mathbb{R}} \exp\left\{ -\sum_{\nu=1}^{m} \lambda_\nu a_\nu(\omega) \right\} \mathrm{d}\omega.$$

Kennt man von einer Wahrscheinlichkeitsverteilung $p : \mathbb{R} \to \mathbb{R}^+$ lediglich den
Mittelwert m und die Varianz σ^2

$$m = \int_{\mathbb{R}} \omega p(\omega)\, \mathrm{d}\omega,$$

$$\sigma^2 = \int_{\mathbb{R}} (\omega - m)^2 p(\omega)\, \mathrm{d}\omega,$$

dann ist die Wahrscheinlichkeitsverteilung maximaler Entropie (mit Mittelwert m
und Streuung σ^2) gegeben durch die Gaussverteilung p_G

$$p_G(\omega) = \frac{1}{\sigma \sqrt{2\pi}} \exp\left\{ -(\omega - m)^2 / 2\sigma^2 \right\}.$$

Da es experimentell häufig sehr schwierig ist, zuverlässig mehr als Mittelwerte und Kovarianzen zu bestimmen, erklärt und rechtfertigt dieses Resultat die in der Praxis so übliche Verwendung von Gaussverteilungen. Das heisst, es ist nicht so, dass die in der Natur und in Experimenten beobachteten Phänomene tatsächlich gaussverteilt sind, aber man hat meist keine hinreichende Information, welche die Verwendung einer spezifischeren Wahrscheinlichkeitsverteilung rechtfertigen würde.

Weiterführende Literatur:

R. T. Cox, *The Algebra of Probable Inference*, The Johns Hopkins Press, Baltimore, MD, 1961.
S. Watanabe, *Knowing and Guessing. A Quantitative Study of Inference and Information*, Wiley, New York, NY, 1969.
M. Tribus, *Rational Descriptions, Decisions and Designs*, Pergamon Press, New York, NY, 1969.
R. D. Levine, M. Tribus (editors), *The Maximum Entropy Formalism. A Conference held at MIT, May 1978*. The MIT Press, Cambridge, MA, 1978.
E. T. Jaynes, *Papers on Probability, Statistics and Statistical Physics* (ed. by R. D. Rosenkrantz), Reidel, Dordrecht, Holland, 1983.

1.7 Konvexe Funktionen, konjugierte Variable und Legendretransformationen[#]

Eine reellwertige Funktion $x \mapsto f(x)$, $x \in \mathbb{R}^m$, heisst *konvex*, falls für $0 \leq p \leq 1$ gilt

$$f\{px + (1-p)y\} \leq pf(x) + (1-p)f(y); \quad x, y \in \mathbb{R}^m.$$

Die Funktion f heisst *strikte* konvex, falls für $x \neq y$ und $0 < p < 1$ gilt

$$f\{px + (1-p)y\} < pf(x) + (1-p)f(y); \quad x, y \in \mathbb{R}^m.$$

Eine Funktion f heisst *konkav*, falls $-f$ konvex ist, und *strikte konkav*, falls $-f$ strikte konvex ist.

Beispiele
Die Funktionen $x \mapsto x^{2n}$ ($n \geq 1$), $x \mapsto \exp(x)$, $x \mapsto \sqrt{a^2 + x^2}$ ($a \neq 0$) sind in $-\infty < x < \infty$ strikte konvex. Auf dem Intervall $(0, \infty)$ sind die Funktionen $x \mapsto -\ln x$, $x \mapsto -x^{\alpha}$ mit $0 < \alpha < 1$ und $x \mapsto x^{\beta}$ mit $\beta < 0$ konvex.

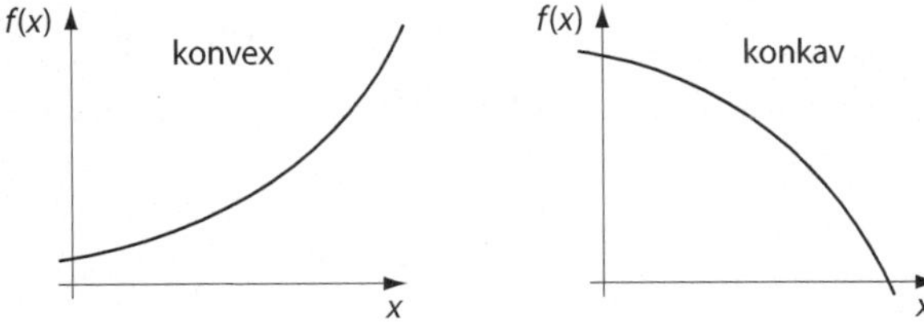

Handelt es sich bei $x \mapsto f(x)$ um eine zweimal differenzierbare Funktion, so ist f genau dann konvex (resp. konkav), wenn die Matrix $F = (F_{\nu\mu})$ der zweiten Ableitungen

$$F_{\nu\mu}(x) := \frac{\partial^2 f(x)}{\partial x_\nu \partial x_\mu}$$

für jedes $x \in \mathbb{R}^n$ positiv semidefinit[10] (resp. negativ semidefinit) ist. Wenn F strikte positiv definit (resp. strikte negativ definit) ist, dann ist f strikte konvex (resp. strikte konkav).

Es sei $x \in \mathbb{R}^m$ und $x \mapsto f(x)$ eine beliebige reellwertige Funktion. Dann ist die sogenannte *Minimum-Transformierte* $y \mapsto g(y)$

$$g(y) := \inf_{x \in \mathbb{R}^m} \{f(x) - x \cdot y\}, \quad y \in \mathbb{R}^m,$$

$$\text{mit} \quad x \cdot y = x_1 y_1 + \cdots + x_m y_m,$$

immer eine reellwertige *konkave* Funktion. Gemäss der Definition von g gilt trivialerweise

$$g(y) \leq f(x) - x \cdot y \quad \text{für alle} x, y \in \mathbb{R}^m.$$

Man kann unschwer zeigen,[11] dass das Gleichheitszeichen genau dann gilt, wenn $x \mapsto f(x)$ eine *konvexe* Funktion ist. Die Maximum-Transformierte $x \mapsto h(x)$ einer beliebigen reellwertigen Funktion $y \mapsto g(y)$, $y \in \mathbb{R}^m$

$$h(x) := \sup_{x \in \mathbb{R}^m} \{g(y) + x \cdot y\}, \quad x \in \mathbb{R}^m$$

ist eine reellwertige *konvexe* Funktion und es gilt

$$h(x) \geq g(y) + x \cdot y \quad \text{für alle } x, y \in \mathbb{R}^m.$$

Das Gleichheitszeichen gilt genau dann, wenn g eine *konkave* Funktion ist. Falls g die Minimum-Transformierte einer *konvexen* Funktion f ist, dann gilt für die Maximum-Transformierte h von g die Beziehung $h = f$ und wir sagen, dass f und g ein Paar gegenseitig *konjugierter* Funktionen bilden.

---

[10] *Pro memoria:* Eine quadratische $(m \times m)$-Matrix $M = (M_{\nu\mu})$ heisst positiv semidefinit, falls für beliebige komplexe Zahlen $z_1, \ldots, z_m$ gilt

$$\sum_{\nu=1}^{m} \sum_{\mu=1}^{m} z_\nu^* M_{\nu\mu} z_\mu \geq 0.$$

Wird diese Doppelsumme nie null, dann heisst M strikte positiv definit.

[11] S. Mandelbrojt, Sur les fonctions convexes, C. R. Acad. Sci. Paris **209**, 977–978, 1939.

Falls die Funktion f sogar *differenzierbar* und *streng konvex* ist, dann ist die konjugierte Funktion g streng konkav und es gilt

$$g(y) = \min_{x \in \mathbb{R}^m} \{f(x) - x \cdot y\}, \quad y \in \mathbb{R}^m,$$

$$f(x) = \max_{y \in \mathbb{R}^m} \{g(y) + x \cdot y\}, \quad x \in \mathbb{R}^m.$$

Die Bestimmungsgleichungen für die Extrema lauten dann

$$\frac{\partial}{\partial x}\{f(x) - x \cdot y\} = 0 \Rightarrow y = \frac{\partial f(x)}{\partial x},$$

$$\frac{\partial}{\partial y}\{g(y) + x \cdot y\} = 0 \Rightarrow x = -\frac{\partial g(y)}{\partial y},$$

Damit erhalten wir folgende, unter dem Namen *Legendretransformation* bekannte Vorschrift, um konjugierte Funktionen zu berechnen:

	f konvex	g konkav
Ausgangsfunktion	$x \mapsto f(x)$	$y \mapsto g(y)$
konjugierte Variable	$y := \partial f(x)/\partial x$	$x := -\partial g(y)/\partial y$
konjugierte Funktion	$g := f - x \cdot y$	$f := g + x \cdot y$
Eliminierung von	x und f	y und g
ergibt die		
konjugierte Funktion	$y \mapsto g(y)$	$x \mapsto f(x)$
wobei	g konkav	f konvex

Sind die Funktionen f und g zweimal stetig differenzierbar, so können wir die symmetrischen $(m \times m)$-Matrizen $F = (F_{\nu\mu})$ und $G = (G_{\nu\mu})$ der zweiten Ableitungen von f und g bilden

$$F_{\nu\mu}(x) := \frac{\partial^2 f(x)}{\partial x_\nu \partial x_\mu}, \qquad G_{\nu\mu}(y) := \frac{\partial^2 g(y)}{\partial y_\nu \partial y_\mu}.$$

Falls f strikte konvex und g strikte konkav ist, dann gilt $\det(F) \neq 0$ und $\det(G) \neq 0$ und es ist

$$F = -G^{-1}, \quad F > 0, \quad G < 0.$$

Literatur
S. Karlin, *Mathematical Methods and Theory in Games, Programming and Economics*, Addison-Wesley, Reading, MA., 1959.
I. M. Gelfand, S. F. Fomin, *Calculus of Variations*, Prentice Hall, Engelwood Cliffs, NJ, 1963.

J. Stoer, C. Witzgall, *Convexity and Optimization in Finite Dimensions* I, Springer, Berlin, 1970.

Ein Beispiel aus der phänomenologischen Thermodynamik
Der Ausgangspunkt der phänomenologischen Thermodynamik und der historischen statistischen Mechanik, welche von dem sogenannten „mikrokanonischen Ensemble" ausgeht, ist die Entropie S als Funktion der inneren Energie U. Dabei wird die Temperatur T *definiert* durch die Beziehung

$$T = \frac{\partial U(S)}{\partial S} \qquad \text{(bei konstantem Volumen und konstanter chemischer Zusammensetzung).}$$

Da im Gegensatz zu Thermometern eigentliche „Entropiemeter" experimentell nicht bequem verfügbar sind, besteht der Wunsch, statt der Entropie S die Temperatur T als unabhängige Variable zu verwenden. Im thermischen Gleichgewicht gilt das *Energieminimumprinzip*: im thermischen Gleichgewicht hat die innere Energie U als Funktion der Entropie S ein absolutes Minimum. Im thermischen Gleichgewicht gilt

$$\frac{\partial^2 U(S)}{\partial S^2} = \frac{T}{C} > 0 \quad \text{für} \quad T \neq 0,$$

wobei $C > 0$ die Wärmekapazität ist. Somit ist $S \mapsto U(S)$ eine strikt konvexe Funktion, die dazugehörige konjugierte Variable ist die Temperatur $T = \partial U(S)/\partial S$, und die zu U konjugierte Funktion ist die freie Energie F (nach Helmholtz, 1882)

$$F := U - TS.$$

Eliminiert man S und U, so erhält man die zur konvexen Funktion $S \mapsto U(S)$ konjugierte konkave Funktion $T \mapsto F(T)$. Da F konkav ist, gilt beispielsweise

$$F\left(\frac{T_1 + T_2}{2}\right) \leq \frac{F(T_1) + F(T_2)}{2}.$$

Man kann nun die ganze Thermodynamik, ausgehend von der experimentell bequemeren Helmholtzschen freien Energie, entwicklen. Beispielsweise folgt sofort:

$$\frac{\partial F(T)}{\partial T} = -S, \quad \frac{\partial^2 F(T)}{\partial T^2} = -\frac{\partial S(T)}{\partial T} = -\frac{C}{T} < 0 \text{ für } T \neq 0.$$

Solange die Funktionen $S \mapsto U(S)$ und $T \mapsto F(T)$ zweimal stetig differenzierbar sind, liefern diese beiden Beschreibungen dieselben Resultate. Bei Phasenübergängen, kritischen Punkten, unstabilen Zuständen, etc. können Unstetigkeiten auftreten. Dann ist die richtige Wahl der Variablen nicht nur eine Sache der Bequemlichkeit, sondern von entscheidender Bedeutung.
Weiterführende Literatur: Eine hervorragende Diskussion der thermodynamischen Stabilitätsbedingungen und der Verwendung von Legendretransformationen in der phänomenologischen Thermodynamik findet sich in dem Lehrbuch: H. B.Callen, *Thermodynamics*, Wiley, New York, 1960.

1.8 Shannonentropie und Massieupotential[#]

Gemäss den Resultaten von Abschn. 1.6 ist die Kovarianzmatrix $C = (C_{\nu\mu})$ der Zufallsvariablen $a_1, \ldots, a_m$ bezüglich der minimal präjudizierten und mit den

Nebenbedingungen verträglichen Wahrscheinlichkeitsverteilung $p_1, p_2, \ldots$ gegeben durch

$$C_{\nu\mu} := \mathrm{cov}(a_\nu a_\mu) = k \frac{\partial^2 \Phi(\lambda_1, \ldots, \lambda_m)}{\partial(k\lambda_\nu)\partial(k\lambda_\mu)},$$

wobei

$$\Phi(\lambda_1, \ldots, \lambda_m) := k \ln \sum_i \exp\left\{-\sum_{\nu=1}^{m} \lambda_\nu a_\nu(\omega_i)\right\}.$$

Die Kovarianzmatrix C ist positiv definit, denn es gilt für beliebige komplexe Zahlen $z_1, \ldots, z_m$

$$\sum_{\nu=1}^{m} \sum_{\mu=1}^{m} z_\nu^* C_{\nu\mu} z_\mu = \sum_i p_i \left|\sum_{\nu=1}^{m} z_\nu \{a_\nu(\omega_i) - A_\nu\}\right|^2 \geq 0.$$

In stabilen Systemen ist C sogar strikte positiv definit, so dass $(\lambda_1, \ldots, \lambda_m) \mapsto \Phi(\lambda_1, \ldots, \lambda_m)$ eine *strikt konvexe* Funktion ist. Die zu $(\lambda_1, \ldots, \lambda_m)$ konjugierten Variablen sind gegeben durch $\partial\Phi/\partial\lambda_\nu$, also gemäss dem Hauptresultat von Abschn. 1.6 durch $-kA_\nu$, also gilt:

$$A_\nu = -\frac{\partial\Phi(\lambda_1, \ldots, \lambda_m)}{\partial(k\lambda_\nu)}, \quad \nu = 1, 2, \ldots, m.$$

Die Legendretransformierte der konvexen Funktion Φ ist somit gegeben durch $\Phi + k\sum_\nu \lambda_\nu A_\nu$, was gemäss Abschn. 1.6 gerade gleich der unter den Nebenbedingungen $A_1, \ldots, A_m$ maximierten Entropie $S(A_1, \ldots, A_m)$ ist,

$$S = \Phi + k\sum_{\nu=1}^{m} \lambda_\nu A_\nu.$$

Im Rahmen der phänomenologischen Thermodynamik heisst diese zur Entropie S konjugierte Funktion Φ *Massieufunktion* oder *Massieupotential* (Massieu, 1869).

Würde man direkt mit der Entropiefunktion $(A_1, \ldots, A_m) \mapsto S(A_1, \ldots, A_m)$ arbeiten, so müsste man zunächst die Lagrangeparameter $k\lambda_1, \ldots, k\lambda_m$ eliminieren, was die Lösung von m (im allgemeinen nichtlinearen) Gleichungen bedingt. Rechnerisch einfacher und oft auch physikalisch sinnvoller ist es, das Massieupotential $(\lambda_1, \ldots, \lambda_m) \mapsto \Phi(\lambda_1, \ldots, \lambda_m)$ als Ausgangspunkt für weitere theoretische Entwicklungen zu nehmen.

Aus der allgemeinen Theorie der Legendretransformation (vgl. Abschn. 1.7) folgt:

$(A_1, \ldots, A_m) \mapsto S(A_1, \ldots, A_m)$ ist eine konkave Funktion,

$(\lambda_1, \ldots, \lambda_m) \mapsto \Phi(\lambda_1, \ldots, \lambda_m)$ ist eine konvexe Funktion,

$$k\lambda_\nu = \frac{\partial S(A_1, \ldots, A_m)}{\partial A_\nu} \qquad A_\nu = -\frac{\partial \Phi(\lambda_1, \ldots, \lambda_m)}{\partial (k\lambda_\nu)}$$

$$S_{\nu\mu}(A_1, \ldots, A_m) = \frac{\partial^2 S(A_1, \ldots, A_m)}{\partial A_\nu \partial A_\mu}$$

$$\Phi_{\nu\mu}(\lambda_1, \ldots, \lambda_m) = \frac{\partial^2 \Phi(\lambda_1, \ldots, \lambda_m)}{\partial (k\lambda_\nu)\partial (k\lambda_\mu)} \,.$$

Für die reellen und symmetrischen $(m \times n)$-Matrizen $(S_{\nu\mu})$ und $(\Phi_{\nu\mu})$ gilt:

$$(S_{\nu\mu}) \le 0, \qquad (\Phi_{\nu\mu}) \ge 0.$$

Falls S *strikte* konkav (resp. Φ *strikte* konvex) ist, dann ist $\det(S_{\nu\mu}) \ne 0$ und $\det(\Phi_{\nu\mu}) \ne 0$ und es gilt

$$(S_{\nu\mu}) = -(\Phi_{\nu\mu})^{-1}.$$

1.9 Thermostatik, statistische Mechanik und Informationstheorie: Eine *tour d'horizon*

Die Theorie thermischer Prozesse entwickelte sich am technischen Problem der Wärmekraftmaschinen. Insbesondere stellte der geniale Ingenieur Nicolas Léonard Sadi Carnot (1796–1832) in seiner Schrift „Réflexions sur la puissance motrice du feu" (1824) die Frage nach dem maximalen Wirkungsgrad von Wärmekraftmaschinen: „Wie können wir wissen, dass der Dampf zur Erzeugung von Antriebskraft in der bestmöglichen Weise genutzt wird?". Erstaunlicherweise gab Carnot die richtige Antwort, doch seine Begründung war mehr als lückenhaft. Das ist nicht weiter verwunderlich, fehlte doch zu dieser Zeit eine Formulierung des Energieerhaltungssatzes. Obwohl Carnot die Wärme noch als eine Substanz betrachtete, hatte er bereits klare Vorstellungen über Energieformen, welche nicht vollständig in mechanische Energie umgewandelt werden können.

Der zweite Hauptsatz – bereits 1824 von Carnot angedeutet – wurde erst 1850 von Rudolf Clausius (1822–1888) und, unabhängig von diesem, 1851 von William Thomson (1824–1907, seit 1892 Lord Kelvin of Largs) ausgesprochen. Der Begriff *Entropie* (in Anlehnung an das Wort „Energie" aus $\tau\rho o\pi\acute{\eta}$, Vortrag vor der Philosophischen Gesellschaft Zürich als totales Differential $dS = \delta Q / T$ eingeführt.[12]

Die statistische Mechanik versucht, eine Verbindung zwischen dem Verhalten der Bausteine der Materie und den durch die phänomenologische Thermodynamik erfassten makroskopischen Eigenschaften der Materie herzustellen. Die geschichtliche Entwicklung der statistischen Mechanik war ursprünglich verflochten mit dem

---

[12] Publiziert als: Über verschiedene für die Anwendung bequeme Formen der Hauptgleichungen der mechanischen Wärmetheorie, Poggendorffs Ann. Phys. **125**, 353–400 (1865).

Entstehen einer kinetischen Gastheorie und knüpft sich an die Namen Maxwell, Clausius, Boltzmann und Gibbs. Da bereits kleinste makroskopische Mengen aus ausserordentlich vielen atomaren oder molekularen Bausteinen bestehen, versuchte man, sich auf das mittlere Verhalten der Materie zu beschränken und zu einer statistischen Betrachtungsweise überzugehen. Die meisten Pioniere der statistischen Mechanik glaubten, der zweite Hauptsatz sei nur in einer statistischen Interpretation wirklich zu verstehen.

Allerdings stiess das ursprüngliche Programm der statistischen Mechanik rasch auf tiefliegende begriffliche Schwierigkeiten. Zunächst formulierte Henri Poincaré 1890 (Acta Math. **13**, 67) seinen berühmten *Wiederkehreinwand*: Ein System mit endlicher Energie, das auf ein endliches Volumen beschränkt bleibt, wird nach einer hinreichend langen Zeit in eine beliebig kleine Umgebung jedes gegebenen Anfangszustandes zurückkehren. Allerdings ist ein solcher Poincaré-Zyklus ausserordentlich lang, in der Grössenordnung von e^N molekularen Elementarzeiten, wobei N die Gesamtzahl der Teilchen des Systems ist. Selbst wenn wir eine molekulare Elementarzeit zu nur 10^{-16} s ansetzen, so sind in unserem Kosmos mit einem Weltalter von etwa 10^{18} s höchstens 10^{34} molekulare Elementarzeiten realisierbar. Ein Poincaré-Zyklus eines makroskopischen Systems mit $N \approx 10^{23}$ Molekülen dauert jedoch etwa $\exp(10^{23})$ molekulare Elementarzeiten: Die Tatsache, dass solche Poincarésysteme keine echten Gleichgewichtszustände haben, mag aber doch einige Zweifel wecken, ob man mit der statistischen Mechanik wirklich auf dem richtigen Weg ist.

Noch ernsthafter ist das Problem der *Einsinnigkeit des Zeitablaufs*. Damit meinen wir die empirische Tatsache, dass nur die Vergangenheit faktisch ist, d. h., dass es Dokumente der Vergangenheit, nicht aber Dokumente der Zukunft gibt. Die Entropie liefert ein einzigartiges Merkmal zur Unterscheidung von Vergangenheit und Zukunft: Für ein mechanisch, elektromagnetisch und chemisch nach aussen abgeschlossenes System gilt, dass die thermostatische Entropie S nicht abnehmen kann, $dS/dt \geq 0$. Dagegen gibt es im Weltbild der klassischen Mechanik keinen Unterschied von Vergangenheit und Zukunft. Denn der Determinismus der klassischen Mechanik bestimmt, wenn die Gegenwart bekannt ist, die Zukunft ebenso wie die Vergangenheit. Trotzdem behauptete Ludwig Boltzmann 1872 (Wien. Ber. **66**, 275), dass man eine rein mechanische Grösse H definieren könne, die sich wie eine negative Entropie verhalte, d.h derart, dass $dH/dt \leq 0$ für alle Zeiten $t \geq 0$ (Boltzmannsches H-Theorem). Aber bereits 1876 (Wien. Ber. **73**, 139) zeigte Johann Joseph Loschmidt, dass sich durch die Operation der Zeitumkehr (die Ortsvektoren ändern sich dabei nicht, bei den Impulsvektoren kehrt sich das Vorzeichen um) zu jedem System mit einer monotonen *Abnahme* von H ein anderes System mit einer monotonen Zunahme von H konstruieren lässt (*Umkehreinwand*). Die in der älteren Literatur häufig zu findenden Bemerkungen, dass eine solche Bewegungsumkehr bei makroskopischen Systemen „natürlich" experimentell nicht realisierbar sei, sind meist derart verfehlt formuliert, dass sie durch das Spinechoexperiment von Hahn (Phys. Rev. **80**, 580, 1950) und ähnliche moderne Experimente widerlegt werden. Dieselben Experimente zeigen auch, dass die von Paul und Tatyana Ehrenfest um 1907 eingeführten grobkörnigen Dichten (welche in viele populäre Darstellungen der statistischen Mechanik[13] übernommen wurden) keine tauglichen Hilfsmittel zur Naturbeschreibung sind.[14]

Nun hat allerdings die klassische Mechanik in den letzten Jahrzehnten eine neue Blüte erlebt und es wurden viele neue tiefliegende Einsichten gewonnen.[15] So kann man heute in allen nur wünschbaren Details verstehen, warum gewisse strikt abgeschlossene mechanische Systeme eine einsinnige Zeitevolution haben können. Doch der Loschmidtsche Umkehreinwand bleibt bestehen: zu jedem solchen System gibt es in der Theorie ein Zwillingssystem mit gegensinniger Zeitevolution. Die empirische Tatsache, dass alle Systeme der Welt eine Einsinnigkeit des Zeitablaufs in ein und derselben Richtung zeigen, kann aus der Mechanik allein nicht erklärt werden. Am glaubhaftesten erscheinen kosmologische Spekulationen (nur auslaufende elektromagnetische Kugelwellen, Expansion des Weltalls, Urknall), doch ist diese Frage auch heute noch sehr kontrovers.

Der Haupteinwand gegen die traditionelle Formulierung (etwa im Sinne der Ergodentheorie)[16] der statistischen Mechanik ist, dass sie von einer völlig verfehlten Grundannahme ausgeht, nämlich der Fiktion von mechanisch wohl isolierten Systemen. Dass die Kleinheit von äusseren Störungen nicht notwendigerweise deren Vernachlässigung erlaubt, wurde von Emile Borel (1871–1956) an folgendem Beispiel aus der klassischen Punktmechanik erläutert[17]: Wir betrachten ein rein mechanisches Modell eines idealen Gases im Rahmen der Newtonschen Punktmechanik. Wir denken uns das Gas bei Normalbedingungen in einen Kubus von $10\,\mathrm{cm}$ Kantenlänge eingesperrt und berechnen aus als gegeben angenommenen Anfangsbedingungen Position und Geschwindigkeit eines jeden Gasmoleküls als Funktion der Zeit. Angenommen wir haben eine relative Änderung des Gravitationspotentials von 10^{-100} nicht unter unserer Kontrolle (dies entspricht der Störung, welche ein Käfer von $1\,\mathrm{g}$ Masse verursachen würde,wenn er auf dem Sirius [Abstand von der Erde: $8{,}3 \cdot 10^{16}\,\mathrm{m}$] $1\,\mathrm{cm}$ spazieren würde), dann ist unsere Rechnung der individuellen Positionen der Gasmoleküle einer makroskopischen Probe bereits nach $10^{-6}\,\mathrm{s}$ in der Grössenordnung von $10\,\mathrm{cm}$ falsch. Das heisst, unsere Rechnung ist völlig sinnlos geworden. *Kleine Ursachen, grosse Wirkung!*

Den Verfechtern der Ergodentheorie der statistischen Mechanik ist dieser Einwand nicht entgangen, und es ist amüsant zu sehen, wie sie sich selbst betrügen:

---

[13] Wie etwa R. C. Tolman, *The Principles of Statistical Mechanics*, Oxford University Press, New York, NY, 1938; oder D. ter Haar, *Elements of Statistical Mechanics*, Rinehart, New York, NY, 1954.

[14] Für eine ausführliche Diskussion vgl. man J. M. Blatt, An alternative approach to the ergodic problem, Prog. Theor. Phys. **22**, 745–756, 1959; und V. M. Fain, Das Prinzip der Entropiezunahme und die Quantentheorie der Relaxation, Fortschr. Physik **11**, 525–582 (1963).

[15] Vgl. etwa: V. I. Arnold, A. Avez, *Ergodic Problems of Classical Mechanics*, Benjamin, New York, NY, 1968. (Keine leichte, aber gesunde Kost!)

[16] Anmerkung der Hg.: Die Ergodentheorie versucht, die Ersetzbarkeit von zeitlichen Mittelwerten mechanischer Grössen durch Mittelwerte über den Phasenraum zu beweisen und damit die statistische Mechanik theoretisch zu begründen.

[17] E. Borel, *Introduction géométrique à quelques théories physiques*, Gauthier-Villars, Paris, 1914.

„This argument, however, gives insufficient weight to the consideration that the systems dealt with in thermodynamics are macroscopic, and so are insensitive to small external influences which thereby gives rise merely to surface effects".[18] Was die statistische Mechanik beweisen sollte, wird hier unbesonnen als selbstverständlich vorausgesetzt. Natürlich behauptet niemand, ein Käfer auf dem Sirius habe einen wesentlichen Einfluss auf die *thermodynamischen* Eigenschaften eines Systems auf der Erde. Aber der Ausgangspunkt der traditionellen statistischen Mechanik ist ja nicht die Thermodynamik, sondern die Mechanik *abgeschlossener* Systeme. Nun können thermodynamisch beschreibbare Systeme niemals effektiv von Umwelteinflüssen isoliert werden. Damit wird dem traditionellen ergodentheoretischen Zugang der Boden entzogen.

Ein physikalisches System, dessen dynamische Beschreibung durch die Mitberücksichtigung der Umgebung nur unwesentlich geändert wird, heisst *robust*. Wie das Beispiel von Borel zeigt, ist die molekulartheoretische Beschreibung einer makroskopischen Menge eines Gases nicht robust. Dagegen ist die thermodynamische Beschreibung dieses Systems robust. Ein und dasselbe System kann also robuste und nicht-robuste Beschreibungen besitzen, der entscheidende Unterschied liegt in der Wahl der beobachtbaren Grössen, der Observablen.

Die Thermodynamik ist keineswegs eine universell anwendbare Theorie, aber sie ist dadurch ausgezeichnet, dass sie – nach geeigneter Wahl der thermodynamischen Observablen – eine grosse Klasse von endlichen und offenen Systemen robust beschreiben kann. Heute hat sich die Einsicht durchgesetzt, dass solche Systeme, vom mechanischen molekulartheoretischen Standpunkt aus *chaotische* Systeme sind. Die chaotischen Systeme der klassischen Mechanik sind strikte deterministisch, erlauben aber (in einem präzise fassbaren mathematischen Sinne) trotzdem keine Langzeitprognosen und sind in unvernünftiger Weise empfindlich bezüglich der Anfangsbedingungen. *Thermodynamisch beschreibbare Systeme sind also aus mechanischer Sicht immer extrem nichtrobuste Systeme.*

Die statistische Mechanik ist daher – im Gegensatz zu den Ideen ihrer Begründer – nicht als eine Theorie grosser oder komplexer Systeme zu verstehen, *sondern als eine Theorie endlicher, aber unvollständig isolierter Systeme, welche vom mechanischen Standpunkt aus ein chaotisches Verhalten zeigen.*[19] Die Hauptaufgabe einer solchen Theorie ist es, zu zeigen, ob und wie mechanisch chaotische Systeme mit *nichtmechanischen Observablen* (wie Temperatur, Entropie) in einer robusten Weise beschrieben werden können. Über diese Frage ist heute vieles bekannt, gelöst ist das Problem bei weitem nicht.

Im Zentrum aller Überlegungen steht nach wie vor der Entropiebegriff. Seit über hundert Jahren wurde uns eine Reihe von angeblichen Reduktionen des thermodynamischen Entropiekonzepts auf molekulartheoretische, wahrscheinlichkeitstheore-

---

[18] I. E. Farquhar, *Ergodic Theory in Statistical Mechanics*, Interscience-Wiley, London, 1964, p. 32.

[19] Vgl. dazu auch: J. M. Blatt, An alternative approach to the ergodic problem, Prog. Theor. Phys. **22**, 745–756 (1959).

tische und informationstheoretische Begriffe angeboten. Diese Diskussionen sind auch heute noch sehr lehrreich. Eine adäquate Reduktion ist aber nicht gelungen.

Die auf Boltzmann und Planck (1901) zurückgehende Idee, dass der zweite Hauptsatz der Thermodynamik in speziellen Fällen als Zusammenhang $S = k \ln W$ zwischen der Entropie S und einer Wahrscheinlichkeit W verstanden werden kann, war ein entscheidender Schritt auf dem Weg zur statistischen Mechanik. Allerdings war damit die Entropie keineswegs auf die Mechanik reduziert, da die Mechanik Mühe hat, die Wahrscheinlichkeit W eines thermodynamischen Zustandes anzugeben. Man müsste dazu die Anzahl der Mikrozustände eines thermodynamischen Makrozustandes kennen, was *die Mechanik allein* nicht leisten kann, da der Begriff eines Makrozustandes nicht zur Mechanik gehört. Die von Einstein 1905 propagierte Umkehrung $W = \exp(S/k)$ lotet tiefer: sie erlaubt, der thermodynamisehen Entropie eine wohldefinierte Wahrscheinlichkeit zuzuordnen.

Boltzmanns ursprüngliche Absicht war bescheiden: er wollte lediglich „den zweiten Hauptsatz von einer anderen Seite ein wenig näher beleuchten".[20] Bald wurde aber von den vielen Facetten der Entropie die *atomistische* Wahrscheinlichkeitsinterpretation bevorzugt und recht dogmatisch zur Hauptsache der Thermodynamik erklärt. Der ausserordentliche Erfolg der molekularen Betrachtungsweise hat ihre Grenzen vergessen lassen und in der Folge wurde auf ihr ein ganzes Weltbild gegründet. Gemäss dem molekularen Weltbild ist die Entropie ein Mass für die molekulare Unordnung, wobei unausgesprochen angenommen wird, dass der Begriff „molekulare Unordnung" objektivierbar sei. Wir wissen heute, dass diese Auffassung falsch ist. Zu sagen, etwas sei „ungeordnet", heisst stillschweigend immer „ungeordnet in einer bestimmten Hinsicht". Damit wird auch die Entropie eine standpunktsabhängige Grösse. Einem vorgegebenen makroskopischen Objekt können je nach Betrachtungsweise verschiedenartige Entropiefunktionen zugeordnet werden, welche alle dienlich und grundsätzlich alle gleichberechtig sind.[21] Eine Betrachtungsweise ist zweckmässig oder unzweckmässig, aber nie wahr. Daher gibt es auch keine wahre Entropie. "Entropy is an anthropomorphic concept".[22] Oder in den Worten von Sir Arthur Eddington: „Suppose that we were asked to arrange the following in two categories: *distance, mass, electric force, entropy, beauty, melody.* I think there are the strongest grounds for placing entropy alongside beauty and melody and not with the first three".[23]

Die vorschnelle Verbrüderung von Molekültheorie und Thermodynamik hat die Weiterentwicklung der klassischen Thermostatik zu einer genuinen Thermo*dynamik* von Nichtgleichgewichtsvorgängen um Jahrzehnte verzögert. Diese unerfreuliche Situation wurde in fast prophetischer Weise von dem jungen Max Planck vorausgesehen. Im Jahre 1881 schrieb er: „Zum Schlusse möchte ich hier noch auf eine

---

[20] L. Boltzmann, *Der zweite Hauptsatz der mechanischen Wärmetheorie*, Vortrag am 29. Mai 1886, abgedruckt in seinen „Populären Schriften", Barth, Leipzig, 1905.

[21] H. Grad, The many faces of entropy, Commun. Pure Appl. Math. **14**, 323–354 (1961).

[22] E .T. Jaynes, Gibbs vs. Boltzmann entropies, Am. J. Phys. **33**, 391–398 (1965).

[23] A. Eddington, *The Nature of the Physical World*, Dent & Sons, London, 1935, p. 109.

allerdings schon bekannte Thatsache ausdrücklich hinweisen. Der zweite Hauptsatz der mechanischen Wärmetheorie, consequent durchgeführt, ist unverträglich
mit der Annahme endlicher Atome. Es ist daher vorauszusehen, dass es im Laufe
der weiteren Entwicklung der Theorie zu einem Kampfe zwischen diesen beiden
Hypothesen kommen wird, der einer von ihnen das Leben kostet".[24] Planck selbst
hielt damals an der exakten Gültigkeit des zweiten Hauptsatzes der Thermodynamik fest und stand dem Atomismus kritisch gegenüber. Sowohl die Energetiker als
auch die Atomisten pflegten eine engsichtige monistische Denkweise und bekämpf-
ten einander mit entsprechender Schärfe. Im Jahre 1905 begründete Einstein seine Theorie der Brownschen Bewegung direkt auf der Nichtallgemeingültigkeit des
zweiten Hauptsatzes: „Wenn sich die hier zu behandelnde Bewegung samt den für
sie zu erwartenden Gesetzmässigkeiten wirklich beobachten lässt, so ist die klassische Thermodynamik schon für mikroskopisch unterscheidbare Räume nicht mehr
als genau gültig anzusehen, und es ist dann eine exakte Bestimmung der wahren
Atomgrösse möglich".[25] Nach der experimentellen Verifikation durch Jean-Baptiste
Perrin wurde dies allgemein als Widerlegung des Entropiesatzes gelesen und als
Sieg des Atomismus gefeiert.

Es ist ein Kuriosum der Geschichte, dass um diese Zeit niemand auf die Idee kam,
dass Thermodynamik und Atomistik einander gar nicht widersprechen, sondern lediglich verschiedene Aspekte der Welt beschreiben. Nach heutiger Auffassung sind
für ein Verständnis der materiellen Welt sowohl der thermodynamisch-energetische
Aspekt *als auch* der molekulare Standpunkt notwendig. Beide Auffassungen sind
richtig und miteinander vereinbar. Als widersprüchlich können sie nur jemandem
erscheinen, der glaubt, mit einer Perspektive bereits die ganze Wirklichkeit erfasst
zu haben. Die Tatsache, dass Moleküle und Stoffe zu zwei verschiedenen Kategorien
gehören, wurde 1930 von Niels Bohr in seiner Faraday Lecture klar ausgesprochen,[26] fand aber kaum die gebührende Beachtung in der Fachwelt. Nach Bohr
stehen eine vollständige mechanische Beschreibung und eine thermodynamische
Beschreibung ein und desselben Objekts in einem Komplementaritätsverhältnis.
Das heisst, beide Beschreibungen sind möglich und grundsätzlich gleichberechtigt,
aber die Bedingungen für eine mechanische Beschreibung schliessen die Anwendung thermodynamischer Begriffe aus. Umgekehrt steht die Möglichkeit, einem
System eine wohldefinierte Temperatur zuzuordnen, in einem ausschliessenden Verhältnis zu einer mechanischen Beschreibung mit Molekülen.

Die Behauptung, dass der zweite Hauptsatz der Thermodynamik im molekularen
Bereich nicht exakt gültig sei, ist nicht etwa falsch, weil sie eine empirisch falsche

---

[24] M. Planck, Verdampfen, Schmelzen und Sublimieren, Wied. Ann. **15**, 446–475, 1882. Abgedruckt in: Max Planck, *Physikalische Abhandlungen und Vorträge*, Vieweg, Braunschweig, 1958,
Bd. I, S. 134–163.

[25] A. Einstein, Über die von der molekularkinetischen Theorie der Wärme geforderte Bewegung
von in ruhenden Flüssigkeiten suspendierten Teilchen. Ann. Phys. **17** (4), 549–560 (1905).

[26] N. Bohr, Chemistry and quantum theory of atomic constitution, J. Chem. Soc. **134**, 349–384
(1932).

Feststellung ist, sondern sinnlos, weil sie über Moleküle etwas aussagt, was sich über Moleküle gar nicht aussagen lässt. Entropie und Temperatur sind keine mechanischen Begriffe. Die Mechanik beschreibt Moleküle, die Thermodynamik Stoffe. Moleküle und Stoffe sind nicht Ausdrücke desselben logischen Typs, sie gehören zu verschiedenen Kategorien. Stoffe haben eine Temperatur, ein Begriff, der für Moleküle keinen Sinn macht.

Die Tatsache, dass thermodynamische Grössen fluktuieren, ist mit den Gesetzen der Thermodynamik nicht im Widerspruch und erfordert keineswegs die Existenz von Atomen oder Molekülen. Es ist seit langem bekannt, dass die klassische Thermodynamik die thermodynamischen Schwankungen eindeutig festlegt und dass die dadurch charakterisierte verallgemeinerte Thermodynamik eine stochastische Theorie ist, die den Molekülbegriff nicht kennt und in der die Hauptsätze der klassischen Thermodynamik exakt gelten. Die diesbezüglichen Untersuchungen gehören zu den Perlen der thermodynamischen Literatur, werden aber trotzdem nur selten gelesen.[27]

Leider gibt es bis heute keine präzise Definition von Temperatur und Entropie, welche Ingenieure, Naturwissenschafter, Philosophen und Mathematiker gleichermassen zufriedenstellt. Nicht alle Formulierungen des zweiten Hauptsatzes sind äquivalent. Beispielsweise ist die vielgerühmte Formulierung des zweiten Hauptsatzes durch den Mathematiker Constantin Carathéodory (1873–1950) keineswegs gleichwertig zu den viel allgemeineren traditionellen Fassungen, welche sich auf die Unmöglichkeit eines Perpetuum mobile zweiter Art beziehen.[28] Als physikalisch sinnvollste Formulierung des zweiten Hauptsatzes betrachten wir nach wie vor Max Plancks Version von Kelvins Axiom: „Es ist unmöglich, eine periodisch funktionierende Maschine zu konstruieren, die weiter nichts bewirkt als Hebung einer Last und Abkühlung eines Wärmereservoirs".[29] Diese physikalisch überzeugende Formulierung kann leicht in eine auch mathematisch präzise Form gebracht werden.[30] Die Kelvin-Plancksche Fassung hat weiter den Vorteil, dass sie von vorne herein Kategorienverwechslungen verhindert und die uneingeschränkte Gültigkeit

---

[27] L. Szilard, Über die Ausdehnung der phänomenologischen Thermodynamik auf die Schwankungserscheinungen, Z. Physik **32**, 753–788 (1925); G. N. Lewis, Generalized thermodynamics including the theory of fluctuations, J. Am. Chem. Soc. **53**, 2578–2588 (1931); B. Mandelbrot, An outline of a purely phenonmenological theory od statistical thermodynamics: I. Canonical ensembles, IRE Transactions on Information Theory **112**, 190–203 (1956); B. Mandelbrot, The role of sufficiency and of estimation in thermodynamics, Ann. of Math. Stat. **33**, 1021–1038 (1962); B. Mandelbrot, On the derivation of statistical thermodynamics from purely phenomenological principles, J. Math. Phys. **5**, 164–171 (1964).

[28] Für eine Kritik von Carathéodorys Thermodynamik vgl. J. L. B. Cooper, The foundation of thermodynamics, J. Math. Anal. Appl. **14**, 172–193 (1967); G. Whaples, Carathéodory's temperature equations, J. Ration. Mech. Anal. **1**, 301–307 (1952); C. Truesdell, Rational Thermodynamics, Springer, New York, NY, second edition 1984, pp. 49–57.

[29] M. Planck, *Vorlesungen über Thermodynamik*, Walter de Gruyter, Berlin; 1. Auflage 1897 p. 11. Auflage 1964, S. 87.

[30] J. Serrin, Conceptual analysis of the classical second laws of thermodynamics, Arch. Ration. Mech. Anal. **70**, 355–371 (1979).

des zweiten Hauptsatzes postuliert. Entropieschwankungen verletzen die Kelvin-Plancksche Version des zweiten Hauptsatzes nicht, denn sie erlauben nicht, ein Perpetuum mobile zweiter Art zu konstruieren.

Viele grundsätzlich wichtige Fragen der Thermodynamik und der statistischen Mechanik sind auch heute noch völlig offen. Beispielsweise ist die Erweiterung der traditionellen Theorien auf dynamische Prozesse ein dringendes, aber trotz mannigfachen Bemühungen ein noch ungelöstes Problem. Der traditionelle Name „Thermodynamik" ist ausserordentlich irreführend, denn die traditionelle Thermodynamik ist keine Dynamik. In dieser Theorie kommt keine Grösse von der Dimension der Zeit vor, lediglich die Begriffe „vorher" und „nachher". Die sogenannte Thermodynamik ist die Lehre vom thermischen Gleichgewicht, ihr richtiger Name ist *Thermostatik*. Die Erweiterung dieser Thermostatik zu einer genuinen, nichtlinearen Thermodynamik ist bis heute ein ungelöstes Problem.

Der Entropiebegriff wurde bereits von Clausius ohne weitere Begründung auch auf Nichtgleichgewichtsprozesse angewendet. Kirchhoffs Protest, dass die Entropie „nur durch einen reversiblen Prozess messbar und damit definierbar sei", blieb unbeachtet. Da die Thermostatik dieses Problem nicht lösen kann, suchen viele ihr Heil in der statistischen Mechanik. Nun behauptete allerdings Joseph Meixner im Jahre 1968, dass eine Nichtgleichgewichtsentropie – wenn man sie überhaupt einführen will – stets unendlich vieldeutig ist.[31] Das ist physikalisch dann nicht akzeptabel, wenn man nicht eine dieser vielen verschiedenen Entropiefunktionen als die richtige auszeichnen kann. Das ist bis heute nicht gelungen.[32]

Die informationstheoretische Bedeutung des thermostatischen Entropiebegriffs wurde 1929 von dem Universalgenie Leo Szilard (1898–1964) und unabhängig davon 1930 von dem Physikochemiker Gilbert Newton Lewis (1875–1946) klar erkannt.[33] Lewis schrieb 1930: „Gain in entropy always means loss of information, and nothing more. It is a subjective concept." Zu dieser Zeit wurde das aber nicht begriffen. Selbst zeitgenössische Wissenschaftshistoriker haben es bis heute noch nicht verstanden und bieten folgende Erklärung an: „The decade 1923–1933 was certainly the least successful period of Lewis' career. …Lewis styled himself an enfant terrible and enjoyed shocking people with his unorthodox views. …A letter from Einstein to Lewis suggests that even he took Lewis' ideas seriously; but in retrospect it is clear that Lewis was out of his depth".[34] Die informationstheoreti-

---

[31] J. Meixner, *Beziehungen zwischen Netzwerktheorie und Thermodynamik*, Sitzungsbericht No. 181 der Arbeitsgemeinschaft für Forschung des Landes Nordrhein – Westfalen, Westdeutscher Verlag, Köln, 1968. Vgl. dazu auch: W. Kern, Zur Vieldeutigkeit der Nichtgleichgewichtsentropie in kontinuierlichen Medien, Z. Physik B **20**, 215–221 (1975).

[32] Vergleiche dazu auch den Bericht von L. de Sorbino, Some recent developments in thermodynamics, Can. J. Phys. **55**, 277–292 (1977).

[33] L. Szilard, Über die Entropieverminderung in einem thermodynamischen System bei Eingriffen intelligenter Wesen, Z. Phys. **53**, 840–856 (1929). G.N. Lewis, The symmetry of time in physics, Science **71**, 569–577 (1930).

[34] *Dictionary of Scientific Biography,* ed. by C.C. Gillispie, Scribner's Son, New York, NY, 1970, Vol. 8, p. 292.

sche Deutung blieb bis zur Aufstellung der statistischen Informationstheorie durch Claude Shannon und der Kybernetik durch Norbert Wiener, beides im Jahre 1948, weitgehend unbeachtet.[35]

Sowohl Szilard als auch Lewis gründeten ihre informationstheoretische Deutung des thermischen Entropiebegriffs auf einer Analyse des Wirkungsmechanismus des *Maxwellschen Dämons*.[36] Dieser Name geht auf William Thomson (Lord Kelvin) zurück und bezeichnet die von James Clerk Maxwell (*Theory of Heat*, 1871) eingeführte Fiktion eines Wesens, das durch kluge Operationen auf molekularer Ebene ein Perpetuum mobile der zweiten Art realisieren kann. Maxwell geht von einem Gas aus, dessen Moleküle sich in einem Behälter mit der Maxwellschen Geschwindigkeitsvertteilung des thermostatischen Gleichgewichts bei einer gegebenen Temperatur bewegen. Der Behälter sei durch eine Wand in zwei Teile A und B getrennt und der Maxwellsche Dämon könne eine Klappe in der Trennwand öffnen und schliessen, um bestimmte Moleküle durchzulassen. Der Maxwellsche Dämon öffnet die Klappe nur, wenn sich ein Molekül aus Teil A von höherer als der mittleren Geschwindigkeit der Klappe nähert, oder wenn sich ein Molekül aus Teil B von niedrigerer als der mittleren Geschwindigkeit der Klappe nähert. Durch diesen Sortierungsprozess kann der Maxwellsche Dämon scheinbar den zweiten Hauptsatz widerlegen, denn ohne Arbeitsaufwand wird der Behälter A abgekühlt und der Behälter B erwärmt.

Aus informationstheoretischer Sicht kann der Maxwellsche Dämon jedoch nicht ohne Arbeitsleistung operieren. Denn um die Klappe sinnvoll zu betätigen, muss er Informationen über die heranfliegenden Moleküle erhalten und dazu ist eine energetische Kopplung zwischen Dämon und Molekül unabdingbar. Information ist nie kostenlos, denn Informationen werden aus Beobachtungen erhalten und bei jeder Beobachtung wird freie Energie in Wärme umgewandelt. Sowohl Szilard als auch Lewis betonten, dass der Maxwellsche Dämon bereits für die Informationsbeschaffung mindestens soviel Arbeit leisten muss, wie der Entropieabnahme des Systems durch den Sortierungsvorgang entspricht.

Aus informationstheoretischer Sicht sind sowohl die Thermostatik als auch die statistische Mechanik *Theorien unvollständig spezifizierter Systeme*, wobei die Entropie ein Mass für die fehlende Information ist. Information ist dabei nicht ein rein subjektiver Begriff, sondern ist objektiv gegeben durch das, was durch eine *Messung* erhalten wurde. Von diesem Gesichtspunkt aus besagt der zweite Hauptsatz, dass unsere Information über ein System nicht spontan zunehmen kann. Ein zusätzlicher Informationsgewinn ist nur möglich durch Eingriffe am betrachteten System, zum Beispiel durch Messungen via energetische Wechselwirkungen. Re-

---

[35] C.E. Shannon, The mathematical theory of communication, Bell Syst. Tech. J. **27**, 379–423, 623–656 (1948). N. Wiener, Cybernetics, or Control and Communication in the Animal and the Machine. MIT Press, Cambridge, MA, and Wiley, New York, NY, 1948.

[36] Nachdem die Informationstheorie populär wurde, wurde dieses Problem erneut ausführlich analysiert, vgl. z. B. L. Brillouin, Maxwell's demon cannot operate, J. Appl. Phys. **22**, 334 (1951). L. Brillouin, *Science and Information Theory*, Academic Press, New York, NY, 1956, Second Edition 1962.

versible Prozesse erhalten den Informationsstand, irreversible verringern ihn. Eine Nachrichtenübermittlung selbst ist immer ein irreversibler Prozess, nur in dem praktisch nicht realisierbaren reversiblen Grenzfall geht bei einer Nachrichtenübermittlung keine Information verloren.

Die Informationsthermostatik und die informationstheoretisch begründete statistische Mechanik basieren auf folgenden drei einfachen und plausiblen Annahmen:

i. Die messbaren Grössen der phänomenologischen Thermostatik sind statistische Mittelwerte von Zufallsvariablen. (Einstein, 1905; Szilard, 1925; Lewis, 1931)

ii. Die thermische Entropie ist proportional zur informationstheoretischen Shannonentropie und repräsentiert die für eine vollständige Spezifikation des Systems fehlende Information. (Szilard, 1929; Lewis, 1930)

iii. Das Prinzip der maximalen Entropie erlaubt die minimal präjudizierte Bestimmung derjenigen Wahrscheinlichkeitsverteilung, welche mit der über das System bekannten Information verträglich ist.

Das Prinzip der maximalen Entropie wurde bereits 1911 von Johannes Diderik van der Waals (1837–1923) zur Festlegung von Wahrscheinlichkeitsverteilungen in der statistischen Mechanik vorgeschlagen.[37] Aber weder diese noch eine 1937 erschienene quantenmechanisch orientierte Arbeit über das Prinzip der maximalen Entropie von W. M. Elsasser[38] wurde vom naturwissenschaftlichen Establishment zur Kenntnis genommen. Erst die auf der Shannonschen Informationstheorie basierenden Arbeiten von E. T. Jaynes von 1957 haben eine Wendung gebracht,[39] wohl hauptsächlich deshalb, weil Jaynes und seine Mitarbeiter zeigen konnten, dass das Prinzip der maximalen Entropie ein machtvolles praktisches Hilfsmittel ist, das zudem ausserordentlich leicht anzuwenden ist.

Der informationstheoretische Zugang zur statistischen Mechanik ist ein Königsweg. Er vermeidet automatisch die historischen Irrwege der traditionellen statistischen Mechanik, die klassischen Paradoxa (Wiederkehreinwand, Umkehreinwand, Maxwellscher Dämon) werden umgangen und die tiefliegenden mathematischen Probleme der Ergodentheorie spielen keine Rolle. Aber man darf nicht glauben dass dieser Königsweg der einzig mögliche Zugang zum Verständnis der thermischen Materie sei. Im Gegenteil, eine Warnung ist angebracht: dieser Zugang ist so leicht, dass er gefährlich ist. Es fallen uns Dinge in den Schoss, die wir nicht redlich erworben haben! Die informationstheoretische Sicht erlaubt einen bequemen Einstieg in die statistische Mechanik, darf aber nicht zum Dogma werden und einer breiteren Perspektive nicht im Wege stehen. Die Entropie hat viele Gesichter und wir wählen

---

[37] J. D. van der Waals, Über die Erklärung der Naturgesetze auf statistisch-mechanischer Grundlage, Physikalische Z. **12**, 547–549 (1911).

[38] W. M. Elsasser, On quantum measurements and the role of uncertainty relations in statistical mechanics, Phys. Rev. **52**, 987–999 (1937).

[39] E. T. Jaynes, Information theory and statistical mechanics, Phys. Rev. **106**, 620–630 (1957), **108**, 171–190 (1957).

recht willkürlich den informationstheoretischen Aspekt aus. Das ist nicht die volle Wahrheit, aber auch nicht falsch.

1.10 Das kanonische Ensemble der Thermostatik

Das informationstheoretische Prinzip der maximalen Shannonentropie erlaubt eine vorurteilsfreie Schätzung von Wahrscheinlichkeitsverteilungen bei vorgegebenen Nebenbedingungen. Damit dieses Verfahren für eine *objektive* Naturbeschreibung anwendbar ist, müssen diejenigen Grössen, die man *in einem bestimmten Kontext* messen kann, als bekannt vorausgesetzt werden und bei der Schätzung der Wahrscheinlichkeitsverteilung als Nebenbedingung verwendet werden. Man beachte aber, dass die Liste der messbaren Grössen kontextabhängig ist und nicht ein- und für allemal fixiert werden kann. Es ist genau die Angabe des Kontexts, welche eine thermostatische oder informationstheoretische Beschreibung objektivierbar macht.

Beispielsweise ist es für viele thermodynamische Fragen (etwa für die Diskussion des Wirkungsgrads von Dampfmaschinen) durchaus legitim, von der chemischen Zusammensetzung der Materie abzusehen und entsprechend die chemische Zusammensetzung nicht in die berücksichtigten Nebenbedingungen einzuschliessen. Nur darf man dann in diesem Kontext keine Fragen stellen, die etwa Stoffumwandlungen betreffen. Dagegen wird für einen Chemiker meist die chemische Zusammensetzung von zentraler Bedeutung sein, aber er wird dabei oft Isotopeneffekte nicht mit einschliessen. Entsprechend ist daher die Antwort auf die Frage: „Wie gross ist die Entropie von flüssigem Wasser bei 25°C und 1 atm Druck?" kontextabhängig. Ist die Isotopen-Mischungsentropie dabei eingeschlossen? Ist dabei die subatomare Struktur der Materie berücksichtigt? Es ist unmöglich, kontextfrei eine Entropie von Wasser bei spezifizierten externen Bedingungen anzugeben.

Die als messbar zu betrachtenden Grössen sind also je nach Kontext verschieden. Allerdings gehören in thermodynamischen Systemen die mittlere Energie und die mittlere Temperatur *immer* zu den als messbar zu betrachtenden Grössen. Warum?

Im mechanischen Sinn sind Energie und Zeit kanonisch konjugierte Grössen: Die Hamiltonfunktion (oder der Hamiltonoperator) ist der Generator der Zeittranslation. Nun sind definitionsgemäss Gleichgewichtszustände invariant unter Zeittranslationen und stehen daher in einer ausgezeichneten Beziehung zur mechanischen Energie. In einem thermostatischen Gleichgewichtssystem ist der Erwartungswert der Hamiltonschen Energie gerade gleich der thermostatischen inneren Energie, die dazu thermostatisch konjugierte Grösse ist die reziproke Temperatur, welche damit zu einem natürlichen Kontrollparameter eines thermostatischen Systems wird.

Wenn in einer statistisch-mechanischen Beschreibung die mechanische Energie die *einzige* zu berücksichtigende Nebenbedingung ist, so sprechen wir von einem *kanonischen Ensemble*. Dabei darf die Energie durchaus noch von externen Kontrollparametern (wie etwa dem Systemvolumen, einem äusseren elektromagnetischen Feld, usw.) abhängen, die dabei resultierenden zusätzlichen Beziehungen werden wir aber erst in Abschn. 1.12 im Detail betrachten. Sind ausser der mechanischen Energie noch weitere Nebenbedingungen (wie etwa die chemische

Zusammensetzung) zu berücksichtigen, so spricht man von einem grosskanonischen Ensemble; diese Verallgemeinerung werden wir in Abschn. 1.13 betrachten.

Gemäss der Grundannahme der stochastischen Thermostatik sind alle Grössen der phänomenologischen Thermostatik Mittelwerte von Zufallsvariablen. Der Einfachheit halber nehmen wir immer an, dass der Stichprobenraum Ω diskret sei. Alle hergeleiteten Beziehungen gelten aber allgemein, nur sind bei kontinuierlich unendlich-dimensionalen Stichprobenräumen die Summen über die Elementarereignisse sinngemäss durch Integrale zu ersetzen. Insbesondere sind im allgemeinen die Zustandssummen als Laplace-Stieltjes-Integrale aufzufassen.

Im kanonischen Ensemble ist der Mittelwert U der mechanischen Energie $E : \Omega \to \mathbb{R}$ die einzige zu berücksichtigende Nebenbedingung,

$$U := \sum_i p_i E_i,$$

wobei p_i die Wahrscheinlichkeit für das Eintreten eines Elementarereignisses $\omega_i \in \Omega$ und E_i der Wert der mechanischen Energie bei diesem Elementarereignis ist,

$$E_i := E(\omega_i), \quad \omega_i \in \Omega.$$

Somit ist die minimal präjudizierte Wahrscheinlichkeitsverteilung $(p_1, p_2, \dots)$ durch das Maximum der Shannonentropie

$$H(p_1, p_2, \dots) = -k \sum_i p_i \ln p_i$$

unter der Nebenbedingung $U = \sum_i p_i E_i$ charakterisiert. Gemäss den allgemeinen Resultaten von Abschn. 1.6 gilt also

$$p_i(\beta) = \frac{1}{Z(\beta)} \exp(-\beta E_i),$$

$$Z(\beta) := \sum_i \exp(-\beta E_i),$$

wobei wir für den zu U gehörigen Lagrangeparameter den in der statistischen Mechanik üblichen Buchstaben β gewählt haben. Für die mittlere Energie U gilt

$$U = -\frac{\partial}{\partial \beta} \ln Z(\beta),$$

während die Varianz σ_E^2 der Energie gegeben ist durch

$$\sigma_E^2 := \sum_i p_i (E_i - U)^2 = \frac{\partial^2}{\partial \beta^2} \ln Z(\beta).$$

Die unter der Nebenbedingung für U maximierte Shannonentropie $H(p_1, p_2, \ldots)$ ist eine Funktion $U \mapsto S(U)$ der mittleren Energie U, es gilt

$$S(U) := H(p_1, p_2, \ldots) = k \ln Z + k\beta U.$$

Da in stabilen Systemen die Varianz σ_E^2 der Energie strikte positiv ist, ist die Funktion $\beta \mapsto \Phi(\beta)$ mit

$$\Phi(\beta) := k \ln Z(\beta)$$

eine strikt konvexe Funktion von β (vgl. Abschn. 1.7), sie heisst in der phänomenologischen Thermostatik das *Massieupotential*. Die Legendretransformation der konvexen Funktion $\beta \mapsto \Phi(\beta)$ ist definiert durch

$$\min_{\beta \in \mathbb{R}} \{\Phi(\beta) + k\beta U\}$$

und ist eine strikt konkave Funktion von U. Sie ist gegeben durch (vgl. Abschn. 1.7 und 1.8)

$$\Phi(\beta) + k\beta U \quad \text{wobei} \quad U := -\frac{\partial \Phi(\beta)}{\partial(k\beta)}$$

Dieser Ausdruck ist aber gerade gleich der Entropiefunktion $U \mapsto S(U)$,

$$S = \Phi + k\beta U,$$

wobei gemäss den allgemeinen Beziehungen der Legendretransformation gilt

$$\frac{\partial S(U)}{\partial U} = k\beta.$$

Aufgabe
Ausgehend von $S = -k \sum_i p_i \ln p_i$ mit $p_i = Z^{-1} \exp(-\beta E_i)$ verifiziere man direkt $\partial S / \partial U = k\beta$. Hinweis: Man beachte, dass aus $\sum_i p_i = 1$ und $\sum_i p_i E_i = U$ folgt, dass $\sum_i \partial p_i / \partial U = 0$ und $\sum_i E_i \partial p_i / \partial U = 1$.

Wir werden noch im Detail nachweisen, dass dieser informationstheoretisch begründete Formalismus des kanonischen Ensembles alle Beziehungen der phänomenologischen Thermodynamik liefert (vgl. auch Abschn. 1.12).[40] Es ist aber bequem,

---

[40] In der statistischen Thermostatik ist β und damit die Temperatur T eine reelle Zahl. Sowohl in der phänomenologischen als auch in der statistischen Thermostatik ist das Vorzeichen von T eine delikate Frage, die sorgfältig geklärt werden muss. Wir werden diese Diskussion in Abschn. 2.5 nachholen. Alle formalen Relationen sind gültig für positive wie auch negative Temperaturen!

den Zusammenhang mit der Notation der phänomenologischen Thermodynamik bereits jetzt zu diskutieren. Zunächst ist in der phänomenologischen Thermodynamik die Entropie eine Grösse der Dimension J/K, somit muss auch die informationstheoretisch unbestimmte Grösse k diese Dimension haben. Um Anschluss an die Konventionen der Wärmelehre zu erhalten, muss man k gleich der Boltzmannkonstanten setzen,

$$k = 1{,}3806 \cdots \times 10^{23} \, \text{J/K}.$$

Dabei ist zu beachten, dass die Boltzmannkonstante keine fundamentale Naturkonstante ist, sondern sich im Prinzip aus anderweitig bekannten Naturkonstanten berechnen lässt. Allerdings besteht nicht die geringste Aussicht, diese Berechnung tatsächlich durchzuführen, denn die Experimentalphysiker haben die Temperaturskala durch den Tripelpunkt des Wassers definiert und ihm anlässlich der „Zehnten Allgemeinen Konferenz über Masse und Gewichte" (5.–14. Oktober 1954) den exakten Wert 273,16 K zugeordnet. Um die Boltzmannkonstante zu berechnen, müssten die Theoretiker aus der statistischen Mechanik das Zustandsdiagramm von Wasser berechnen und den Tripelpunkt von Wasser in atomaren Einheiten berechnen – ein praktisch völlig aussichtsloses Unternehmen![41]

In der phänomenologischen Thermodynamik heisst die Grösse $(k\beta)^{-1}$ die *absolute Temperatur* T

$$T = \frac{1}{k\beta}.$$

Obwohl in der Praxis der Parameter $k\beta$ bequemer ist als die Temperatur T, und obwohl das Massieupotential historisch älter und bequemer ist als die von Helmholtz eingeführte *freie Energie* F, haben sich die Grössen F und T etabliert. Die freie Energie F nach Helmholtz ist eine Funktion von T, $T \mapsto F(T)$, während das Massieupotential Φ eine Funktion von β ist, $\beta \mapsto \Phi(\beta)$. Zwischen diesen Grössen besteht der Zusammenhang

$$\Phi(\beta) = -\frac{1}{T} F(T), \qquad \text{wobei } \beta = 1/kT.$$

Wir übernehmen diese Notation in die Informationsthermostatik, womit die oben hergeleitete Relation $S = \Phi + k\beta U$ die aus der phänomenologischen Thermostatik vertraute Form

$$F = U - TS$$

annimmt. Mit

---

[41] Vgl. dazu: H. Koppe, A. Huber, Zum Problem der ab-initio-Berechnung der Boltzmannkonstante. In: *Quanten und Felder. Physikalische und philosophische Betrachtungen zum 70. Geburtstag von Werner Heisenberg*, hg. von H. P. Dürr, Vieweg, Braunschweig, 1971, S. 325–333.

$$\frac{\partial}{\partial \beta} = -kT^2 \frac{\partial}{\partial T}$$

und $U = -\partial \ln Z / \partial \beta$ und $\beta F = -\ln Z$ folgt sofort

$$U = F - T \frac{\partial F}{\partial T},$$

so dass

$$S = -\frac{\partial F}{\partial T},$$

welche Beziehungen aus der phänomenologischen Thermodynamik wohlbekannt sind. Die statistische Thermostatik gibt aber noch Zusammenhänge, die in der phänomenologischen Thermostatik unbekannt sind. Beispielsweise ist vom statistischen Standpunkt die Varianz σ_E^2 der Energie gegeben durch $\partial^2 \ln Z / \partial \beta^2$. Mit $\partial \ln Z / \partial \beta = -U$ folgt also

$$\sigma_E^2 = kT^2 \frac{\partial U}{\partial T}.$$

In der phänomenologischen Thermostatik heisst

$$C := \frac{\partial U}{\partial T}$$

die Wärmekapazität (bei konstantem Volumen), somit gilt

$$\sigma_E^2 = kT^2 C.$$

Da die Varianz jeder nichtsingulären Wahrscheinlichkeitsverteilung positiv ist, folgt aus der statistischen Thermostatik das Resultat

$$C > 0 \quad \text{für} \quad T \neq 0.$$

Diese Relation ist in der phänomenologischen Thermostatik als *thermodynamische Stabilitätsbedingung* bekannt: Führt man einem thermisch isolierten System mechanische Arbeit zu, so *steigt* die Temperatur des Systems (Joule, 1843). Nach Einstein (1905) kann diese Beziehung auch molekularstatistisch gedeutet werden. Sowohl die mittlere Energie $U = \langle E \rangle$ als auch die Wärmekapazität C sind extensive Grössen, also proportional zur Gesamtteilchenzahl N,

$$U = N \cdot u, \qquad C = N \cdot c.$$

Somit können wir die Beziehung

$$\sigma_E^2 := \langle (E - U)^2 \rangle = kT^2 C$$

auch schreiben als

$$\frac{\langle (E - U)^2 \rangle^{1/2}}{U} = \frac{\sqrt{kT^2 c N}}{uN} = \frac{\sqrt{kT} \cdot \sqrt{Tc}}{u} \cdot \frac{1}{\sqrt{N}}.$$

Das heisst, die *relativen Energiefluktuationen sind proportional zu* $N^{-1/2}$. Falls N von der Grössenordnung 10^{22} ist, dann ist die relative Energiefluktuation von der Grössenordnung 10^{-11}, was für alle praktischen Zwecke vernachlässigt werden kann.

Im Grenzfall $T \to 0$ verschwinden die Energiefluktuationen falls die kleinstmögliche Energie endlich und nicht entartet ist, $-\infty < E_1 < E_2 \leq E_3 \leq \ldots$, gilt für $T \to +0$ (d. h. $\beta \to +\infty$):

$$\lim_{T \to +0} p_i = \lim_{\beta \to +\infty} \frac{e^{-\beta E_i}}{\sum\limits_{i=1}^{\infty} e^{-\beta E_i}} = \lim_{\beta \to +\infty} \frac{e^{-\beta(E_i - E_1)}}{\sum\limits_{i=1}^{\infty} e^{-\beta(E_i - E_1)}} = \delta_{1,i},$$

so dass

$$\lim_{T \to +0} U = E_1,$$
$$\lim_{T \to +0} S = 0,$$
$$\lim_{T \to +0} F = E_1,$$

$$\lim_{T \to +0} \sigma_E^2 = \lim kT^2 C = 0.$$

Das heisst, falls die kleinstmögliche Energie endlich und nicht entartet ist, dann gilt der *dritte Hauptsatz* der Thermostatik.

Zusammenfassung
Das kanonische Ensemble bei konstanten externen Parametern

Das statistische Ensemble mit der Wahrscheinlichkeitsverteilung

$$p_i = Z^{-1} \exp(-\beta E_i), \quad Z := \sum_i \exp(-\beta E_i)$$

heisst das kanonische Ensemble bei der Temperatur $T = (k\beta)^{-1}$, wobei k die Boltzmannkonstante und der Lagrangeparameter β eine reelle Zahl ist. Die Shannonentropie dieser Verteilung heisst die thermostatische Entropie S

$$S = -k \sum_i p_i \ln p_i.$$

Unter allen Wahrscheinlichkeitsverteilungen $(q_1, q_2, \ldots)$ mit dem Energiemittelwert $\sum_i q_i E_i = U$ hat die kanonische Verteilung $(p_1, p_2, \ldots)$ die maximale Shannonentropie

$$S(U) = \max_{(q_1, q_2, \dots)} \left\{ -k \sum_i q_i \ln q_i \;\middle|\; \sum q_i E_i = U \right\}.$$

Alle thermostatischen Grössen, wie die innere Energie U, die Entropie S, die freie Energie $F = U - TS$, die Wärmekapazität $C = \partial U / \partial T$, können aus Kenntnis der Zustandssumme Z in Funktion der Temperatur T berechnet werden:

$$U = kT^2 \frac{\partial \ln Z}{\partial T}, \qquad C = \frac{\partial}{\partial T} \left(kT^2 \frac{\partial \ln Z}{\partial T} \right),$$

$$F = -kT \ln Z, \qquad S = k \frac{\partial (T \ln Z)}{\partial T}.$$

Es gelten die üblichen Beziehungen der Thermostatik, wie z. B.

$$\frac{\partial S(U)}{\partial U} = \frac{1}{T}, \qquad \frac{\partial F(T)}{\partial T} = -S.$$

Falls die kleinste Energie E_1 endlich und nicht entartet ist, $-\infty < E_1 < E_2 \le E_3 \le \dots$, so gilt der dritte Hauptsatz in der Form

$$\lim_{T \to +0} U = \lim_{T \to +0} F = E_1$$

$$\lim_{T \to +0} S = 0,$$

$$\lim_{T \to +0} kT^2 C = 0.$$

1.11 Die zur kanonischen duale Beschreibung eines thermostatischen Systems[#]

Gemäss den Grundvoraussetzungen der statistischen Thermostatik sind *alle* messbaren Grössen der phänomenologischen Thermostatik Mittelwerte von Zufallsvariablen. Im kanonischen Ensemble ist die zur inneren Energie U thermostatisch konjugierte Variable (vgl. Abschn. 1.12) die reziproke Temperatur $k\beta$. Die zu β gehörige Zufallsvariable nennen wir B, und der dazugehörige Stichprobenraum sei mit $\bar{\Omega}$ bezeichnet,

$$B : \bar{\Omega} \to \mathbb{R}.$$

Falls die einzige zu berücksichtigende Vorausinformation der Mittelwert β der inversen Temperaturobservablen B ist

$$\beta = \sum_i \bar{p}_i B_i,$$

wobei $\bar{p}_i$ die Wahrscheinlichkeit und B_i der Wert von B für das i-te Elementarereignis $\bar{\Omega}_i$ ist,

$$B_i = B(\bar{\Omega}_i), \quad \bar{\Omega}_i \in \bar{\Omega},$$

dann folgt für die minimal präjudizierte Wahrscheinlichkeitsverteilung $(\bar{p}_1, \bar{p}_2, \dots)$ mit dem Mittelwert β

$$\bar{p}_i(\bar{U}) = \bar{Z}^{-1} \exp(-\bar{U} B_i), \quad \bar{Z}(\bar{U}) := \sum_i \exp(-\bar{U} B_i),$$

wobei $\bar{U}$ der Lagrangeparameter für die Nebenbedingung $\beta = \sum_i \bar{p}_i B_i$ ist. Für die mittlere reziproke Temperatur $k\beta$ folgt

$$\beta = -\frac{\partial}{\partial \bar{U}} \ln \bar{Z}(\bar{U}),$$

während die Varianz σ_B^2 der reziproken Temperatur gegeben ist durch

$$\sigma_B^2 := \sum_i p_i (B_i - \beta)^2 = \frac{\partial^2}{\partial \bar{U}^2} \ln \bar{Z}(\bar{U}).$$

Die unter der Nebenbedingung für β maximierte Shannonentropie bezeichnen wir mit $\bar{S}$, sie ist eine Funktion der mittleren inversen Temperatur β, und es gilt

$$\bar{S}(\beta) = H(\bar{p}_1, \bar{p}_2, \dots) = k \ln \bar{Z} + k\beta \bar{U}.$$

Da die Varianz σ_B^2 strikte positiv ist, ist die Funktion $\bar{U} \mapsto \bar{\Phi}(\bar{U})$ mit

$$\bar{\Phi}(\bar{U}) := k \ln \bar{Z}(\bar{U})$$

eine strikt konkave Funktion von $\bar{U}$. Die Legendretransformierte von $\bar{U} \mapsto \bar{\Phi}(\bar{U})$ ist definiert durch

$$\max_{\bar{U} \in \mathbb{R}} \{\bar{\Phi}(\bar{U}) + k\beta \bar{U}\},$$

ist eine strikt konvexe Funktion von β und gleich $\bar{S}(\beta)$,

$$\bar{S} = \bar{\Phi} + k\beta \bar{U},$$

wobei

$$\frac{\partial \bar{\Phi}(\bar{U})}{\partial \bar{U}} = -k\beta \quad \text{und} \quad \frac{\partial^2 \bar{S}(\beta)}{\partial (k\beta)^2} = \bar{U}.$$

Damit diese Beschreibung zu denselben Resultaten für die Mittelwerte aller thermodynamischen Grössen führt, muss man noch eine Konsistenzbedingung fordern. Ist β vorgegeben, so ist der Lagrangeparameter $\bar{U}$ eine Funktion von β

$$\bar{U}(\beta) = \frac{\partial \bar{S}(\beta)}{\partial (k\beta)}.$$

Dagegen ist im kanonischen Ensemble die innere Energie U vorgegeben, und der Lagrangeparameter β ist eine Funktion von U

$$\beta(U) = k^{-1} \frac{\partial S(U)}{\partial U}.$$

Evaluiert man $\bar{U}(\beta)$ bei $\beta(U)$, so wird $\bar{U}$ eine Funktion von U. Die gewünschte Konsistenzbedingung lautet nun

$$\bar{U}\beta(U) = U.$$

Unter dieser Konsistenzbedingung können wir die beiden Ausdrücke

$$\bar{U} = \frac{\partial \bar{S}}{\partial (k\beta)} \quad \text{und} \quad U = -\frac{\partial \Phi}{\partial (k\beta)}$$

in Beziehung setzen und erhalten bis auf eine triviale Integrationskonstante

$$\bar{S} = -\Phi.$$

Mit $S = \Phi + k\beta U$ und $\bar{S} = \bar{\Phi} + k\beta \bar{U}$ folgt weiter

$$S = -\bar{\Phi}.$$

Diese beiden Beschreibungen ein und desselben thermischen Systems stehen in einem Dualitätsverhältnis zueinander. Das kanonische Ensemble ist ein Energieensemble, dessen Verteilungsfunktion durch die mittlere inverse Temperatur β parametrisiert ist. Das dazu duale Ensemble ist ein Ensemble bezüglich der inversen Temperatur, dessen Verteilungsfunktion durch die mittlere Energie U parametrisiert ist. Die zur kanonischen Entropie $U \mapsto S(U)$ konjugierte Funktion ist die Massieufunktion $\beta \mapsto \Phi(\beta)$ und ist gleich der negativen dualen Entropie $\beta \mapsto \bar{S}(\beta)$ des dualen Ensembles. Die duale Massieufunktion $U \mapsto \bar{\Phi}(U)$ ist gleich der negativen kanonischen Entropie $U \mapsto S(U)$.

Gemäss Abschn. 1.10 ist die Varianz σ_E^2 der Energie durch die zweite Ableitung der Massieufunktion $\beta \mapsto \Phi(\beta)$ gegeben,

$$k\sigma_E^2 = \frac{\partial^2 \Phi(\beta)}{\partial \beta^2},$$

während die Varianz σ_B^2 der inversen Temperatur durch die zweite Ableitung der dualen Massieufunktion $U \mapsto \bar{\Phi}(U)$ bestimmt wird:

$$k\sigma_B^2 = \frac{\partial^2 \bar{\Phi}(U)}{\partial U^2} = -\frac{\partial^2 S(U)}{\partial U^2}.$$

Gemäss den allgemeinen Beziehungen über die Legendretransformation (vgl. Abschn. 1.7) gilt für die konjugierten Funktionen Φ und S

$$\frac{\partial^2 \Phi(\beta)}{\partial (k\beta)^2} = -\left(\frac{\partial^2 S(U)}{\partial U^2}\right)^{-1},$$

Damit erhalten wir die bemerkenswerte Beziehung

$$\sigma_E \sigma_B = 1,$$

welche die *Komplementarität der Energie- und der Temperaturbeschreibung* charakterisiert. Mit der Relation

$$\sigma_E^2 = kT^2 C$$

(vgl. Abschn. 1.10) folgt damit

$$\sigma_B^2 = \frac{1}{kT^2 C} = \frac{k\beta^2}{C},$$

wobei $C = \partial U / \partial T$ die Wärmekapazität des Systems ist. Diese Beziehungen zeigen, dass jedes thermostatische System sowohl Energie als auch Temperaturfluktuationen zeigt. Da im Grundzustand ($T \to +0$) die Energiefluktuationen verschwinden, muss σ_B für $T \to +0$ divergieren. Das heisst, der Grenzfall $T = 0$ entspricht nicht mehr einer thermostatischen Beschreibung. In jeder rein mechanischen Beschreibung ist $\sigma_E = 0$, so dass dann der Temperaturbegriff nicht definiert ist. Das heisst, *mechanische und thermostatische Beschreibungen sind komplementär im Sinne von Niels Bohr*.[42]

---

[42] Anmerkung der Hg.: „Komplementarität heisst die Zusammengehörigkeit verschiedener Möglichkeiten, dasselbe Objekt als verschiedenes zu erfahren. Komplementäre Erkenntnisse gehören zusammen, insofern sie Erkenntnis desselben Objekts sind; sie schliessen einander jedoch insofern aus, als sie nicht zugleich und für denselben Zeitpunkt erfolgen können." K. M. Meyer-Abich:

Zusammenfassung
Kanonische vs. dual-kanonische Beschreibung

Die zur kanonischen Verteilung

$$p_i = Z^{-1} \exp(-\langle B \rangle E_i), \quad Z = \sum_i \exp(-\langle B \rangle E_i)$$

duale Wahrscheinlichkeitsverteilung ist eindeutig bestimmt und gegeben durch

$$\bar{p}_i = \bar{Z}^{-1} \exp(-\langle E \rangle B_i), \quad \bar{Z} = \sum_i \exp(-\langle E \rangle B_i)$$

wobei

$$U := \langle E \rangle = \sum_i p_i E_i, \quad \beta := \langle B \rangle = \sum_i \bar{p}_i B_i.$$

	kanonisches Ensemble	dual-kanonisches Ensemble	Beziehungen
Zufallsvariable	$E : \Omega \to \mathbb{R}$	$B : \bar{\Omega} \to \mathbb{R}$	
Mittelwert	$U = \langle E \rangle$	$\beta = \langle B \rangle$	
Varianz	$\sigma_E = \langle (E - U)^2 \rangle$ $= C/k\beta^2$	$\sigma_B = \langle (B - \beta)^2 \rangle$ $= k\beta^2/C$	$\sigma_E \sigma_B = 1$
Lagrangeparameter	β	U	$\beta = \langle B \rangle, U = \langle E \rangle$
Massieufunktion	$\Phi(\beta) = k \ln Z(\beta)$	$\bar{\Phi}(U) = k \ln \bar{Z}(U)$	$\bar{\Phi}(U) = -S(U)$
Shannonentropie	$S = \Phi + k\beta U$	$\bar{S} = \bar{\Phi} + k\beta U$	$\bar{S}(\beta) = -\Phi(\beta)$
Legendre-transformation	$\dfrac{\partial \Phi(\beta)}{\partial \beta} = -kU$ $\dfrac{\partial S(U)}{\partial U} = k\beta$	$\dfrac{\partial \bar{\Phi}(U)}{\partial U} = -k\beta$ $\dfrac{\partial \bar{S}(\beta)}{\partial \beta} = U$	

Ergänzende Literatur

Y. Tikochinsky, R. D. Levine, Estimation of inverse temperature and other Lagrange multipliers: The dual distribution, J. Math. Phys. **25**, 2160–2168 (1984).

Komplementarität. In: Historisches Wörterbuch der Philosophie. Band 4. Hg. von J. Ritter und K. Gründer. Basel, Schwabe & Co, 1967, Seite 933f.

1.12 Das kanonische Ensemble mit äusseren Parametern

Falls die mechanische Energie E noch von äusseren Kontrollparametern abhängt, so
bleiben die in Abschn. 1.10 hergeleiteten Beziehungen des kanonischen Ensembles
gültig, jedoch werden alle Grössen der kanonisch-thermostatischen Beschreibung
ebenfalls parameterabhängig.

Wir betrachten den Fall von n ($n = 1, 2, 3, \dots$) äusseren reellen Parametern
$\alpha_1, \alpha_2, \dots, \alpha_n$, welche wir kurz zu einem n-Tupel α

$$\alpha = (\alpha_1, \alpha_2, \dots, \alpha_n) \in \mathbb{R}^n$$

zusammenfassen. Die Wahrscheinlichkeitsverteilung des kanonischen Ensembles
hängt dann nicht nur von dem Lagrangeparameter $\beta = 1/kT$, sondern auch noch
von den externen Parametern α ab,

$$p_i(\beta, \alpha) = \frac{1}{Z(\beta, \alpha)} \exp\{-\beta E_i(\alpha)\},$$

$$Z(\beta, \alpha) := \sum_i \exp\{-\beta E_i(\alpha)\}.$$

Die innere Energie U ist definiert durch

$$U(\beta, \alpha) := \sum_i p_i(\beta, \alpha) E_i(\alpha),$$

während die Entropie S gegeben ist durch

$$S(\beta, \alpha) := -k \sum_i p_i(\beta, \alpha) \ln\{p_i(\beta, \alpha)\}.$$

Betrachten wir das totale Differential der Funktion $(\beta, \alpha) \mapsto U(\beta, \alpha)$:

$$dU(\beta, \alpha) = \frac{\partial U}{\partial \beta} \, d\beta + \sum_\nu \frac{\partial U}{\partial \alpha_\nu} \, d\alpha_\nu$$

$$= \sum_i \left\{ \frac{\partial p_i}{\partial \beta} E_i \right\} d\beta + \sum_\nu \sum_i \left\{ \frac{\partial p_i}{\partial \alpha_\nu} E_i + p_i \frac{\partial E_i}{\partial \alpha_\nu} \right\} d\alpha_\nu.$$

Ein Teil der Änderung der inneren Energie U kommt von der Änderung der Wahrscheinlichkeiten p_i, wir bezeichnen diesen Anteil mit δQ

$$\delta Q := \sum_i \left\{ \frac{\partial p_i}{\partial \beta} \, d\beta + \sum_\nu \frac{\partial p_i}{\partial \alpha_\nu} \, d\alpha_\nu \right\} E_i.$$

Der restliche Anteil kommt von einer Änderung der mechanischen Energie, wir bezeichnen ihn mit δW

$$\delta W := \sum_i p_i \sum_\nu \frac{\partial E_i}{\partial \alpha_\nu}\, d\alpha_\nu.$$

Somit gilt

$$dU = \delta Q + \delta W.$$

In der phänomenologischen Thermostatik ist dies eine Formulierung des *ersten Hauptsatzes*; δQ heisst das unvollständige Differential der *Wärme* und δW ist das unvollständige Differential der äusseren *Arbeit*.

Beispiel: Volumenarbeit

Falls das Volumen V der einzige Kontrollparameter ist ($n = 1, \alpha_1 = V$), so definiert

$$P = -\sum_i p_i \frac{\partial E_i}{\partial V}$$

den Druck und $\delta W = -P\, dV$ ist die Volumenarbeit.

Um die Identifizierung von Q mit der Wärme zu erhärten, betrachten wir das totale Differential der Entropiefunktion $(\beta, \alpha) \mapsto S(\beta, \alpha)$:

$$dS = \frac{\partial S}{\partial \beta}\, d\beta + \sum_\nu \frac{\partial S}{\partial \alpha_\nu}\, d\alpha_\nu$$

$$= -k\frac{\partial}{\partial \beta} \sum_i p_i \ln(p_i)\, d\beta - k \sum_\nu \frac{\partial}{\partial \alpha_\nu} \sum_i p_i \ln(p_i)\, d\alpha_\nu$$

$$= -k\sum_i (1 + \ln p_i)\frac{\partial p_i}{\partial \beta}\, d\beta - k \sum_\nu \sum_i (1 + \ln p_i)\frac{\partial p_i}{\partial \alpha_\nu}\, d\alpha_\nu.$$

Wegen $\sum_i p_i = 1$ gilt $\sum_i \partial p_i/\partial \beta = 0$ und $\sum_i \partial p_i/\partial \alpha_\nu = 0$, so dass mit $\ln(p_i) = -\ln(Z) - \beta E_i$ folgt

$$dS = k\sum_i \{\ln Z + \beta E_i\}\frac{\partial p_i}{\partial \beta}\, d\beta + k \sum_\nu \sum_i \{\ln Z + \beta E_i\}\frac{\partial p_i}{\partial \alpha_\nu}\, d\alpha_\nu$$

$$= k\beta \sum_i E_i \frac{\partial p_i}{\partial \beta}\, d\beta + k\beta \sum_\nu \sum_i E_i \frac{\partial p_i}{\partial \alpha_\nu}\, d\alpha_\nu = k\beta\delta Q.$$

Das heisst, es gilt

$$dS = \frac{\delta Q}{T},$$

was in der phänomenologischen Thermostatik aus dem *zweiten Hauptsatz* folgt.

Die durch lange Tradition etablierte Darstellung der Thermostatik bevorzugt T vor β als unabhängige Variable, die dazugehörige Funktion ist die freie Energie F, welche von der Temperatur T und den Kontrollparametern $\alpha_1, \ldots, \alpha_n$ abhängt. Für das totale Differential dF gilt damit

$$dF(T, \alpha_1, \ldots, \alpha_n) = \frac{\partial F}{\partial T} dT + \sum_{\nu=1}^{n} \frac{\partial F}{\partial \alpha_\nu} d\alpha_\nu.$$

Allgemein gilt $\partial F / \partial T = -S$ (verg. Abschn. 1.10). Die Grösse

$$X_\nu = -\frac{\partial F(T, \alpha_1, \ldots, \alpha_n)}{\partial \alpha_\nu}$$

bezeichnet man als die zum Kontrollparameter α_ν konjugierte Grösse. Damit können wir schreiben

$$dF(T, \alpha_1, \ldots, \alpha_n) = -SdT - \sum_{\nu=1}^{n} X_\nu d\alpha_\nu.$$

Mit $F = -kT \ln Z$ folgt sofort, dass die zu α_ν konjugierte Grösse der Erwartungswert von $-\partial E / \partial \alpha_\nu$ ist

$$X_\nu = kT \frac{\partial \ln Z}{\partial \alpha_\nu} = -\sum_i p_i \frac{\partial E_i}{\partial \alpha_\nu}.$$

Der wohl wichtigste äussere Kontrollparameter eines thermodynamischen Systems ist das Volumen V, die dazu konjugierte Grösse ist der *Druck P*

$$P := -\frac{\partial F}{\partial V}.$$

Falls die Molzahl n_α der α-ten chemischen Spezies von aussen kontrolliert werden kann, heisst die zu n_α konjugierte Grösse das *chemische Potential* μ_α

$$\mu_\alpha := +\frac{\partial F}{\partial n_\alpha}.$$

Setzt man das System einem homogenen elektrischen Feld D und einem homogenen magnetischen Feld B aus,[43] so sind die dazu konjugierten Grössen die elektrische Polarisation P resp. die Magnetisierung M

$$P := -\frac{\partial F}{\partial D}, \qquad M := -\frac{\partial F}{\partial B}.$$

Für die erwähnten Beispiele lautet also das totale Differential der freien Energie:

$$\mathrm{d}F = -S\,\mathrm{d}T - P\,\mathrm{d}V + \sum_\alpha \mu_\alpha\,\mathrm{d}n_\alpha - P\,\mathrm{d}D - M\,\mathrm{d}B.$$

Weiterführende Literatur
Die Thermostatik in Anwesenheit elektromagnetischer Felder ist begrifflich nicht einfach und in den meisten Lehrbüchern nicht korrekt dargestellt. Man vergleiche die folgenden kompetenten Darstellungen:
E. A. Guggenheim, On magnetic and electrostatic energy, Proc. R. Soc. A **155**, 49–70 (1936).
E. A. Guggenheim, The thermodynamics of magnetization, Proc. R. Soc. A **155**, 70–101 (1936).
V. Heine, The thermodynamics of bodies in static electromagnetic fields, Proc. Camb. Phil. Soc. **52**, 546–552 (1959).
J. Meixner, Thermodynamik in Gegenwart elektromagnetischer Felder, Int. J. Eng. Sci. **1**, 177–186 (1963).
J. Meixner, Zur Thermodynamik des elektromagnetischen Feldes in der kontinuierlichen Materie, Z. Phys. **229**, 352–364 (1969).
L. D. Landau, E. M. Lifshitz, L. P. Pitaevskii, *Electrodynamics of Continuous Media*, second edition, Pergamon Press, Oxford, 1984.

1.13 Das grosskanonische Ensemble der Thermostatik

In Abschn. 1.12 wurde die Molzahl n_j der j-ten chemischen Spezies als Kontrollparameter betrachtet. Diese Betrachtungsweise ist nicht immer angemessen. Wenn beispielsweise chemische Reaktionen möglich sind, dann sind die Molzahlen nicht a priori gegeben. In chemischen Reaktionssystemen sind bei vorgegebener Anfangszusammensetzung die Molzahlen Funktionen der externen Parameter wie Volumen (oder Druck), Temperatur, usw.

Falls Temperatur, Volumen und Molzahlen die experimentell kontrollierbaren externen Parameter sind, dann ist die Helmholtzsche freie Energie

---

[43] Ob elektrische Felder E oder D resp. die magnetischen Felder B oder H die Rolle von Kontrollparametern spielen, muss in jeder experimentellen Situation sorgfältig geprüft werden, wobei die Rolle der Reaktionsfelder des polarisierbaren Mediums nicht vergessen werden darf. Warnung: In der Literatur gibt es dazu viele falsche Behauptungen!

$F(T, V, n_1, n_2, \dots)$ das angemessene thermostatische Potential. Die zur Molzahl n_α thermostatisch konjugierte Grösse ist das chemische Potential μ_α

$$\mu_\alpha := \frac{\partial F}{\partial n_\alpha}.$$

Falls wir nicht n_i, sondern μ_i als Kontrollparameter betrachten, dann kann das für diese Beschreibung angemessene thermostatische Potential

$$(T, V, \mu_1, \mu_2, \dots) \mapsto \Omega(T, V, \mu_1, \mu_2, \dots)$$

durch eine Legendretransformation aus der Funktion

$$(T, V, n_1, n_2, \dots) \mapsto F(T, V, n_1, n_2, \dots)$$

erhalten werden:

$$\Omega = F - \sum_\alpha \mu_\alpha n_\alpha,$$

wobei

$$n_\alpha = -\frac{\partial \Omega}{\partial \mu_\alpha}.$$

In der statistischen Thermostatik erhält man diese neue Beschreibung, indem man nicht nur die innere Energie U als Mittelwert einer Zufallsvariablen $E : \Omega \to \mathbb{R}$ betrachtet,

$$U = \sum_i p_i E(\omega_i),$$

sondern auch die Molzahl n_α der α-ten chemischen Spezies als Mittelwert einer Zufallsvariablen $N_\alpha : \Omega \to \mathbb{R}^+$ auffasst,

$$n_\alpha = \sum_i p_i N_\alpha(\omega_i).$$

In einer molekularen Interpretation kann man n_α als die mittlere Teilchenzahl der α-ten Spezies und $N_\alpha(\omega_i)$ als die Teilchenzahl im Falle des Elementarereignisses $\omega_i \in \Omega$ auffassen. Die unter diesen Nebenbedingungen minimal präjudizierten Schätzungen $p_1, p_2, \dots$ der Wahrscheinlichkeiten sind dann gemäss dem Hauptresultat von Abschn. 1.6 gegeben durch:

$$p_i = \frac{1}{\Xi} \exp\left\{-\beta\left[E(\omega_i) - \sum_\alpha \mu_\alpha N_\alpha(\omega_i)\right]\right\}$$

wobei

$$\Xi := \sum_i \exp\left\{ -\beta \left[E(\omega_i) - \sum_\alpha \mu_\alpha N_\alpha(\omega_i) \right] \right\}.$$

Um mit den in der phänomenologischen Thermostatik üblichen Bezeichnungen in Übereinstimmung zu bleiben, haben wir dabei den Lagrangeparameter für die Nebenbedingung U mit $k\beta$ und den Lagrangeparameter für die Nebenbedingung n_α mit $-k\beta\mu_\alpha$ bezeichnet. Dabei heisst μ_α das *chemische Potential*, $\beta\mu_\alpha$ das *reduzierte chemische Potential* und $\exp(\beta\mu_\alpha)$ die *absolute Aktivität* der α-ten Spezies. Ein Ensemble mit dieser Wahrscheinlichkeitsverteilung heisst ein *grosskanonisches Ensemble*, die Funktion $(\beta, \mu_1, \mu_2, \dots) \mapsto \Xi(\beta, \mu_1, \mu_2, \dots)$ heisst die grosskanonische Zustandssumme (englisch: *grand partition function*).

Diese Betrachtungsweise wurde 1902 von Josiah Willard Gibbs (1839–1903) im letzten Kapitel seiner berühmten Monographie[44] eingeführt. Gibbs nannte Gesamtheiten mit konstanter Teilchenzahl „petits ensembles", solche mit fluktuierender Teilchenzahl „grands ensembles". Ein kanonisches Ensemble hat die Temperatur als externen Kontrollparameter, es lässt sich physikalisch durch Kopplung an ein Energiereservoir realisieren. Ein grosskanonisches Ensemble hat die Temperatur und ein oder mehrere chemische Potentiale als externe Kontrollparameter, es lässt sich physikalisch durch Kopplungen an Energie- und an Teilchenreservoire realisieren.

Im grosskanonischen Ensemble sind die Mittelwerte und die Varianzen der Zufallsvariablen $E, N_1, N_2, \dots$ gegeben durch

$$\langle E - \textstyle\sum_\alpha \mu_\alpha N_\alpha \rangle = -\frac{\partial \ln \Xi}{\partial \beta},$$

$$\langle N_\alpha \rangle = \beta^{-1} \frac{\partial \ln \Xi}{\partial \mu_\alpha},$$

$$\langle (E - \textstyle\sum_\alpha \mu_\alpha N_\alpha)^2 \rangle - \langle E - \textstyle\sum_\alpha \mu_\alpha N_\alpha \rangle^2 = \frac{\partial^2 \ln \Xi}{\partial \beta^2},$$

$$\langle N_\alpha^2 \rangle - \langle N_\alpha \rangle^2 = \beta^{-2} \frac{\partial^2 \ln \Xi}{\partial \mu_\alpha^2}.$$

Die unter den Nebenbedingungen für $U, n_1, n_2, \dots$ maximierte Shannonentropie H ist eine Funktion von $U, n_1, n_2, \dots$ und heisst die Entropie S des grosskanonischen Ensembles. Es gilt

$$S(U, n_1, n_2, \dots) := H(p_1, p_2, \dots) = k \ln \Xi + k\beta U - k\beta \sum_\alpha \mu_\alpha n_\alpha.$$

[44] J. W. Gibbs, *Elementary Principles in Statistical Mechanics*, New Haven, CT 1902.

Da in stabilen Systemen die Varianzen der Zufallsvariablen E, N_1, N_2, ... strikte positiv sind, ist die durch

$$\Psi := k \ln \Xi$$

definierte Funktion $(\beta, \mu_1, \mu_2, \dots) \mapsto \Psi(\beta, \mu_1, \mu_2, \dots)$ strikte konvex und heisst die zum grosskanonischen Ensemble gehörige Massieufunktion. Die zu Ψ konjugierte Funktion ist definiert durch (vgl. Abschn. 1.7 und 1.8):

$$\min_{\beta \in \mathbb{R},\ \mu_1 \in \mathbb{R},\dots} \left\{ \Psi(\beta, \mu_1, \dots) + k\beta U - k\beta \sum_\alpha n_\alpha \mu_\alpha \right\}$$

und ist eine strikt konkave Funktion von $U, n_1, n_2, \dots$. Sie ist gegeben durch die Legendretransformation

$$\Psi + k\beta U - k\beta \sum_\alpha n_\alpha \mu_\alpha,$$

wobei

$$U := -\frac{\partial \Psi(\beta, n_1, n_2, \dots)}{\partial(k\beta)}, \quad \beta n_\alpha := \frac{\partial \Psi(\beta, n_1, n_2, \dots)}{\partial(k\mu_\alpha)}.$$

Diese zu Ψ konjugierte Funktion ist gerade gleich der Entropie S des grosskanonischen Ensembles:

$$S = \Psi + k\beta U - k\beta \sum_\alpha n_\alpha \mu_\alpha,$$

wobei gilt

$$\frac{\partial S(U, n_1, n_2, \dots)}{\partial U} = k\beta, \quad \frac{\partial S(U, n_1, n_2, \dots)}{\partial n_\alpha} = -k\beta\mu_\alpha.$$

Diese Beziehungen folgen aus der allgemeinen Theorie der Legendretransformation (vgl. Abschn. 1.7), können aber auch leicht direkt aus der Gleichung $S = -k \sum_i p_i \ln p_i$ hergeleitet werden.

In der konventionellen Formulierung der Thermostatik bevorzugt man die Temperatur T gegenüber dem Lagrangeparameter $k\beta = 1/T$. Genau wie man für das kanonische Ensemble statt der Massieufunktion $\beta \mapsto \Phi(\beta)$ die Helmholtzsche freie Energie $T \mapsto F(T)$ durch

$$\Phi(\beta) = -\frac{F(T)}{T} \quad \text{mit} \quad \beta = 1/kT$$

einführt, definiert man im grosskanonischen Ensemble ein *grosskanonisches Potential* (englisch: *grand potential*) Ω durch die Beziehung

$$\Psi(\beta, \mu_1, \mu_2, \dots) = -\frac{1}{T}\Omega(T, \mu_1, \mu_2, \dots) \quad \text{mit} \quad \beta = 1/kT.$$

Damit lautet die Gleichung $S = \Psi + k\beta U - k\beta \sum_\alpha n_\alpha \mu_\alpha$:

$$\Omega = U - TS - \sum_\alpha n_\alpha \mu_\alpha.$$

Ω ist die zum grosskanonischen Ensemble gehörige Helmholtzsche freie Energie. Einige der bereits hergeleiteten Beziehungen lauten in dieser konventionellen Notation:

$$\Omega = -kT \ln \Xi,$$

$$\frac{\partial \Omega}{\partial T} = -S,$$

$$\frac{\partial \Omega}{\partial V} = -P,$$

$$\frac{\partial \Omega}{\partial \mu_\alpha} = -n_\alpha,$$

so dass

$$d\Omega = -S\,dT - P\,dV - \sum_\alpha n_\alpha\,d\mu_\alpha.$$

Bemerkung: Anschauliche Bedeutung des grosskanonischen Potentials
Gemäss Abschn. 1.12 ist die freie Energie F nach Helmholtz eine Funktion von $T, V, n_1, n_2, \dots$, wobei gilt $P = -\partial F/\partial V$. Die freie Enthalpie G (Synonym: freie Energie nach Gibbs) ist die bezüglich der Variablen V zu F konjugierte Funktion:

$$G(T, P, n_1, n_2, \dots) := \max_{v \in \mathbb{R}}\{F(T, V, n_1, n_2, \dots) + PV\}$$

wobei die Legendreschen Transformationsbeziehungen

$$G = F + PV$$

$$P = -\frac{\partial F}{\partial V}, \quad V = \frac{\partial G}{\partial P}$$

gelten. Weiter gilt $\mu_\alpha = (\partial F/\partial n_\alpha)_V = (\partial G/\partial n_\alpha)_P$. Da T und P intensive Grössen und $n_1, n_2, \dots$ extensive Grössen sind und da für ein homogenes System (ohne Oberflächeneffekte) die extensiven Eigenschaften lineare homogene Funktionen von $n_1, n_2, \dots$ sind

$$G(T, P, \lambda n_1, \lambda n_2, \dots) = \lambda G(T, P, n_1, n_2, \dots), \quad \lambda \in \mathbb{R}$$

können wir das Eulersche Theorem über homogene Funktionen anwenden:

$$G(T, P, n_1, n_2, \dots) = \sum_\alpha n_\alpha \frac{\partial G}{\partial n_\alpha} = \sum_\alpha n_\alpha \mu_\alpha.$$

Mit $\Omega = U - TS - \sum_\alpha n_\alpha \mu_\alpha$ folgt $\Omega = U - TS - G$, und mit $G = U - TS + PV$ ergibt sich das gewünschte einfache Resultat

$$\Omega = -PV.$$

Mit $\Omega = -kT \ln \Xi$ können wir auch schreiben

$$\ln \Xi = \frac{PV}{kT}.$$

Für ein ideales Gas gilt $PV = NkT$, so dass $\ln \Xi = N$. Generell darf man erwarten, dass für makroskopische Systeme $\ln \Xi$ und das grosskanonische Potential Ω proportional zur Gesamtteilchenzahl N sind. Mit $\ln \Xi \sim N$ folgt für die relativen Fluktuationen

$$\frac{\sqrt{\langle (E - \sum_\alpha \mu_\alpha N_\alpha)^2 \rangle - \langle E - \sum_\alpha \mu_\alpha N_\alpha \rangle^2}}{\langle E - \sum_\alpha \mu_\alpha N_\alpha \rangle} \sim N^{-1/2},$$

$$\frac{\sqrt{\langle N_\alpha^2 \rangle - \langle N_\alpha \rangle^2}}{\langle N_\alpha \rangle} \sim N^{-1/2}.$$

Das heisst, im *grosskanonischen Ensemble sind die relativen Energieschwankungen und die relativen Teilchenschwankungen proportional zu* $N^{-1/2}$, also für makroskopische Systeme ausserordentlich klein. Da das kanonische und das grosskanonische Ensemble per Konstruktion dieselben Mittelwerte liefern, ist für stabile makroskopische Systeme mit kleinen Relativschwankungen die statistische Beschreibung durch das kanonische und durch das grosskanonische Ensemble praktisch identisch.

Zusammenfassung – Das grosskanonische Ensemble

Das statistische Ensemble mit der Wahrscheinlichkeitsverteilung

$$p_i = \Xi^{-1} \exp\left\{ -\beta \left[E(\omega_i) - \sum_\alpha \mu_\alpha N_\alpha(\omega_i) \right] \right\},$$

$$\Xi := \sum_i \exp\left\{ -\beta \left[E(\omega_i) - \sum_\alpha \mu_\alpha N_\alpha(\omega_i) \right] \right\}$$

heisst das grosskanonische Ensemble bei der Temperatur $T = (k\beta)^{-1}$ und den chemischen Potentialen $\mu_1, \mu_2, \ldots$. Dabei ist k die Boltzmannkonstante und die Lagrangeparameter $\beta, \mu_1, \mu_2, \ldots$ sind reelle Zahlen. Die Shannonentropie dieser Verteilung heisst die thermostatische Entropie S des grosskanonischen Ensembles

$$S = -k \sum p_i \ln p_i.$$

Unter allen Wahrscheinlichkeitsverteilungen $(q_1, q_2, \ldots)$ mit dem Energiemittelwert $\sum_i q_i E(\omega_i)$ und der mittleren Molzahl $n_\alpha = \sum q_i N(\omega_i)$ hat die grosskanonische Verteilung $(p_1, p_2, \dots)$ die maximale Shannonentropie

$$S(U, n_1, n_2, \dots)$$
$$= \max_{(q_1, q_2, \dots)} \left\{ -k \sum_i q_i \ln q_i \,\middle|\, \sum q_i E(\omega_i) = U, \ \sum q_i N_\alpha(\omega_i) = n_\alpha \right\}.$$

Alle thermostatischen Grössen wie die innere Energie U, die Entropie S, das grosskanonische Potential Ω, die Molzahl n_α, der Druck P, usw., können aus Kenntnis der grosskanonischen Zustandssumme als Funktion der Temperatur und der chemischen Potentiale berechnet werden:

$$U - \sum_\alpha n_\alpha \mu_\alpha = kT^2 \frac{\partial \ln \Xi}{\partial T}, \qquad n_\alpha = kT \frac{\partial \ln \Xi}{\partial \mu_\alpha},$$

$$S = \frac{\partial (kT \ln \Xi)}{\partial T}, \qquad P = kT \frac{\partial \ln \Xi}{\partial V}.$$

$$\Omega = -kT \ln \Xi,$$

Das totale Differential des grosskanonischen Potentials Ω ist gegeben durch

$$d\Omega = -S\,dT - P\,dV - \sum_\alpha n_\alpha\,d\mu_\alpha.$$

Für ein homogenes System ohne Oberflächeneffekte gilt zudem

$$\Omega = -PV, \quad \ln \Xi = PV/kT.$$

MATLAB-Übungen

In den folgenden Übungsaufgaben soll mittels MATLAB ein System aus 100 Teilchen 1 000-mal simuliert werden, wobei die Teilchen jeweils zwei verschiedene Energieniveaux (mit Gleichverteilung) zulassen.

Aufgabe 1.1: Man erstelle ein MATLAB-mfile für die Simulation eines Systems bestehend aus 100 Teilchen. Nütze dafür den MATLAB-Befehl `randi.m`, der ganzzahlige Zufallswerte generiert.

Aufgabe 1.2: Man illustriere die zufällig verteilten Energiewerte mittels einer passenden Abbildung. Man nütze dafür den MATLAB-Befehl `imagesc.m`.

Aufgabe 1.3: Man illustriere die Verteilung der mittleren Energie.

Aufgabe 1.4: Man zeichne eine Gausssche Wahrscheinlichkeitsdichte unter Benützung des MATLAB-Befehls `normpdf.m` (dieser MATLAB-Befehl generiert eine

Gausssche Wahrscheinlichkeitsdichte mit vorgegebenem Mittelwert bzw. vorgegebener Streuung).

Aufgabe 1.5: Man approximiere die Verteilung der mittleren Energie mit einer Gaussverteilung, unter Benützung des MATLAB-Befehls normfit.m aus der Statistik-Toolbox. Ist die Verteilung der mittleren Energie Gausssch?

In den folgenden Aufgaben soll untersucht werden, wie sich die Verteilung der mittleren Energie mit zunehmender Teilchenzahl ändert, zunächst einfach anhand der Streuung der mittleren Energie.

Aufgabe 1.6: Man zeichne die Veränderung der Varianz der mittleren Energie als Funktion der Teilchenzahlen 10, 60, 110, ..., 10 000. Der zentrale Grenzwertsatz besagt, dass die Varianz zu $1/N$ proportional ist. Ist dies hier der Fall?

Im folgenden wird für die Verteilung der simulierten mittleren Energien eine Gausssche Approximation benützt.

Aufgabe 1.7: Man zeichne die (Gausssche) Wahrscheinlichkeitsdichte in logarithmischer Skalierung für eine frei gewählte mittlere Energie (z. B. mittlere Energie = 0,3) in Abhängigkeit von der Teilchenzahl. Bemerkung: Der MATLAB-Befehl zur Änderung der y-Achse einer Figur auf logarithmische Skalierung lautet set(gca,'YScale','log').

Aufgabe 1.8: Man illustriere die Abnahme der Streuung der mittleren Energie mit zunehmender Teilchenzahl mittels des MATLAB-Befehls imagesc.m. Dabei soll die x-Achse die Anzahl der Teilchen, die y-Achse die mittlere Energie und der Farbcode die Wahrscheinlichkeitsdichte der Gaussschen Approximation (in logarithmischer Skalierung) darstellen.

Die Large-Deviation-Theorie untersucht die „grossen Abweichungen" eines Systems, d. h., diejenigen Abweichungen, die proportional zur Teilchenzahl N sind.[45] Ein wichtiges Resultat der Large-Deviation-Theorie besagt, dass die Wahrscheinlichkeit, grosse Abweichungen mit mittlerer Energie m zu finden, exponentiell mit der Teilchenzahl gegen 0 geht. Bezeichnet P_m die Wahrscheinlichkeit dafür, grosse Abweichungen mit mittlerer Energie m zu finden, so gilt also:

$$P_m \sim \exp\{-N\,S(m)\}\,.$$

Die Funktion $S = S(m)$ ist bis auf Konstanten und das Vorzeichen die Entropie des Systems. Diese Aussagen der Large-Deviation-Theorie sollen in den folgenden Übungsaufgaben unter Benützung der Gaussschen Approximation für die Wahrscheinlichkeitsverteilungen (siehe Aufgabe 1.5) illustriert werden.

---

[45] R. S. Ellis, *Entropy, large deviations, and statistical mechanics.* Springer, New York, NY 1985; A. Dembo and O. Zeitouni, *Large deviations techniques and applications.* Jones and Bartlett, Boston, MA 1993

Aufgabe 1.9: Man trage die Wahrscheinlichkeitsdichte für gegebene mittlere Energie (z. B. 0,3) gegen die Anzahl N von Teilchen auf. Man verfiziere,dass diese Wahrscheinlichkeistdichte exponentiell gegen 0 geht ($\sim \exp\{-N\,\text{const}\}$) und schätze die Konstante „const" ab. Diese Konstante ist die Large-Deviation-Entropie für die gewählte mittlere Energie.

Aufgabe 1.10: Unter Benützung der Gaussschen Approximation trage man die Large-Deviation-Entropie gegen die mittlere Energie auf, und vergleiche mit der exakten Large-Deviation-Entropie

$$S(m) = m \ln m + (1 - m) \ln(1 - m) + \ln 2 \,,$$

Bemerkung: Die freie Energie F und die Entropie S sind zueinander kanonisch konjugiert. Die freie Energie hängt mit der Zustandssumme Z gemäss $F = -kT \ln Z$ zusammen. Sofern die Large-Deviation-Entropie mit der thermodynamischen Entropie zusammenhängt, müsste ein Zusammenhang zwischen $\ln Z$ und der Large-Deviation-Entropie bestehen. Dies ist in der Tat der Fall und eines der Hauptresultate der Large-Deviation-Theorie. Der Zusammenhang wird durch die Legendre–Fenchel-Transformation vermittelt, die eine Verallgemeinerung der thermodynamischen Legendretransformation darstellt. Die Legendre–Fenchel-Transformation ist deshalb das mathematische Werkzeug der Large-Deviation-Theorie. Für Details verweisen wir auf die Fachliteratur.[46]

Definition: Die Legendre–Fenchel-Transformierte f^* einer konvexen Funktion ist definiert durch

$$f^*(z) := \sup_{t \in \mathbb{R}}[zt - f(t)] \,.$$

Aufgabe 1.11: Man betrachte ein Zwei-Niveaux-System mit Energien $E_0 = 0$ und $E_1 = 1$ im Zustand der Gleichverteilung. Die Zustandssumme für die Gleichverteilung ist gegeben durch

$$Z := \tfrac{1}{2}(e^{tE_0} + e^{tE_1}) = \tfrac{1}{2}(1 + e^t) \,.$$

Die Variable t entspricht $-1/kT$ der Thermodynamik. Man zeige, dass die in Aufgabe 1.10 hergeleitete Large-Deviation-Entropie $S = S(m)$ gleich der Legendre–Fenchel-Transformierten der „freien Energie" ist:

$$F := \ln Z = \ln[\tfrac{1}{2}(1 + e^t)].$$

---

[46] R. S. Ellis, *Entropy, Large Deviations, and Statistical Mechanics.* Springer, New York, NY 1985; R. T. Rockafellar, *Convex Analysis,* Princeton University Press, Princeton, NY, 1970; J.-B. Hiriart-Urruty and C. Lemaréchal, *Fundamentals of Convex Analysis.* Springer, New York, NY 2001.

Kapitel 2
Dichteoperatoren zur Beschreibung offener Systeme

2.1 Erste Einführung von Dichteoperatoren

Alle Systeme, welche in den Naturwissenschaften betrachtet werden, sind offene Systeme. Wenn wir irgend etwas in der Natur beschreiben wollen, müssen wir die Welt in zwei Teile separieren: In das System, das wir eigentlich beschreiben möchten, und seine Umgebung, d. h. den Rest der Welt. Die Umgebungseffekte führen unter anderem zu Relaxationseffekten und zu spektroskopischen Linienverbreiterungen. Um die Einführung von Dichteoperatoren zu motivieren, untersuchen wir, wie die Beschreibung aussieht, wenn wir auch die Umgebung des Systems in die Betrachtung einbeziehen.

Das uns interessierende System sei durch den Hilbertraum $\mathcal{H}_1$ mit dem inneren Produkt $\langle \cdot \mid \cdot \rangle$ charakterisiert. Der Rest der Welt sei durch den Hilbertraum $\mathcal{H}_2$ mit dem inneren Produkt $\langle \cdot \mid \cdot \rangle_2$ beschrieben. Das Gesamtsystem betrachten wir als abgeschlossen, es ist charakterisiert durch das Tensorprodukt $\mathcal{H} = \mathcal{H}_1 \otimes \mathcal{H}_2$. Dieser Hilbertraum wird erzeugt durch die Gesamtheit aller Linearkombinationen von Produktfunktionen $\varphi \otimes \Phi$ mit $\varphi \in \mathcal{H}_1$ und $\Phi \in \mathcal{H}_2$. Die Funktionen im Hilbertraum eines quantenmechanischen Systems nennt man Zustandsvektoren. Für Produktfunktionen ist das innere Produkt $\langle \cdot \mid \cdot \rangle_{1,2}$ von $\mathcal{H} \otimes_1 \mathcal{H}_2$ gegeben durch

$$\langle \varphi \otimes \Phi \mid \varphi' \otimes \Phi' \rangle_{1,2} = \langle \varphi \mid \varphi' \rangle_1 \cdot \langle \Phi \mid \Phi' \rangle_2.$$

Beispiel: $L_2(\mathbb{R}, \mathrm{d}x) \otimes L_2(\mathbb{R}, \mathrm{d}y) = L_2(\mathbb{R}^2, \mathrm{d}x\,\mathrm{d}y)$
Wähle als $\mathcal{H}_1$ den Hilbertraum aller quadratisch integrierbaren komplexwertigen Funktionen über der reellen Achse $\mathbb{R}$ mit dem inneren Produkt

$$\langle \varphi \mid \varphi' \rangle_1 := \int_{\mathbb{R}} \varphi(x)^* \varphi'(x) \, \mathrm{d}x.$$

Analog wählen wir für $\mathcal{H}_2$ den Hilbertraum aller quadratisch integrierbaren Funktionen über $\mathbb{R}$ mit dem inneren Produkt

$$\langle \Phi \mid \Phi' \rangle_2 := \int_{\mathbb{R}} \Phi(y)^* \Phi'(y) \, \mathrm{d}y.$$

Dann ist $\mathcal{H}_1 \otimes \mathcal{H}_2$ gleich dem Hilbertraum aller quadratisch integrierbaren Funktionen über der Ebene $\mathbb{R}^2$ mit dem inneren Produkt

$$\langle \Xi \mid \Xi' \rangle_{1,2} := \int_{\mathbb{R}} \Xi(x, y)^* \Xi'(x, y) \, \mathrm{d}x\,\mathrm{d}y.$$

A. Amann, U. Müller-Herold, *Offene Quantensysteme*, Springer-Lehrbuch, DOI 10.1007/978-3-642-05187-6_2, © Springer-Verlag Berlin Heidelberg 2011

Eine Funktion $\Xi \in \mathcal{H}_1 \otimes \mathcal{H}_2$ heisst eine Produktfunktion, wenn sie von der Form

$$\Xi(x, y) = \varphi(x)\Phi(y) \qquad \text{mit } \varphi \in \mathcal{H}_1,\, \Phi \in \mathcal{H}_2$$

ist. In diesem Fall schreiben wir $\Xi = \phi \otimes \phi$. Das innere Produkt von Produktvektoren ist gegeben durch

$$\langle \varphi \otimes \Phi \mid \varphi' \otimes \Phi' \rangle_{1,2} = \int_{\mathbb{R}^2} \mathrm{d}x\, \mathrm{d}y\, \varphi(x)^*\Phi(y)^*\varphi'(x)\Phi'(y)$$

$$= \int_{\mathbb{R}} \mathrm{d}x\, \varphi(x)^*\varphi'(x) \cdot \int_{\mathbb{R}} \mathrm{d}y\, \Phi(y)^*\Phi'(y) = \langle \varphi \mid \varphi' \rangle_1 \cdot \langle \Phi \mid \Phi' \rangle_2.$$

Natürlich ist nicht jede quadratisch integrierbare Funktion über $\mathbb{R}^2$ eine Produktfunktion,

$$\Xi \in \mathcal{H}_1 \otimes \mathcal{H}_2 \quad \text{impliziert } \textit{nicht} \quad \Xi(x, y) = \varphi(x)\Phi(y).$$

Jedoch kann jede Funktion $\Xi \in \mathcal{H}_1 \otimes \mathcal{H}_2$ als Linearkombination (von allenfalls unendlich vielen) Produktfunktionen dargestellt werden.

Allgemein ist der Erwartungswert $\langle A \rangle$ einer Observablen $\hat{\hat{A}}$ gegeben durch

$$\langle A \rangle = \langle \Xi \mid \hat{\hat{A}}\Xi \rangle_{1,2},$$

wobei Ξ der Zustandsvektor der Welt ist. Natürlich kennen wir Ξ nicht, aber wir interessieren uns auch nicht für beliebige Observable, sondern nur für die Observablen unseres ausgewählten Systems. Eine solche Systemobservable $\hat{A}$ ist dadurch charakterisiert, dass sie nur auf die Vektoren des Hilbertraumes $\mathcal{H}_1$ in nichttrivialer Weise agiert. Um diesen Sachverhalt mathematisch auszudrücken, wählen wir für den Hilbertraum $\mathcal{H}_1$ eine beliebige orthonormierte Basis $\{\varphi_1, \varphi_2, \dots\}$

$$\langle \varphi_j \mid \varphi_k \rangle_1 = \delta_{jk},$$

und ebenso für den Hilbertraum $\mathcal{H}_2$ eine beliebige orthonormierte Basis $\{\Phi_1, \Phi_2, \dots\}$,

$$\langle \Phi_j \mid \Phi_k \rangle_2 = \delta_{jk}.$$

Damit können wir den Weltvektor Ξ entwickeln

$$\Xi = \sum_{n,m} c_{nm} \varphi_n \otimes \Phi_m$$

mit Entwicklungskoeffizienten

$$c_{nm} = \langle \varphi_n \otimes \Phi_m \mid \Xi \rangle_{1,2}.$$

Eine Observable $\hat{A}$ ist dann genau eine Systemobservable, falls gilt

$$\hat{\hat{A}}\varXi = \sum_{n,m} c_{nm}(\hat{A}\varphi_n) \otimes \varPhi_m,$$

d. h. falls $\hat{\hat{A}} = \hat{A} \otimes \hat{1}$. Für den Erwartungswert $\langle A \rangle$ einer Systemobservablen $\hat{\hat{A}}$ bezüglich des normierten Weltvektors $\varXi$ gilt damit

$$\begin{aligned}
\langle A \rangle &:= \langle \varXi \mid \hat{\hat{A}}\varXi \rangle_{1,2} \\
&= \sum_{n,m} \sum_{r,s} c_{nm}^* c_{rs} \langle \varphi_n \otimes \varPhi_m \mid (\hat{A}\varphi_r) \otimes \varPhi_s \rangle_{1,2} \\
&= \sum_{n,m} \sum_{r,s} c_{nm}^* c_{rs} \langle \varphi_n \mid \hat{A}\varphi_r \rangle_1 \cdot \langle \varPhi_m \mid \varPhi_s \rangle_2 \\
&= \sum_{n} \sum_{r} \sum_{m} c_{nm}^* c_{rm} A_{nr},
\end{aligned}$$

wobei wir die Matrixelemente A_{nr} durch

$$A_{nr} := \langle \varphi_n \mid \hat{A}\varphi_r \rangle_1$$

eingeführt haben. Als weitere Abkürzung führen wir die Matrixelemente D_{rn} durch

$$D_{rn} := \sum_{m} c_{nm}^* c_{rm}$$

ein, welche über die Gleichung

$$D_{rn} = \langle \varphi_r \mid \hat{D}\varphi_n \rangle_1$$

auch einen, lediglich auf dem Hilbertraum $\mathcal{H}_1$ agierenden Operator $\hat{D}$ definieren. Dieser Operator wird der *Dichteoperator* des Teilsystems mit dem Hilbertraum $\mathcal{H}_1$ genannt. Damit können wir für den Erwartungswert einer beliebigen Systemobservablen $\hat{\hat{A}}$ schreiben

$$\langle A \rangle = \sum_{n,r} D_{rn} A_{nr}.$$

In Verallgemeinerung der Begriffsbildung der Matrixrechnung definieren wir eine Spur für Operatoren, so dass gilt

$$\langle A \rangle = \mathrm{Sp}(\hat{A}\hat{D}).$$

Bemerkung: Zur Definition der Spur eines Operators

Es sei $\hat{M}$ ein beliebiger linearer Operator eines endlichdimensionalen Hilbertraumes $\mathcal{H}$. Die Spur $\mathrm{Sp}(\hat{M})$ von $\hat{M}$ ist definiert durch

$$\mathrm{Sp}(\hat{M}) = \sum_n \langle \varphi_n \mid \hat{M}\varphi_n \rangle$$

wobei $\{\varphi_n\}$ eine beliebige orthonormale Basis für $\mathcal{H}$ ist. Es ist nicht schwer zu zeigen, dass $\mathrm{Sp}(\hat{M})$ von der gewählten Basis unabhängig ist, und dass gilt

$$\mathrm{Sp}(\hat{A}\hat{B}) = \mathrm{Sp}(\hat{B}\hat{A})$$

$$\mathrm{Sp}(\hat{A}\hat{B}\hat{C}) = \mathrm{Sp}(\hat{B}\hat{C}\hat{A}) = \mathrm{Sp}(\hat{C}\hat{A}\hat{B}).$$

Für unendlich-dimensionale Hilberträume ist die Definition ganz analog, allerdings sind zusätzlich noch Existenz- und Konvergenzfragen zu diskutieren.

Die eben angestellten Überlegungen erlauben uns, den Erwartungswert $\langle A \rangle$ einer Systemobservablen $\hat{\hat{A}}$ bezüglich des Weltvektors $\varXi$

$$\langle A \rangle = \langle \varXi \mid \hat{\hat{A}}\varXi \rangle_{1,2}$$

durch Grössen auszudrücken, welche die Freiheitsgrade der Umgebung des Systems *nicht* mehr enthalten.

$$\langle A \rangle = \mathrm{Sp}(\hat{A}\hat{D}).$$

Dabei sind sowohl $\hat{A}$ als auch $\hat{D}$ Operatoren, welche nur auf die Vektoren des Hilbertraumes $\mathcal{H}_1$ wirken. Die Tatsache, dass wir $\hat{D}$ aus dem Weltvektor $\varXi$ berechnen können, ist nicht sonderlich interessant, da wir den Weltvektor $\varXi$ prinzipiell nie kennen. Jedoch zeigt unsere Herleitung, dass das Erwartungswertspostulat für sogenannte abgeschlossene Systeme

$$\langle A \rangle = \langle \varPsi \mid \hat{A}\varPsi \rangle_1 \quad \text{mit} \quad \varPsi \in \mathcal{H}_1$$

eine sozusagen nie gerechtfertigte Approximation ist. *Ein offenes System kann nie durch einen Zustandsvektor $\varPsi$ beschrieben werden, denn es besitzt keinen!* Ein System hat dann und nur dann einen Zustandsvektor $\varPsi$, wenn der Weltvektor $\varXi$ eine Produktfunktion der Form

$$\varXi = \varPsi \otimes \varPhi \quad \text{mit} \quad \|\varPhi\|_1 = \|\varPhi\|_2 = 1$$

ist. In diesem Fall gilt

$$\langle \varXi \mid \hat{A}\varXi \rangle_{1,2} = \langle \varPsi \otimes \varPhi \mid (\hat{A}\varPsi) \otimes \varPhi \rangle_{1,2}$$
$$= \langle \varPsi \mid \hat{A}\varPsi \rangle_1 \cdot \langle \varPhi \mid \varPhi \rangle_2$$
$$= \langle \varPsi \mid \hat{A}\varPsi \rangle_1.$$

Dieses Resultat können wir auch in der Form

$$\langle A \rangle = \mathrm{Sp}(\hat{A}\hat{P}_\varPsi)$$

schreiben, wobei $\hat{P}_\varPsi$ der Projektionsoperator auf den Zustand $\varPsi$ ist,

$$\hat{P}_\varPsi \varphi := \langle \varPsi \mid \varphi \rangle_1 \varPsi \qquad \text{für alle } \varphi \in \mathcal{H}_1.$$

Beweis
Wähle eine orthonormale Basis $\{\varphi_1, \varphi_2, \ldots\}$ für $\mathcal{H}_1$, so dass $\varphi_1 = \varPsi$. Dann gilt

$$\hat{P}_\varPsi \varphi_n = \langle \varphi_1 \mid \varphi_n \rangle \varphi_1 = \delta_{1,n} \varPsi.$$

Berechnen wir in dieser Basis die Spur von $\hat{A}\hat{P}_\varPsi$, so folgt:

$$\mathrm{Sp}(\hat{A}\hat{P}_\varPsi) = \sum_n \langle \varphi_n \mid \hat{A}\hat{P}_\varPsi \varphi_n \rangle_1 = \langle \varphi_1 \mid \hat{A}\varphi_1 \rangle_1 = \langle \varPsi \mid \hat{A}\varPsi \rangle_1.$$

Die Voraussetzung, dass der Weltvektor $\varXi$ ein simpler Produktvektor $\varPsi \otimes \varPhi$ sein soll, besagt, dass es keinerlei Korrelationen zwischen dem gewählten System und seiner Umgebung gibt – eine reichlich phantastische Annahme! In diesem Idealfall spielen Umwelteffekte überhaupt keine Rolle und der Zustandsvektor $\varPsi$ repräsentiert die grösstmögliche Kenntnis über den Zustand des Systems. Aus historischen Gründen spricht man auch von einem *reinen Zustand*. *Offene Systeme sind nie in reinen Zuständen*, sie können daher nicht durch Zustandsvektoren beschrieben werden. Offene Systeme sind mit ihrer Umgebung korreliert und müssen daher mit Dichteoperatoren beschrieben werden.

2.2 Formale Eigenschaften von Dichteoperatoren

In der heuristischen Einleitung haben wir den Dichteoperator $\hat{D}$ durch die Entwicklungskoeffizienten $c_{nm} = \langle \varphi_n \otimes \varPhi_m \mid \varXi \rangle_{1,2}$ des Weltvektors $\varXi$ definiert,

$$D_{rn} = \langle \varphi_r \mid \hat{D}\varphi_n \rangle_1 := \sum_m c_{nm}^* c_{rm}.$$

Aus dieser Definition folgt sofort, dass für jeden Vektor $\varphi \in \mathcal{H}_1$ gilt $\langle \varphi \mid \hat{D}\varphi \rangle_1 \geq 0$.

Beweis
Wir können $\varphi \in \mathcal{H}_1$ nach der orthonormalen Basis $\{\varphi_j\}$ von $\mathcal{H}_1$ entwickeln

$$\varphi = \sum_j d_j \varphi_j \quad \text{mit} \quad d_j := \langle \varphi_j \mid \varphi \rangle_1 \in \mathbb{C}.$$

Damit folgt

$$\langle \varphi \mid \hat{D}\varphi \rangle_1 = \sum_j \sum_k d_j^* d_k \langle \varphi_j \mid \hat{D}\varphi_k \rangle_1 = \sum_j \sum_k \sum_m d_j^* d_k c_{km}^* c_{jm}$$

$$= \sum_n \left| \sum_j d_j^* c_{jn} \right|^2 \geq 0 \quad \text{Q. E. D.}$$

Aus der Normierung des Weltvektors $1 = \| \varXi \|^2 = \sum_{n,m} |c_{nm}|^2$ folgt $\sum_n D_{nn} = 1$, d. h. $\mathrm{Sp}(\hat{D}) = 1$. Im folgenden werden wir nicht weiter von dem hypothetischen Weltvektor $\varXi$ sprechen, übernehmen aber von der heuristischen Herleitung von $\hat{D}$ aus $\varXi$ die formalen Eigenschaften der Positivität und der Normierung. Da wir nun nicht mehr ausdrücklich von der Umgebung eines offenen Systems sprechen, bezeichnen wir den Systemhilbertraum $\mathcal{H}_1$ der Einfachheit halber kurz mit $\mathcal{H}$. Damit erhalten wir folgende, vom Weltvektor $\varXi$ unabhängige Definition eines Dichteoperators:

> ### *Definition* – Dichteoperator
>
> Ein Dichteoperator eines quantenmechanischen Systems (mit dem assoziierten Hilbertraum $\mathcal{H}$) ist ein nichtnegativ-definiter Operator mit der Spur 1.
>
> Das heisst, $\hat{D}$ ist ein Dichteoperator, falls
>
> (i) $\hat{D}$ ein linearer Operator auf $\mathcal{H}$ ist,
> (ii) $\hat{D} \geq 0$,
> (iii) $\mathrm{Sp}(\hat{D}) = 1$.

Mathematische Erläuterungen

Ein Operator $\hat{D}$ auf einem Hilbertraum $\mathcal{H}$ heisst positiv definit, falls $\langle \varphi \mid \hat{D}\varphi \rangle > 0$, und nichtnegativ definit, falls $\langle \varphi \mid \hat{D}\varphi \rangle \geq 0$ für alle $\varphi \in \mathcal{H}$. Dafür schreibt man auch $\hat{D} > 0$ resp. $\hat{D} \geq 0$. Man zeige als Übungsaufgabe, dass $\hat{D} \geq 0$ impliziert $\hat{D} = \hat{D}^*$. Das heisst: Dichteoperatoren sind selbstadjungiert.

Falls der Hilbertraum $\mathcal{H}$ unendlichdimensional ist, braucht die Spur eines Operators nicht zu existieren. Die Klasse der Operatoren aus $\mathcal{B}(\mathcal{H})$, welche eine wohldefinierte Spur haben, heisst die Spurklasse. Ein nichtnegativ definiter Operator $\hat{D}$ aus $\mathcal{B}(\mathcal{H})$, der Menge der beschränkten Operatoren über $\mathcal{H}$, gehört zur Spurklasse, wenn die Reihe $\sum_n \langle \varphi_n \mid \hat{D}\varphi_n \rangle$ für mindestens eine orthonormierte Basis $\{\varphi_n\}$ von $\mathcal{H}$ konvergiert.

Die heuristischen Diskussionen der vorangegangenen Abschnitte motivieren folgendes Postulat:

Postulat – **Zustände von offenen Quantensystemen**

Ein Zustand eines offenen quantenmechanischen Systems mit dem Hilbertraum $\mathcal{H}$ wird durch einen Dichteoperator $\hat{D}$ auf $\mathcal{H}$ dargestellt,

$$\hat{D} \in \mathcal{B}(\mathcal{H}), \quad \hat{D} \geq 0, \quad \mathrm{Sp}(\hat{D}) = 1.$$

Der Erwartungswert einer Observablen $\hat{A} \in \mathcal{B}(\mathcal{H})$ ist gegeben durch

$$\langle \hat{A} \rangle = \mathrm{Sp}(\hat{D}\hat{A}).$$

Mathematische Bemerkung

Das Produkt eines Operators aus der Spurklasse mit einem beschränkten Operator gehört gleichfalls zur Spurklasse. Somit ist für jede beschränkte Observable $\hat{A} \in \mathcal{B}(\mathcal{H})$ der Erwartungswert $\mathrm{Sp}(\hat{D}\hat{A})$ wohldefiniert und endlich.

Aus der Operatortheorie ist bekannt, dass Operatoren der Spurklasse ein rein diskretes Spektrum haben. Somit können wir das Eigenwertproblem eines Dichteoperators $\hat{D}$ schreiben als

$$\hat{D}\Psi_n = d_n \Psi_n, \quad \Psi_n \in \mathcal{H},$$

wobei wir die Eigenvektoren Ψ_n von $\hat{D}$ orthonormiert wählen dürfen

$$\langle \Psi_n \mid \Psi_m \rangle = \delta_{nm}.$$

Die Eigenwerte d_n von $\hat{D}$ sind gegeben durch $\langle \Psi_n \mid \hat{D}\Psi_n \rangle$, und da $\hat{D}$ nichtnegativ definit ist, gilt

$$d_n \geq 0.$$

Aus der Relation $\mathrm{Sp}(\hat{D}) = \sum_n \langle \Psi_n \mid \hat{D}\Psi_n \rangle = 1$ folgt $\sum_n d_n = 1$, und damit

$$0 \leq d_n \leq 1.$$

Oftmals ist es bequem, durch die Definition

$$\hat{P}_n \varphi = \langle \Psi_n \mid \varphi \rangle \Psi_n \ \text{für alle } \varphi \in \mathcal{H}$$

einen *Projektionsoperator* $\hat{P}_n$ einzuführen. In der Diracschen Notation schreibt man

$$\hat{P}_n \mid \varphi \rangle = \mid \Psi_n \rangle \langle \Psi_n \mid \varphi \rangle \ \text{für alle } \varphi \in \mathcal{H}$$

oder

$$\hat{P}_n = \mid \Psi_n \rangle \langle \Psi_n \mid.$$

Aus dieser Definition folgt leicht, dass $\hat{P}_n$ ein selbstadjungierter und idempotenter Operator ist:

$$\hat{P}_n = \hat{P}_n^*, \quad \hat{P}_n = \hat{P}_n^2.$$

Mit der Orthonormalität der Eigenvektoren von $\hat{D}$ folgt weiter für jeden Vektor $\varphi \in \mathcal{H}$

$$\hat{P}_m \hat{P}_n \varphi = \hat{P}_m \{ \langle \Psi_n \mid \varphi \rangle \Psi_n \} = \langle \Psi_n \mid \varphi \rangle \langle \Psi_m \mid \Psi_n \rangle \Psi_m$$
$$= \delta_{mn} \langle \Psi_n \mid \varphi \rangle \Psi_n = \delta_{mn} \hat{P}_n \varphi,$$

so dass folgende Operatorengleichung gilt

$$\hat{P}_m \hat{P}_n = \delta_{mn} \hat{P}_n.$$

Die Eigenvektoren von $\hat{D}$ bilden ein *vollständiges* Orthonormalsystem, d. h. jeder Vektor $\varphi \in \mathcal{H}$ kann nach den Eigenvektoren entwickelt werden

$$\varphi = \sum_n \langle \Psi_n \mid \varphi \rangle \Psi_n,$$

was wir auch schreiben können als

$$\varphi = \sum_n \hat{P}_n \varphi,$$

oder in Operatorenform

$$\hat{1} = \sum_n \hat{P}_n.$$

Weiter gilt für jeden Vektor $\varphi \in \mathcal{H}$

$$\hat{D}\varphi = \hat{D} \sum_n \langle \Psi_n \mid \varphi \rangle \Psi_n = \sum_n d_n \langle \Psi_n \mid \varphi \rangle \Psi_n = \sum_n d_n \hat{P}_n \varphi$$

oder in Operatorform

$$\hat{D} = \sum_n d_n \hat{P}_n.$$

Diese Darstellung von $\hat{D}$ ist zum Eigenwertproblem von $\hat{D}$ äquivalent und heisst die *Spektraldarstellung* des Dichteoperators.

***Resultat* – Spektraldarstellung eines Dichteoperators**

Jeder Dichteoperator $\hat{D}$ erlaubt die Darstellung

$$\hat{D} = \sum_n d_n \hat{P}_n$$

wobei d_n die Eigenwerte von $\hat{D}$

$$0 \le d_n \le 1, \quad \sum_n d_n = 1,$$

und $\hat{P}_n$ die Projektionsoperatoren auf die Eigenvektoren Ψ_n von $\hat{D}$ sind

$$\hat{P}_n \varphi = \langle \Psi_n \mid \varphi \rangle \Psi_n \quad \text{für jedes } \varphi \in \mathcal{H}.$$

Dabei gilt

$$\hat{P}_n = \hat{P}_n^* = \hat{P}_n^2,$$
$$\hat{P}_n \hat{P}_m = \delta_{mn} \hat{P}_n,$$
$$\sum_n \hat{P}_n = \hat{1}.$$

Mit der Spektraldarstellung des Dichteoperators kann man bequem *Funktionen* des Dichteoperators definieren. Es sei $x \mapsto f(x)$ eine reellwertige oder komplexwertige Funktion der reellen Variablen $x \in \mathbb{R}$. Dann definiert man die Funktion $f(\hat{D})$ durch

$$f(\hat{D}) := \sum_n f(d_n) \hat{P}_n.$$

Wegen $\mathrm{Sp}(\hat{P}_n) = 1$ gilt

$$\mathrm{Sp}\{f(\hat{D})\} = \sum_n f(d_n).$$

Aufgabe

Es sei f ein Polynom N-ten Grades,

$$f(x) = c_0 + c_1 x + c_2 x^2 + \cdots + c_N x^N.$$

Man zeige, dass die Definition von $f(\hat{D})$ mit der Spektralzerlegung von $\hat{D}$ das Resultat

$$f(D) = c_0 \hat{1} + c_1 \hat{D} + c_2 \hat{D}^2 + \cdots + c_N \hat{D}^N$$

liefert.

2.3 Zur Interpretation von Dichteoperatoren

Wir betrachten ein quantenmechanisches System mit dem zugehörigen Hilbertraum $\mathcal{H}$. Es seien $\hat{D}_1$ und $\hat{D}_2$ zwei Dichteoperatoren dieses Systems, d. h.

$$\hat{D}_i \in \mathcal{B}(\mathcal{H}), \quad \hat{D}_1 \geq 0, \quad \mathrm{Sp}(\hat{D}_i) = 1, \quad i = 1, 2.$$

Dann ist jede konvexe Linearkombination

$$\hat{D} := p\hat{D}_1 + (1 - p)\hat{D}_2, \quad 0 \leq p \leq 1,$$

wieder ein Dichteoperator des betrachteten Systems, d. h. es gilt

$$\hat{D} \in \mathcal{B}(\mathcal{H}), \quad \hat{D} \geq 0, \quad \mathrm{Sp}(\hat{D}) = 1.$$

Etwas allgemeiner gilt: Jede konvexe Linearkombination von Dichteoperatoren $\hat{D}_1, \hat{D}_2, \ldots$ mit den Gewichten $p_1, p_2, \ldots$ ist wieder ein Dichteoperator $\hat{D}$

$$\hat{D} = \sum_i p_i \hat{D}_i, \quad 0 \leq p_i \leq 1, \quad \sum_i p_i = 1.$$

Das heisst: *Dichteoperatoren kann man mischen.* Oder in der Sprechweise der Mathematiker: Die Gesamtheit aller Dichteoperatoren eines Quantensystems bildet eine *konvexe Menge.*

Lässt sich ein Dichteoperator als nichttriviale konvexe Linearkombination von verschiedenen Dichteoperatoren schreiben, so sagt man, dass dieser Dichteoperator einen *gemischten Zustand* repräsentiere. Ist eine solche Zerlegung nicht möglich, so spricht man von einem *reinen Zustand.* Die präzise Formulierung lautet

---

Definition – **Gemischte und reine Zustände**

(i) Ein Dichteoperator $\hat{D} \in \mathcal{B}(\mathcal{H})$ repräsentiert genau dann einen *gemischten* Zustand, wenn es mindestens zwei verschiedene Dichteoperatoren $\hat{D}_1, \hat{D}_2 \in \mathcal{B}(\mathcal{H})$, $\hat{D}_1 \neq \hat{D}_2$, und eine Zahl p mit $0 < p < 1$ gibt, derart dass

$$\hat{D} = p\hat{D}_1 + (1 - p)\hat{D}_2.$$

(ii) Ein Dichteoperator $\hat{D} \in \mathcal{B}(\mathcal{H})$ repräsentiert genau dann einen *reinen* Zustand, wenn eine Zerlegung von $\hat{D}$ in zwei Dichteoperatoren $\hat{D}_1, \hat{D}_2 \in \mathcal{B}(\mathcal{H})$ notwendigerweise trivial ist, d. h. wenn die Gleichung

$$\hat{D} = p\hat{D}_1 + (1-p)\hat{D}_2 \quad \text{mit} \quad 0 < p < 1$$

impliziert $\hat{D}_1 = \hat{D}_2 = \hat{D}$.

Man kann reine Zustände direkt durch den Dichteoperator allein charakterisieren, denn es gilt der folgende Satz:

Satz – **Charakterisierung reiner Zustände**

Ein Zustand ist genau dann rein, wenn der zugehörige Dichteoperator $\hat{D}$ ein Projektor ist

$$\hat{D} = \hat{D}^2.$$

Äquivalent dazu ist die Aussage: Ein Zustand ist genau dann rein, wenn der zugehörige Dichteoperator $\hat{D}$ die folgende Beziehung erfüllt:

$$\mathrm{Sp}(\hat{D}) = \mathrm{Sp}(\hat{D}^2)$$

Beweis

Wir formulieren zunächst einen nützlichen *Hilfssatz*: Es seien $\hat{D}_1$ und $\hat{D}_2$ zwei beliebige Dichteoperatoren. Dann gilt

$$\mathrm{Sp}(\hat{D}_1 \hat{D}_2) \leq 1,$$

wobei das Gleichheitszeichen dann und nur dann gilt, wenn

$$\hat{D}_1 = \hat{D}_2 \quad \text{und} \quad \hat{D}_1 = \hat{D}_1^2, \quad \hat{D}_2 = \hat{D}_2^2.$$

Beweis des Hilfssatzes
(a) $(\hat{A} \mid \hat{B}) := \mathrm{Sp}(\hat{A}^* \hat{B})$ erfüllt alle Postulate eines inneren Produkts, also gilt die Schwarzsche Ungleichung

$$|(\hat{A} \mid \hat{B})|^2 \leq (\hat{A} \mid \hat{A})(\hat{B} \mid \hat{B})$$

mit dem Gleichheitszeichen genau dann, wenn $\hat{A}$ zu $\hat{B}$ proportional ist. Damit folgt sofort der erste Teil des Hilfssatzes.
(b) Wenn $1 \geq d_1 \geq d_2 \geq \cdots \geq 0$ die Eigenwerte eines Dichteoperators $\hat{D}$ sind, dann gilt $\mathrm{Sp}(\hat{D}^2) = \sum_n d_n^2$. Mit $\sum_n d_n = 1$ impliziert $\sum_n d_n^2 = 1$, dass $d_1 = 1$ und $d_n = 0$ für $n > 1$. Also gilt $\hat{D}^2 = \hat{D}$, Q. E. D.
Beweis des Satzes
(a) Jeder Dichteoperator hat eine Spektralzerlegung

$$\hat{D} = \sum_n d_n \hat{P}, \quad 1 \geq d_1 \geq d_2 \geq \cdots \geq 0$$

mit den Eigenwerten d_n und den Projektoren $\hat{P}_n$. Also gilt die konvexe Zerlegung

$$\hat{D} = p_1 \hat{D}_1 + p_2 \hat{D}_2 \quad \text{mit}$$

$$p_1 = d_1, \quad \hat{D}_1 = \hat{P}_1$$

und

$$p_2 = (1 - d_1), \quad \hat{D}_2 = \frac{1}{1 - d_1}\{d_2 \hat{P}_2 + d_3 \hat{P}_3 + \dots\}.$$

Falls $\hat{D}$ einen reinen Zustand repräsentiert, muss diese Zerlegung trivial sein, d. h. $d_2 = d_3 = \cdots = 0$ und $d_1 = 1$, also ist $\hat{D} = \hat{P}_1$ ein Projektor, Q. E. D.

(b) Falls $\hat{D}$ ein Projektor ist, $\hat{D} = \hat{D}^2$, dann gilt $\mathrm{Sp}(\hat{D}^2) = 1$. Existiert eine konvexe Zerlegung von $\hat{D}$

$$\hat{D} = p\hat{D}_1 + (1 - p)\hat{D}_2 \quad \text{mit} \quad 0 < p < 1,$$

dann folgt aus $\mathrm{Sp}(\hat{D}^2) = 1$

$$p^2 \,\mathrm{Sp}(\hat{D}_1^2) + (1 - p)^2 \,\mathrm{Sp}(\hat{D}_2^2) + 2p(1 - p)\,\mathrm{Sp}(\hat{D}_1 \hat{D}_2)$$

$$\leq p^2 + (1 - p)^2 + 2p(1 - p) = 1$$

wobei das Gleichheitszeichen gemäss dem Hilfssatz dann und nur dann gilt, wenn $\hat{D}_1 = \hat{D}_2$, sodass jede konvexe Zerlegung von $\hat{D}$ trivial ist, Q. E. D.

Die Terminologie „gemischter Zustand" ist aus der Alltagserfahrung und der Denkweise der klassischen Physik entnommen, ist aber für quantenmechanische Situationen denkbar unangemessen. Zwar ist es richtig, dass gemischte quantenmechanische Zustände durch Mischen aus reinen Zuständen erzeugt werden können. Im Gegensatz zu klassischen Mischungen können aber quantenmechanische Mischungen auf unendlich viele Arten in grundverschiedene reine Komponenten zerlegt werden. Während man in einer klassischen Situation durch Analyse der Mischung die reinen Komponenten bestimmen kann, ist dies in der Quantenmechanik prinzipiell unmöglich.

Beispiel
Wähle $\dim(\mathcal{H}) = 2$ und definiere folgende Dichteoperatoren

$$D_1 := \tfrac{1}{4} \begin{pmatrix} 3 & \sqrt{3} \\ \sqrt{3} & 1 \end{pmatrix}, \qquad\qquad D_2 := \tfrac{1}{4} \begin{pmatrix} 3 & -\sqrt{3} \\ -\sqrt{3} & 1 \end{pmatrix}$$

$$D_3 := \begin{pmatrix} 1 & 0 \\ 0 & 0 \end{pmatrix}, \qquad\qquad D_4 := \begin{pmatrix} 0 & 0 \\ 0 & 1 \end{pmatrix}$$

mit $D_j = D_j^* = D_j^2$ und $\mathrm{Sp}(D_j) = 1$, $(j = 1, 2, 3, 4)$. Es gilt

$$D := \tfrac{1}{4} \begin{pmatrix} 3 & 0 \\ 0 & 1 \end{pmatrix} = \tfrac{1}{2}D_1 + \tfrac{1}{2}D_2 = \tfrac{3}{4}D_3 + \tfrac{1}{4}D_4.$$

Das heisst: Die Kenntnis eines gemischten Zustandes legt die reinen Zustände, aus denen der Dichteoperator zusammen gesetzt werden *kann*, nicht eindeutig fest.

2.4 Ganzheitliche quantenmechanische Korrelationen[##]

Die Dialektik von Ganzem und Teil ist in der Quantenmechanik viel komplizierter
als in den klassischen physikalischen Theorien. Vor allen Dingen kann die Existenz
isolierter Objekte nicht vorausgesetzt werden. In einer für die Naturerkenntnis fundamentalen Arbeit haben im Jahre 1935 Einstein, Podolsky und Rosen[1] auf die
Tatsache hingewiesen, dass es in der Quantenmechanik ganzheitliche Korrelationen
gibt, welche nicht auf irgendwelche Wechselwirkungen zurückgeführt werden können. Quantensysteme, die in der Vergangenheit einmal in Wechselwirkung standen,
sind für alle Zukunft in ganzheitlicher Weise korreliert. Will man Widersprüche
vermeiden, so darf man sich solche Systeme nicht mehr als aus wirklich existierenden Teilsystemen zusammengesetzt denken, selbst wenn diese aus klassischer
Sicht räumlich voneinander getrennt wären. Nach Schrödinger ist dieses Phänomen
das Charakteristikum der Quantenmechanik, „welches sie zur völligen Abwendung
von der klassischen Denkweise zwingt".[2] Mit Schrödinger nennen wir wechselwir-
kungsfreie Systeme in Korrelationszuständen *verschränkte Systeme*, die nicht durch
direkte Wechselwirkungen verursachten Korrelationen in verschränkten Systemen
Einstein–Podolsky–Rosen–Korrelationen, oder kurz *EPR-Korrelationen*.

Diese sogenannten Einstein–Podolsky–Rosen-Korrelationen reflektieren ganzheitliche Effekte, welche in den klassischen physikalischen Theorien unbekannt
sind und uns daher auch heute noch sehr merkwürdig vorkommen. Die Tatsache,
dass es in der Quantenmechanik neuartige ganzheitliche Korrelationen gibt, steht in
engstem Zusammenhang mit der Tatsache, dass im Gegensatz zu allen klassischen
Theorien *in der Quantenmechanik die Menge der Zustände, d. h. der Dichteoperatoren kein Simplex ist*. Damit ist folgendes gemeint.

Es seien $x_0, x_1, \ldots, x_p$ unabhängige Punkte des euklidischen Raumes $\mathbb{R}^n$. Die
Menge aller Punkte der Form

$$x = \sum_{i=0}^{p} \lambda_i x_i \quad \text{mit} \quad \sum_{i=0}^{p} \lambda_j = 1, \quad \lambda_j \geq 0,$$

heisst ein p-dimensionales *Simplex* mit den Ecken $x_0, x_1, \ldots, x_p$. Für $p = 0$ ist das
Simplex ein Punkt, für $p = 1$ eine Strecke, für $p = 2$ ein Dreieck, für $p = 3$ ein
Tetraeder, etc.

Ein nichtreiner Zustand ρ kann dann und nur dann *eindeutig* in reine Zustände
$\rho_1, \rho_2, \ldots$ zerlegt werden,

$$\rho = p_1 \rho_1 + p_2 \rho_2 + \ldots \quad \text{mit} \quad 0 \leq p_i \leq 1, \quad p_1 + p_2 + \cdots = 1,$$

[##]Anmerkung der Hg.: Dieses Kapitel sollte bei einem ersten Studium unbedingt überschlagen
werden, da sehr vieles nicht erklärt und erst beim Studium weiterer Literatur verständlich wird.

[1] A. Einstein, B. Podolsky, N. Rosen: Can quantum-mechanical description of physical reality be
considered complete? Physical Review. **47**, 777–780 (1935).

[2] E. Schrödinger, Die gegenwärtige Situation in der Quantenmechanik. Naturwiss. **23**, 807–812,
823–828, 844–849 (1935).

wenn die Menge aller Zustände ein *Simplex* ist. In diesem Falle können die Gewichte p_1, p_2, ... konsistent als Wahrscheinlichkeiten interpretiert werden: der Zustand ρ repräsentiert ein statistisches Gemisch und p_i ist die Wahrscheinlichkeit, dass sich das System tatsächlich im Zustand ρ_i befindet. Nun gilt der Satz, dass die Menge aller Zustände einer Observablenalgebra genau dann ein Simplex ist, wenn die Algebra kommutativ ist. Das heisst: *nur in klassischen Theorien können nichtreine Zustände eindeutig in reine Zustände zerlegt werden und als statistische Gemenge interpretiert werden.* In Quantensystemen können nichtreine Zustände immer auf unendlich viele Arten in reine Zustände zerlegt werden. *Im Gegensatz zur klassischen Mechanik können somit in der Quantenmechanik nichtreine Zustände nicht konsistent als Gemische von reinen Zuständen interpretiert werden.* Daher ist die eingebürgerte Bezeichnung „gemischte Zustände" für nichtreine Quantenzustände äusserst irreführend.

Leider wird in dem heute gängigen Jargon der Begriff „Zustand" in mehreren begrifflich grundsätzlich verschiedenen Varianten benutzt, was Anlass zu vielen Missverständnissen und unfruchtbaren Kontroversen gibt. Wir unterscheiden daher zwischen ontischen Zuständen (welche sich auf die Eigenschaften individueller Systeme beziehen), *epistemischen Zuständen* (welche sich auf Resultate von Messungen an Systemen beziehen) und *systemtheoretischen Zuständen* (welche die Vergangenheit von Systemen beschreiben). Da in der Quantenmechanik epistemische Zustände durch lineare Erwartungswertfunktionale ausgedrückt werden, hat es sich in der mathematischen Physik leider eingebürgert, das Wort „Zustand" auch als Synonym für den rein mathematischen Begriff „normiertes positives lineares Funktional" zu benützen.

In einer ontischen Interpretation einer physikalischen Theorie beziehen sich die zeitlichen Aussagen auf die Eigenschaften der Systeme wie sie „an sich" sind, d. h. ohne Berücksichtigung der Kenntnisnahme durch einen Beobachter. In einer epistemischen Interpretation beziehen sich die zeitlichen Aussagen der Theorie auf die Resultate von Messungen oder auf unser Wissen. Da eine ontische Interpretation der Quantenmechanik auf tiefliegende erkenntnistheoretische und mathematische Probleme führt, und da für viele Anwendungen eine epistemische Interpretation hinreichend ist, sind die traditionellen Interpretationen der Quantenmechanik epistemisch. Als epistemischen Zustandsbegriff verwenden die Experimentatoren fast ausnahmslos den *statistischen Zustand*, charakterisiert als Zusammenfassung der statistischen Eigenschaften einer grossen Zahl nach einem bestimmten Verfahren hergestellter physikalischer Systeme. Die Frage, ob es in der Quantenmechanik möglich ist, ontische Zustände einzuführen, wurde seit einem halben Jahrhundert oft und engagiert diskutiert, leider meist ohne die notwendige Sorgfalt. Der eigentliche Durchbruch kam durch die Entwicklung der Quantenlogik und durch die Einsicht, dass die Logik der Objekteigenschaften keineswegs die Regeln der klassischen Booleschen Logik befolgen muss.

Eigenschaften heissen *kontingent,* wenn sie den Objekten nur zeitweilig zukommen. Bei der Diskussion von Quantensystemen hat man sorgfältig zu unterscheiden zwischen den *potentiell möglichen* kontingenten Eigenschaften und den zu einem bestimmten Zeitpunkt *aktualisierten* kontingenten Eigenschaften. Die potentiell möglichen kontingenten Eigenschaften aller von der *klassischen* Physik beschriebenen Systeme sind alle jederzeit aktualisiert. *Nichtklassische* Systeme wie Quantensysteme sind dagegen dadurch charakterisiert, dass die Menge aller potentiell möglichen kontingenten Eigenschaften des Systems grösser ist als die Menge der in einem bestimmten Zeitpunkt aktualisierten kontingenten Eigenschaften. Kontingente Eigenschaften, welche nicht gleichzeitig aktualisiert werden können, heissen *inkompatibel*. Berühmte Beispiele für inkompatible Eigenschaften sind etwa Ort und Impuls eines Elektrons, oder (mathematisch äquivalent) Frequenz und Zeitdauer eines elektrischen Signals.

Die Zusammenfassung aller in einem bestimmten Zeitpunkt t aktualisierten Eigenschaften eines individuellen Objekts heissen sein *ontischer Zustand*. Wie man empirisch feststellt, welche Eigenschaften aktualisiert sind und welche nicht, soll uns im Moment nicht kümmern.

Wegen der Unmöglichkeit, gemischte Quantenzustände eindeutig in ontische zu zerlegen, führt der allgemeine Formalismus der Komposition von Systemen in der Quantenmechanik zu völlig anderen und zunächst überraschenden Resultaten. Im Hilbertraumformalismus der traditionellen Quantenmechanik werden die Observablenalgebren $\mathcal{A}_A$, $\mathcal{A}_B$ durch die Algebren $\mathcal{B}(\mathcal{H}_A)$, $\mathcal{B}(\mathcal{H}_B)$ der beschränkten Operatoren über den Hilberträumen $\mathcal{H}_A$ resp. $\mathcal{H}_B$ realisiert. Das W^*-Tensorprodukt $\mathcal{A}_A \,\overline{\otimes}\, \mathcal{A}_B$ ist dann gleich der Algebra der beschränkten Operatoren über dem Hilbertraum $\mathcal{H}_A \otimes \mathcal{H}_B$,

$$\mathcal{B}(\mathcal{H}_A \otimes \mathcal{H}_B) = \mathcal{B}(\mathcal{H}_A) \,\overline{\otimes}\, \mathcal{B}(\mathcal{H}_B).$$

Der wichtige Punkt ist, dass das direkte Produkt $\mathcal{H}_A \times \mathcal{H}_B$ zwar im Tensorprodukt $\mathcal{H}_A \otimes \mathcal{H}_B$ enthalten ist (und dieses sogar erzeugt), dass aber $\mathcal{H}_A \otimes \mathcal{H}_B$ *viel* grösser ist als $\mathcal{H}_A \times \mathcal{H}_B$. Im Gegensatz zum klassischen Fall sind in der Quantenmechanik die meisten ontischen Zustande des Systems A & B nicht einfach Produkte von ontischen Zuständen der Teilsysteme A und B. Dieser mathematisch so einfache Sachverhalt hat bedeutsame erkenntnistheoretische Konsequenzen.

Beispiel
Im Hilbertraumformalismus der traditionellen Quantenmechanik können reine Zustände ρ durch einen Zustandsvektor $\Psi \in \mathcal{H}$ dargestellt werden,

$$\rho(\hat{A}) = \langle \Psi \mid \hat{A}\Psi \rangle,$$

wobei $\langle \cdot \mid \cdot \rangle$ das innere Produkt des Hilbertraumes $\mathcal{H}$ und A eine Observable ist. Es seien ϕ_1, ϕ_2 resp. χ_1, χ_2 zwei orthogonale Zustandsvektoren des Teilsystems A resp. B. Dann repräsentiert der Zustandsvektor

$$\Psi = c_1 \phi_1 \otimes \chi_1 + c_2 \phi_2 \otimes \chi_2, \quad |c_1|^2 + |c_2|^2 = 1,$$

einen reinen (und damit ontischen) Zustand des Gesamtsystems A & B, welcher für $c_1 \neq 0$ und $c_2 \neq 0$ nicht von Produktform ist. Das heisst, die Teilsysteme A und B haben beide keinen Zustandsvektor, d. h. sie haben keinen ontischen Zustand.

Die Teilsysteme A und B eines Quantensystems A & B sind dann und nur dann in reinen Zuständen, wenn das Gesamtsystem A & B in einem reinen normalen Produktzustand ist. Da reine Zustände die maximal mögliche Information repräsentieren, es aber reine Zustände gibt, welche nicht von Produktform sind, folgt, *dass in der Quantenmechanik Teilsysteme im allgemeinen keinen ontischen Zustand haben.* Zusammengesetzte Systeme A & B, in welchen die Teilsysteme A und B keine ontische Beschreibung zulassen, nennen wir *verschränkt.* Da ontische Zustände beschreiben „wie die Dinge wirklich sind", können wir in verschränkten Systemen den Teilsystemen keine unabhängige Existenz zuschreiben. Die einzigen *reinen* Zustände, welche frei von EPR-Korrelationen sind, sind die reinen Produktzustände. Etwas allgemeiner nennen wir einen beliebigen epistemischen Zustand ρ *EPR-korrelationsfrei,* wenn er sich als ein Gemisch von epistemischen Produktzuständen $\alpha_n \otimes \beta_n$ darstellen lässt, d. h. falls

$$\rho = \sum_n p_n \alpha_n \otimes \beta_n \quad \text{mit} \quad 0 \le p_n \le 1, \quad \sum_n p_n = 1.$$

In klassischen Theorien sind alle epistemischen Zustände von dieser Form, in der Quantenmechanik jedoch nicht. *Daher gibt es in klassischen Theorien keine verschränkten Systeme und keine EPR-Korrelationen.*

Nichtreine EPR-korrelationsfreie epistemische Zustände sind korreliert, jedoch sind die Korrelationen vom klassischen Typus und prinzipiell durch feinere Messungen reduzierbar. Wesentlich für das Verständnis von Quantensystemen ist die Tatsache, dass Quantenzustände im allgemeinen EPR-korreliert sind. EPR-korrelationsfreie Quantenzustände sind eine extreme Ausnahme. Falls ein Quantensystem in einem EPR-korrelationsfreien Anfangszustand präpariert wird, genügt die kleinste Wechselwirkung zwischen den Teilsystemen, um im Laufe der Zeit EPR-Korrelationen zu erzeugen.

Wir nennen ein Teilsystem A eines Gesamtsystems A & B *aktualisiert,* wenn es sich in einem ontischen Zustand befindet. Da es in klassischen Systemen keine EPR-Korrelationen gibt, so sind beliebige Teilsysteme von klassischen Systemen immer aktualisiert. Vereint man dagegen zwei Quantensysteme A und B zu einem Quantensystem A & B, so sind im allgemeinen weder A noch B in einem ontischen Zustand. In diesem Fall nennen wir A und B *potentiell mögliche Teilsysteme.* Solange das Gesamtsystem A & B verschränkt ist, d. h. solange die EPR-Korrelationen zwischen A und B nicht zerstört sind, so lange sind die potentiell möglichen Teilsysteme A und B nicht aktualisiert.

Die Tatsache, dass es in der Quantenmechanik potentiell mögliche, aber nicht aktualisierte Teilsysteme geben soll, hat einige Philosophen in Rage gebracht. Die merkwürdigen, vom klassisch-naturwissenschaftlichen Standpunkt aus absurd scheinenden Aussagen der Quantenmechanik bezüglich der Lokalisierbarkeit und der Trennbarkeit von Quantensystemen wurden aber experimentell überprüft und haben schlüssig ergeben, dass – genau entsprechend den Voraussagen der Quantenmechanik – elementare Objekte selbst bei räumlichen Abständen von makroskopischer Grössenordnung sich nicht in jedem Fall voneinander unabhängig verhalten.

Damit sind diese von Einstein, Podolsky und Rosen im Jahre 1935 vorausgesagten quantenmechanischen ganzheitlichen Korrelationen in nichtwechselwirkenden Systemen heute experimentell verifiziert. Einige der interessantesten Experimente dieser Art wurden von der Pariser Forschungsgruppe um Alain Aspect durchgeführt.

Das Experiment von Aspect

In einer für die Naturerkenntnis fundamentalen Arbeit haben im Jahre 1935 Einstein, Podolsky und Rosen auf die Tatsache hingewiesen, dass es in der Quantenmechanik ganzheitliche Korrelationen gibt, die nicht auf irgendwelche Wechselwirkungen zurückgeführt werden können. Will man Widersprüche vermeiden, so darf man sich solche Systeme nicht als aus wirklich existierenden Teilsystemen zusammengesetzt denken, selbst dann nicht, wenn diese – klassisch betrachtet – räumlich weit voneinander getrennt wären. Nach Schrödinger ist dieses Phänomen das Charakteristikum der Quantenmechanik, »welches sie zur völligen Abwendung von der klassischen Denkweise zwingt«. Der Weg zu einer von der Quantentheorie unabhängigen empirischen Überprüfung des ganzheitlichen Charakters der materiellen Welt wurde durch eine Idee von John Bell aus dem Jahre 1964 möglich.[3]
Ein genial konzipiertes Experiment von Alain Aspect und Mitarbeitern[4] hat diese ganzheitlichen Quantenkorrelationen in räumlich separierten Systemen über jeden vernünftigen Zweifel experimentell nachgewiesen. Ein ^{40}Ca-Atom wird durch Absorption von Laserlicht in einen Zustand mit dem Gesamtdrehimpuls $J = 0$ angeregt. Dieser Zustand zerfällt in einer Doppelkaskade $(J = 0) \rightarrow (J = 1) \rightarrow (J = 0)$ unter Emission von zwei Photonen der Wellenlängen $\lambda_1 = 422,7$ nm und $\lambda_2 = 551,3$ nm. Die Erhaltungssätze für Impuls und Drehimpuls bringen es mit sich, dass – in der unzulässigen klassischen Sprechweise – die beiden Photonen in entgegengesetzten Richtungen davonfliegen und beide gleichartig zirkulär polarisiert sind (das heisst, entweder sind beide rechts- oder beide links-drehend). Lässt man ein zirkulär polarisiertes Photon durch einen linearen Polarisator gehen, so erhält man unabhängig von der Richtung des Polarisators eine 50-%-Chance für die Transmission und eine 50-%-Chance für die Absorption des Photons. Nun placiert man in beliebigem Abstand von der ^{40}Ca-Quelle für jedes der beiden in entgegengesetzten Richtungen emittierten Photonen einen linearen Polarisator mit einer Transmissionswahrscheinlichkeit von 50%, wobei die Polarisationsrichtung beliebig, aber für beide Polarisatoren gleich sei. Führt man das Experiment aus, so findet man im Widerspruch zum „gesunden Menschenverstand", aber in voller Übereinstimmung mit den Voraussagen der Quantenmechanik, dass die beiden Photonen für jede Richtung der Polarisatoren immer perfekt korreliert sind. Das heisst folgendes: Wenn ein Photon von dem einen Polarisator durchgelassen wird, dann geht immer auch das andere Photon durch den anderen Polarisator. Wird hingegen ein Photon in einem Polarisator absorbiert, dann wird immer auch das andere Photon in dem anderen Polarisator absorbiert. Das Unerwartete ist dabei, dass dieses Resultat für jede gewählte Einstellung der Richtung der Polarisatoren zutrifft, und dass die Polarisatoren einen Abstand von mehreren Metern haben können. Doch Illusionen sterben nur langsam. Obwohl dieses Experiment die ganzheitliche Struktur der

<hr>

[3] J. S. Bell: On the Einstein Podolsky Rosen paradox, Physics (Long Island City, New York) **1** 195–200 (1964).

[4] A. Aspect, J. Dalibard, G. Roger: Experimental test of Bell's inequalities using time-varying analyzers, Physical Review Letters **49**, 1804–1807 (1982); A. Aspect, P. Grangier, G. Roger: Experimental realization of Einstein-Podolsky-Rosen-Bohm Gedankenexperiment. A new violation of Bell's inequalities, Physical Review Letters **49**, 91–94 (1982).

Materie beweist, haben Skeptiker immer noch argumentiert, dass das erste Photon, das bei einem Polarisator ankommt, dem zweiten Photon auf irgendeine geheimnisvolle Weise mitteilt, welche Polarisation es anzunehmen gedenke. Um solche Spekulationen ad absurdum zu führen, montierten Aspect und Mitarbeiter die beiden Polarisatoren je 6 Meter entfernt von der ^{40}Ca-Quelle, so dass ein Photon etwa 20 Nanosekunden Zeit braucht, um von der Quelle zum Polarisator zu kommen. Um irgendwelche Signalübermittlung zu verhindern, schalteten die Experimentatoren die Polarisatoren alle 10 Nanosekunden in eine andere Richtung. Resultat dieser Experimente: So wie es die Quantenmechanik voraussagt. Das heisst, heute muss man die aus klassischer naturwissenschaftlicher Sicht völlig unverständlichen ganzheitlichen quantenmechanischen Korrelationen als gesicherte empirische Tatsache akzeptieren.

Man kann die Sache drehen wie man will, sobald man in der Diskussion dieses Experiments von zwei Teilchen spricht, verwickelt man sich in logische Widersprüche. Das System, das aus klassischer Sicht aus zwei Teilchen zu bestehen scheint, ist in Tat und Wahrheit ein ungeteiltes Ganzes. Das Experiment von Aspect beweist unabhängig von der Annahme der Richtigkeit der Quantenmechanik, dass die materielle Welt nicht immer in räumlich separierbare Elemente der Realität zerlegt werden kann.

Einige Wissenschaftsjournalisten haben über diese erkenntnistheoretisch wichtigen Experimente unter Schlagzeilen wie „Im Mikrokosmos gibt es keine objektive Realität" berichtet. Natürlich sind derartige Aussagen Unfug, obwohl es durchaus zutrifft, dass der intuitive Realitätsbegriff des Alltagslebens im Mikrokosmos nicht anwendbar ist. Die klassischen Naturwissenschaften benützen wesentlich philosophisches Gedankengut von René Descartes (1596–1650). Danach zerlegt das Subjekt die Welt in einfache Sachverhalte und betrachtet die objektive Welt einfach als Summe dieser elementaren Sachverhalte. Dagegen steht in der Quantenmechanik so etwas wie ein „Ding an sich" nicht mehr zur Diskussion. Die Cartesische Epoche der Naturbeschreibung ist zu Ende, mit der Quantenmechanik hat eine neue Epoche der Naturphilosophie begonnen. Auch im Mikrokosmos gibt es eine objektive Realität, lediglich der Realitätsbegriff der klassischen Physik ist nicht mehr anwendbar.

Weiterführende Literatur
Zitierte Originalarbeiten:
E. Schrödinger, Discussion of probability relations between separated systems. Proc. Camb. Philos. Soc. **31**, 555–563 (1935).
E. Schrödinger, Probability relations between separated Systems. Proc. Camb. Philos. Soc. **32**, 446–452 (1936).
A. Aspect, Expériences basées sur les inégalités de Bell. J. Phys. **42**, C2-63–C2-80 (1981).
Eine vorzügliche zusammenfassende Darstellung von EPR-Experimenten samt einer Diskussion der philosophischen Implikationen findet sich in:
J. F. Clauser, A. Shimony, „Bell's theorem: experimental tests and implications". Rep. Prog. Phys. **41**, 1881–1927 (1978).
Für Details und weitere Literaturangaben vgl. auch:
H. Primas, Foundations of theoretical chemistry. In: *Quantum Dynamics of Molecules: The New Experimental Challenge of Theorists*. NATO Advanced Study Institutes Series, vol. 57, ed. by R. G. Woolley; Plenum, New York, NY 1980. pp. 39–113.
H. Primas, „Chemistry, Quantum Mechanics and Reductionism". Springer, Berlin, 1981; 2.ed. 1983.

2.5 Die Shannonentropie von Quantenzuständen

Denken wir uns ein Gemisch einer grossen Anzahl N von gleichartigen Quantensystemen, von welchen $N p_i$ in dem durch den Dichteoperator $\hat{D}_i$ charakterisierten Zustand sind, dann repräsentiert $\hat{D} = \sum_i p_i \hat{D}_i$ den Dichteoperator dieses statistischen Ensembles. Die informationstheoretische Mischungsentropie für diesen Mischprozess ist

$$H(p_1, p_2, \ldots) = -k \sum_i p_i \ln p_i.$$

Da der Dichteoperator eines gemischten Zustandes keine eindeutige Zerlegung in reine Zustände hat, ist die eben definierte Mischungsentropie nur eine Eigenschaft des betrachteten Mischungsprozesses, nicht aber des resultierenden gemischten Zustandes.

Beispiel
In Abschn. 2.3 haben wir vier Dichteoperatoren $\hat{D}_1$, $\hat{D}_2$, $\hat{D}_3$, $\hat{D}_4$ angegeben, für die gilt $\hat{D} = \frac{1}{2}\hat{D}_1 + \frac{1}{2}\hat{D}_2 = \frac{3}{4}\hat{D}_3 + \frac{1}{4}\hat{D}_4$. Es gilt

$$H(p_1, p_2) = -\tfrac{1}{2}\ln\tfrac{1}{2} - \tfrac{1}{2}\ln\tfrac{1}{2} = \ln 2 = 0{,}693\ldots,$$
$$H(p_3, p_4) = -\tfrac{3}{4}\ln\tfrac{3}{4} - \tfrac{1}{4}\ln\tfrac{1}{4} = \ln 4 - \tfrac{3}{4}\ln 3 = 0{,}562\ldots,$$

so dass

$$H(p_3, p_4) < H(p_1, p_2).$$

Man beachte, dass $H(p_1, p_2) = \ln 2$ die maximale Entropie ist, welche bei einer Mischung von zwei reinen Komponenten erreichbar ist (Gleichverteilung!).

Die Mischungsentropie ist aber dennoch geeignet, um eine intrinsische Entropie eines Quantenzustandes zu definieren. Dazu eliminieren wir die Abhängigkeit von den Mischungsverfahren, indem wir alle denkbaren Mischverfahren betrachten, welche zu dem gewünschten Zustand führen, und dem Zustand die kleinste mögliche Mischungsentropie zuschreiben. Das heisst, wir akzeptieren folgende Definition (dabei ist k eine passende positive Zahl, z. B. die Boltzmannkonstante):

Definition – **Shannonentropie eines Quantenzustands**

Die Entropie $H(\hat{D})$ eines Quantenzustandes mit dem Dichteoperator $\hat{D}$ ist definiert als

$$H(\hat{D}) := \inf\left\{ -k \sum_i p_i \ln p_i \;\middle|\; \hat{D} = \sum_i p_i \hat{D}_i, \ \hat{D}_i = \hat{D}_i^2, \right.$$

$$\left. 0 \le p_i \le 1, \ \sum_i p_i = 1 \right\}$$

wobei das Infimum über alle möglichen Zerlegungen von $\hat{D}$ in reine Zustände zu erstrecken ist.

Da reine Zustände nicht zerlegbar sind, folgt sofort, dass die Entropie reiner Zustände verschwindet. Andererseits ist bei einer echten Mischung die Mischungsentropie nie Null. Somit folgt:

Satz – Shannonentropie reiner Zustände

Ein Zustand mit dem Dichteoperator $\hat{D}$ ist dann und nur dann rein, wenn seine Entropie $H(\hat{D})$ verschwindet,

$$H(\hat{D}) = 0.$$

Unsere Definition der Entropie eines Quantenzustandes ist begrifflich in bester Ordnung, aber rechnerisch unbequem: Wir können nicht alle denkbaren Zerlegungen eines vorgegebenen Dichteoperators in Mischungen durchprobieren! Folgender Satz erledigt dieses Problem:

Satz – Expliziter Ausdruck für die Shannonentropie

Die Entropie $H(\hat{D})$ eines Quantenzustandes mit dem Dichteoperator $\hat{D}$ ist gegeben durch

$$H(\hat{D}) = -k\,\mathrm{Sp}(\hat{D}\ln\hat{D}).$$

Falls die Spur nicht existiert, setzt man $H(\hat{D}) = +\infty$.

Beweis

Es sei $\hat{D}$ ein Dichteoperator mit der beliebigen Zerlegung

$$\hat{D} = \sum_i p_i \hat{D}_i, \quad 0 \le p_i \le 1, \quad \sum_i p_i = 1$$

in Dichteoperatoren $\hat{D}_i$. Dann gilt folgende Ungleichung

$$-\mathrm{Sp}(\hat{D}\ln\hat{D}) \le -\sum_i p_i \log p_i + \sum_i p_i\,\mathrm{Sp}(\hat{D}_i \ln \hat{D}_i).$$

welche wir hier aber nicht beweisen (Für einen Beweis vgl. z. B. A. Wehrl, Rev. Mod. Phys. **50**, 221–260 (1978), Eq. (2.3). Mit der Spektralzerlegung

$$\hat{D} = \sum_i d_i \hat{P}_i, \quad 0 \le d_i \le 1, \quad \sum_i d_i = 1$$

$$\hat{P}_i \hat{P}_j = \delta_{ij} \hat{P}_i, \quad \mathrm{Sp}(\hat{P}_i) = 1$$

erhalten wir $\hat{D}\ln\hat{D} = \sum_i \hat{P}_i d_i \ln d_i$ und damit $\mathrm{Sp}(\hat{D}\ln\hat{D}) = \sum_i d_i \ln d_i$. Somit gilt

$$-\sum_i d_i \ln d_i \leq -\sum_i p_i \ln p_i + \sum_i p_i \,\mathrm{Sp}(\hat{D}_i \ln \hat{D}_i) \leq -\sum_i p_i \ln p_i$$

Damit folgt, dass das Infimum von $-\sum_i p_i \ln p_i$ genau für die Spektralzerlegung (d. h. für $p_i = d_i$ und $\hat{D}_i = \hat{P}_i$) angenommen wird.

Wichtige Eigenschaften der Entropie von Quantenzuständen

(i) Sind $d_1, d_2, \ldots$ die Eigenwerte des Dichteoperators $\hat{D}_1$, so ist die Shannonentropie von $\hat{D}$ gegeben durch

$$H(\hat{D}) = -k\,\mathrm{Sp}(\hat{D}\ln\hat{D}) = -k\sum_n d_n \ln d_n.$$

(ii) Es gilt

$$0 \leq H(\hat{D}) \leq k\ln N,$$

wobei N die Dimension des zugrundeliegenden Hilbertraumes $\mathcal{H}$ ist,

$$N = \dim(\mathcal{H}) = 2, 3, \ldots, \infty.$$

(iii) *Reine Zustände haben die Entropie Null.*

(iv) *Maximal chaotische Zustände*
Falls $\dim(\mathcal{H}) := N < \infty$, dann ist die Entropie maximal für den chaotischen Zustand mit dem Dichteoperator $\hat{D} = \frac{1}{N}\hat{1}$, und ist gleich $H_{\max} = k\ln(N)$. Für einen unendlich-dimensionalen Hilbertraum existiert kein maximal chaotischer Zustand.

(v) *Die Entropie ist eine unitäre Invariante*
Es sei $\hat{U}$ ein beliebiger unitärer Operator und $\hat{D}_u = \hat{U}\hat{D}\hat{U}^*$ der mit $\hat{U}$ transformierte Dichteoperator $\hat{D}$. Dann gilt $H(\hat{D}) = H(\hat{D}_u)$.

(vi) *Mischungssatz: Die Entropie ist strikte konkav*
Es seien $\hat{D}_1, \hat{D}_2, \ldots$ beliebige Dichteoperatoren und p_1, p_2 beliebige Zahlen mit $0 \leq p_i \leq 1$ und $\sum_i p_i = 1$. Dann ist die Entropie des Gemisches nie kleiner als die gewogene Summe der Einzelentropien:

$$H\left(\sum_i p_i \hat{D}_i\right) \geq \sum_i p_i H(\hat{D}_i).$$

Dabei gilt das Gleichheitszeichen dann und nur dann, wenn $\hat{D}_i = \hat{D}_j$ für alle i und j mit $p_i \neq 0$, $p_j \neq 0$.

(vii) *Kleinsche Ungleichung* (O. Klein, Z. Phys. **72**, 767, 1931)
Es seien $\hat{D}_1$ und $\hat{D}_2$ zwei beliebige Dichteoperatoren über demselben
Hilbertraum. Dann gilt

$$H(\hat{D}_1) \leq -k \operatorname{Sp}(\hat{D}_1 \ln \hat{D}_2)$$

wobei das Gleichheitszeichen dann und nur dann gilt, wenn $\hat{D}_1 = \hat{D}_2$.

Die Beweise der Aussagen (i) bis (v) sind ganz leicht und seien dem Leser als
Übungsaufgaben überlassen.

Beweis des Mischungssatzes

Der Beweis beruht auf der elementaren Tatsache, dass die Funktion $x \mapsto f(x) :=$
$-x \ln x$ für $0 < x < \infty$ konkav ist, d. h. dass gilt

$$f\{px + (1-p)y\} \geq pf(x) + (1-p)f(y), \quad 0 \leq p \leq 1.$$

Denn $f'(x) = -\ln(x) - 1$, $f''(x) = -1/x < 0$ für $x \in \mathbb{R}^+$.
Es sei nun $\{\varphi_n\}$ eine orthonormale Basis für den Hilbertraum $\mathcal{H}$, welche den Dichteoperator

$$\hat{D} = p\hat{D}_1 + (1-p)\hat{D}_2, \quad 0 \leq p \leq 1,$$

diagonalisiert. Somit gilt für jede Funktion f

$$\operatorname{Sp}\{f(\hat{D})\} = \sum_n f\{\langle \varphi_n \mid \hat{D}\varphi_n \rangle\}.$$

Mit der konkaven Funktion $x \mapsto f(x) := -x \ln x$ und der Beziehung

$$\langle \varphi_n \mid \hat{D}\varphi_n \rangle = p\langle \varphi_n \mid \hat{D}_1\varphi_n \rangle + (1-p)\langle \varphi_n \mid \hat{D}_2\varphi_n \rangle$$

folgt

$$f\{\langle \varphi_n \mid \hat{D}\varphi_n \rangle\} \geq pf\{\langle \varphi_n \mid \hat{D}_1\varphi_n \rangle + (1-p)\langle \varphi_n \mid \hat{D}_2\varphi_n \rangle\}.$$

Da f konkav ist, gilt weiter für jeden Dichteoperator $\hat{D} = \sum_n d_n \hat{P}_n$

$$f\{\langle \varphi \mid \hat{D}\varphi \rangle\} = f\left\{\left\langle \varphi \mid \sum_n d_n \hat{P}_n\varphi \right\rangle\right\} = f\left\{\sum_n d_n \langle \varphi \mid \hat{P}_n\varphi \rangle\right\}$$

$$\geq \sum_n f(d_n)\langle \varphi \mid \hat{P}_n\varphi \rangle$$

$$= \langle \varphi \mid f(\hat{D})\varphi \rangle,$$

also

$$\operatorname{Sp}\{f(\hat{D})\} \geq \sum_n \{p\langle \varphi_n \mid f(\hat{D}_1)\varphi_n \rangle + (1-p)\langle \varphi_n \mid f(\hat{D}_2)\varphi_n \rangle\}$$

$$= p\operatorname{Sp}\{f(\hat{D}_1)\} + (1-p)\operatorname{Sp}\{f(\hat{D}_2)\}.$$

Das heisst

$$H\{p\hat{D}_1 + (1-p)\hat{D}_2\} \geq pH(\hat{D}_1) + (1-p)H(\hat{D}_2)$$

Q. E. D.

Beweis der Kleinschen Ungleichung

Aus der Taylorentwicklung der Exponentialfunktion folgt sofort

$$e^x \geq 1 + x \quad \text{für alle} \quad x \in \mathbb{R},$$

wobei das Gleichheitszeichen dann und nur dann gilt, wenn $x = 0$. Mit $x = b - a$ folgt,

$$e^b \geq e^a + (b - a)e^a \quad \text{für alle} \quad a, b \in \mathbb{R},$$

wobei das Gleichheitszeichen genau für $a = b$ gilt. Mit $a = \ln \alpha$ und $b = \ln \beta$ folgt

$$\beta \geq \alpha + \alpha \ln \beta - \alpha \ln \alpha, \quad \alpha > 0, \quad \beta > 0.$$

Somit gilt

$$f(\alpha, \beta) := \alpha \ln \alpha - \alpha \ln \beta - \alpha + \beta \geq 0 \quad \text{für alle} \quad \alpha, \beta > 0,$$

wobei das Gleichheitszeichen genau für $\alpha = \beta$ gilt.

Es seien nun $\hat{A}$ und $\hat{B}$ zwei positive Operatoren der Spurklasse mit den Spektralzerlegungen

$$\hat{A} = \sum_n \alpha_n \hat{A}_n, \qquad\qquad \hat{B} = \sum_m \beta_m \hat{B}_m,$$

$$\hat{A}_n \hat{A}_m = \delta_{nm} \hat{A}_n, \qquad\qquad \hat{B}_m \hat{B}_n = \delta_{nm} \hat{B}_m$$

$$\mathrm{Sp}\{\hat{A}_n\} = 1, \qquad\qquad \mathrm{Sp}\{\hat{B}_m\} = 1.$$

Wir definieren einen Operator $f(\hat{A}, \hat{B})$ durch

$$f(\hat{A}, \hat{B}) := \sum_n \sum_m f(\alpha_n, \beta_m) \hat{A}_n \hat{B}_m.$$

Es gilt

$$\mathrm{Sp}\{f(\hat{A}, \hat{B})\} = \sum_n \sum_m f(\alpha_n, \beta_m) \mathrm{Sp}(\hat{A}_n \hat{B}_m) \geq 0,$$

da $\mathrm{Sp}(\hat{A}_n \hat{B}_m) \geq 0$ und $f(\alpha_n, \beta_m) \geq 0$.

Beachten wir, dass

$$\sum_n \hat{A}_n = 1, \qquad \sum_n \alpha_n \hat{A}_n = \hat{A}, \qquad \sum_n (\alpha_n \ln \alpha_n) \hat{A}_n = \hat{A} \ln \hat{A},$$

$$\sum_n \hat{B}_n = 1, \qquad \sum_n \beta_n \hat{B}_n = \hat{B}, \qquad \sum_n (\ln \beta_n) \hat{B}_n = \ln \hat{B},$$

so können wir den Operator $f(\hat{A}, \hat{B})$ explizit berechnen:

$$f(\hat{A}, \hat{B}) = \sum_n \sum_m \{\alpha_n \ln \alpha_n - \alpha_n \ln \beta_m - \alpha_n + \beta_m\} \hat{A}_n \hat{B}_m$$

$$= \sum_n (\alpha_n \ln \alpha_n - \alpha_n) \hat{A}_n \cdot \sum_m \hat{B}_m - \sum_n \alpha_n \hat{A}_n \cdot \sum_m (\ln \beta_m) \hat{B}_m + \sum_n \hat{A}_n \cdot \sum_m \beta \hat{B}$$

$$= \hat{A} \ln \hat{A} - \hat{A} \ln \hat{B} - \hat{A} + \hat{B}.$$

Also haben wir folgende Ungleichung bewiesen

$$\mathrm{Sp}\{\hat{A}\ln\hat{A} - \hat{A}\ln\hat{B} - \hat{A} + \hat{B}\} \geq 0.$$

Wählen wir für $\hat{A}$ und $\hat{B}$ Dichteoperatoren $\hat{D}_1$ und $\hat{D}_2$, so gilt $\mathrm{Sp}(\hat{D}_1) = \mathrm{Sp}(\hat{D}_2) = 1$, also

$$-\mathrm{Sp}\{\hat{D}_1\ln\hat{D}_2\} \geq -\mathrm{Sp}\{\hat{D}_1\ln\hat{D}_1\}$$

wobei das Gleichheitszeichen dann und nur dann gilt, wenn $\hat{D}_1 = \hat{D}_2$.

Diese auf Oskar Klein (Z. Phys. **72**, 767, 1931) zurückgehende Ungleichung besagt, dass die Entropie $H(D_1)$ nie grösser ist als der Ausdruck $-k\,\mathrm{Sp}\{\hat{D}_1\ln\hat{D}_2\}$, wobei $\hat{D}_2$ ein völlig beliebiger Dichteoperator ist.

2.6 Der Dichteoperator des kanonischen Ensembles

Um die Diskussion mathematischer Existenzfragen zu vermeiden, betrachten wir zunächst nur Quantensysteme mit einem *endlich*-dimensionalen Hilbertraum (z. B. Spinsysteme).

Der Erwartungswert U der Energie eines Quantensystems in einem durch den Dichteoperator $\hat{D}$ charakterisierten Zustand ist gegeben durch

$$U = \mathrm{Sp}(\hat{D}\hat{H}),$$

wobei $\hat{H}$ der Hamiltonoperator des Systems ist. Die Shannonentropie H eines solchen Systems ist gegeben durch

$$H = -k\,\mathrm{Sp}(\hat{D}\ln\hat{D}), \quad k > 0.$$

Gemäss den Prinzipien der Informationsthermostatik (vgl. Abschn. 1.10) ist das kanonische Ensemble charakterisiert durch einen Zustand maximaler Shannonentropie bei vorgegebenem Wert U des Erwartungswertes der Energie. Damit ergibt sich folgende Charakterisierung des kanonischen Ensembles in der Quantenmechanik:

> ***Definition* – Quantenmechanisches kanonisches Ensemble**
>
> Ein Dichteoperator $\hat{D}$ eines Quantensystems mit dem Hamiltonoperator $\hat{H}$ heisst *kanonisch*, falls
>
> (i) der Erwartungswert $\mathrm{Sp}(\hat{D}\hat{H})$ der Energie gleich einer vorgegebenen Grösse U ist,
>
> (ii) die Shannonentropie $-k\,\mathrm{Sp}(\hat{D}\ln\hat{D})$ unter der Nebenbedingung $U = \mathrm{Sp}(\hat{D}\hat{H})$ maximal ist ($k > 0$).

In Analogie zu den Resultaten in Abschn. 1.10 mag man vermuten, dass die Lösung dieses Extremalproblems durch den folgenden Dichteoperator $\hat{D}_\beta$ gegeben ist

$$\hat{D}_\beta := Z_\beta^{-1} e^{-\beta \hat{H}}, \quad Z_\beta := \mathrm{Sp}(e^{-\beta \hat{H}}) = \sum_i e^{-\beta E_i},$$

wobei sich die Summe in der Zustandssumme Z_β über alle Eigenwerte E_i des Hamiltonoperators $\hat{H}$ erstreckt, und β der Lagrangeparameter der Nebenbedingung $U = \mathrm{Sp}(\hat{D}\hat{H})$ ist. Diese Vermutung ist richtig, aber direkt nicht ganz einfach zu beweisen, da wir von vornherein nicht wissen, ob die beiden Operatoren $\hat{D}$ und $\hat{H}$ miteinander vertauschen. Ein strenger Beweis gelingt aber leicht mit Hilfe der Kleinschen Ungleichung.

Für zwei beliebige Dichteoperatoren $\hat{D}_1$ und $\hat{D}_2$ lautet die Kleinsche Ungleichung

$$- \mathrm{Sp}(\hat{D}_1 \ln \hat{D}_1) \le - \mathrm{Sp}(\hat{D}_1 \ln \hat{D}_2).$$

Wir wählen $\hat{D}_1 = \hat{D}$ und $\hat{D}_2 = \hat{D}_\beta$, so dass mit $\ln \hat{D}_\beta = -\beta \hat{H} - \ln Z_\beta$ folgt:

$$H(\hat{D}) := -k\,\mathrm{Sp}(\hat{D} \ln \hat{D}) \le k\beta\,\mathrm{Sp}(\hat{D}\hat{H}) + k \ln Z_\beta.$$

Die Zustandssumme Z_β können wir eliminieren durch die Einführung der Shannonentropie von D_β, welche wir mit S bezeichnen:

$$S := H(\hat{D}_\beta) = -k\,\mathrm{Sp}(\hat{D}_\beta \ln \hat{D}_\beta) = k\beta\,\mathrm{Sp}(\hat{D}_\beta \hat{H}) + k \ln Z_\beta.$$

Damit erhalten wir

$$H(\hat{D}) \le k\beta\,\mathrm{Sp}(\hat{D}\hat{H}) - k\beta\,\mathrm{Sp}(\hat{D}_\beta \hat{H}) + S.$$

Falls die beiden Dichteoperatoren $\hat{D}$ und $\hat{D}_\beta$ denselben Energiemittelwert U liefern,

$$U = \mathrm{Sp}(\hat{D}\hat{H}) = \mathrm{Sp}(\hat{D}_\beta \hat{H}),$$

so gilt

$$S \ge H(\hat{D}).$$

Das heisst, unter allen Dichteoperatoren $\hat{D}$ mit dem Energieerwartungswert U hat der Dichteoperator $\hat{D}_\beta$ die grösste Shannonentropie. Q. E. D.

***Resultat* – Kanonischer Dichteoperator**

Der kanonische Dichteoperator $\hat{D}_\beta$ eines Quantensystems mit Hamiltonoperator $\hat{H}$ und rein diskretem Spektrum $(E_1, E_2, \dots)$ ist gegeben durch

$$\hat{D}_\beta = Z_\beta^{-1} \mathrm{e}^{-\beta \hat{H}}$$

Die zugehörige Zustandssumme ist

$$Z_\beta := \mathrm{Sp}\{\mathrm{e}^{-\beta \hat{H}}\} = \sum_n \mathrm{e}^{-\beta E_n}.$$

Die Shannonentropie $H(\hat{D}_\beta)$ des kanonischen Dichteoperators heisst die kanonische Entropie S

$$S := H(\hat{D}_\beta) = -k\,\mathrm{Sp}(\hat{D}_\beta \ln \hat{D}_\beta) = k\beta U + k \ln Z_\beta.$$

Dabei ist U die innere Energie und $-\beta^{-1} \ln Z_\beta$ die Helmholtzsche freie Energie F,

$$U = \mathrm{Sp}(\hat{D}_\beta \hat{H}),$$
$$F = -\beta^{-1} \ln Z_\beta.$$

Es gilt also die aus der Thermostatik bekannte Relation

$$F = U - TS,$$

wobei die absolute Temperatur $T = (k\beta)^{-1}$ durch den Lagrangeparameter β gegeben ist, $\beta \in \mathbb{R}$ und mithin

$$\beta F = -\ln Z$$
$$Z = \exp(-\beta F)$$
$$\hat{D} = \exp\{-\beta(\hat{H} - F)\}$$

Bemerkenswerterweise kann man allein aus der Kenntnis der Zustandssumme in Funktion der Temperatur alle thermodynamischen Funktionen berechnen. Es gilt:

$$\frac{\partial}{\partial \beta} Z = \mathrm{Sp}\left\{ \frac{\partial}{\partial \beta} \mathrm{e}^{-\beta \hat{H}} \right\} = -\mathrm{Sp}\left\{ \hat{H} \mathrm{e}^{-\beta \hat{H}} \right\} = -Z\,\mathrm{Sp}\{\hat{H}\hat{D}\} = -ZU,$$

so dass

$$U = -\frac{1}{Z}\frac{\partial Z}{\partial \beta} = -\frac{\partial \ln Z}{\partial \beta} = kT^2 \frac{\partial \ln Z}{\partial T}.$$

Weiter gilt

$$S = k\beta(U - F) = -k\beta \frac{\partial \ln Z}{\partial \beta} + k \ln Z = kT \frac{\partial \ln Z}{\partial T} + k \ln Z = k \frac{\partial}{\partial T}(T \ln Z).$$

$$U = kT^2 \frac{\partial \ln Z}{\partial T}, \qquad S = k \frac{\partial(T \ln Z)}{\partial T}, \qquad F = -kT \ln Z$$

Die Zustandssumme $\mathrm{Sp}(\mathrm{e}^{-\beta \hat{H}})$ kann man in der Eigenbasis von $\hat{H}$

$$H \psi_n = E_n \Psi_n$$

berechnen:

$$Z = \sum_n \langle \Psi_n \mid \mathrm{e}^{-\beta \hat{H}} \Psi_n \rangle = \sum_n \mathrm{e}^{-\beta E_n}.$$

Somit genügt zur Berechnung sämtlicher thermodynamischer Funktionen die Kenntnis der Energieeigenwerte.

Falls der Hilbertraum endlich-dimensional ist, existiert $\mathrm{Sp}\{\exp(-\beta \hat{H})\}$ für alle reellen Zahlen β, so dass kein Grund für eine Einschränkung der Temperatur T auf positive Zahlen besteht. In der Tat spielen *negative Temperaturen* für die Diskussion gewisser Experimente an Spinsystemen eine wichtige Rolle. Sobald jedoch die Lage- und Impulseigenschaften von Elektronen oder Atomkernen relevant werden, ist der Hilbertraum unendlich dimensional, und die Frage, ob die Spur von $\exp(-\beta \hat{H})$ überhaupt existiert, muss sorgfältig geprüft werden. Für alle uns interessierenden Systeme mit unendlich-dimensionalen Hilberträumen ist der Hamiltonoperator $\hat{H}$ nach unten beschränkt, aber nach oben unbeschränkt. In diesen Fällen existiert $\mathrm{Sp}\{\exp(-\beta \hat{H})\}$ für negatives β nicht, so dass negative Temperaturen nicht auftreten können.

Resultat – Positive und negative Temperaturen

Für Quantensysteme mit einem *endlich-dimensionalen* Hilbertraum existiert der kanonische Dichteoperator sowohl für positive als auch für negative Temperaturen.

Für Quantensysteme mit einem *unendlich-dimensionalen* Hilbertraum existiert der kanonische Dichteoperator für negative Temperaturen nie.

Systeme mit negativer Temperatur können nicht im thermischen Gleichgewicht mit Quantensystemen mit nach oben unbeschränkten Hamiltonoperatoren existieren.

Anhang: Ein Variationsprinzip für die freie Energie

Im Beweis des Satzes über die Darstellung des kanonischen Dichteoperators hatten wir aus der Kleinschen Ungleichung die Ungleichung

$$- \operatorname{Sp}(\hat{D} \ln \hat{D}) \leq \beta \operatorname{Sp}(\hat{D}\hat{H}) + \ln Z_\beta$$

hergeleitet, wobei $\hat{D}$ ein beliebiger Dichteoperator war. Mit $\beta F = - \ln Z_\beta$ können wir dafür auch schreiben

$$F \leq \operatorname{Sp}(\hat{D}\hat{H}) + \frac{1}{\beta} \operatorname{Sp}(\hat{D} \ln \hat{D})$$

Diese Ungleichung für die freie Energie gilt für beliebige Versuchsdichteoperatoren $\hat{D}$, wobei das Gleichheitszeichen genau für $\hat{D} = \hat{D}_\beta$ angenommen wird.

Um mit dieser Ungleichung praktisch etwas anfangen zu können, müssen wir einen Dichteoperator suchen, für den wir $\ln \hat{D}$ berechnen können. N.N. Bogoljubov hat vorgeschlagen, als Versuchsdichteoperator ein anderes kanonisches Ensemble mit dem Dichteoperator $\hat{D}_0 := Z_0^{-1} \exp(-\beta \hat{H}_0)$ zu wählen, wobei $\hat{H}_0$ ein beliebiger selbstadjungierter Operator ist, und

$$Z_0 := \operatorname{Sp}(\mathrm{e}^{-\beta \hat{H}_0}), \quad F_0 := -\beta^{-1} \ln Z_0.$$

Mit $\hat{D} = \hat{D}_0$ und $\ln \hat{D}_0 = -\beta \hat{H}_0 + \beta F_0$ folgt damit die Bogoljubovsche Ungleichung

$$F \leq \langle \hat{H} - \hat{H}_0 \rangle_0 + F_0$$

wobei $\langle \, \cdot \, \rangle_0$ der Erwartungswert bezüglich des Dichteoperators $\hat{D}_0$ ist:

$$\langle \hat{A} \rangle_0 = \operatorname{Sp}(\hat{D}_0 \hat{A}) = Z_0^{-1} \operatorname{Sp}(\mathrm{e}^{-\beta \hat{H}_0} \hat{A}).$$

Aufgabe: Das Variationsprinzip für die Energie des Grundzustandes
Wir nehmen an, dass der Eigenwert E_1 des Grundzustandes von $\hat{H}$ nicht entartet ist. Man zeige, dass für $T \to +0$ sich die Bogoljubovsche Ungleichung auf das Variationsprinzip der Quantenmechanik

$$E_1 \leq \langle \phi \mid \hat{H} \phi \rangle$$

reduziert, wobei ϕ die normierte Eigenfunktion des Grundzustandes von $\hat{H}_0$ ist.

Aufgabe: Die Peierlssche Ungleichung
Man beweise die Peierlssche Ungleichung (R. E. Peierls, Phys. Rev. **54**, 918, 1938):

$$F \leq -\frac{1}{\beta} \ln \sum_n e^{-\beta \epsilon_n}$$

wobei ϵ_n das n-te Diagonalelement von $\hat{H}$ bezüglich eines beliebigen vollständigen oder unvollständigen Orthonormalsystems $\{\varphi_n\}$, $\langle \varphi_n \mid \varphi_m \rangle = \delta_{nm}$ ist, d. h. $\epsilon_1 = \langle \varphi_n \mid \hat{H}\varphi_n \rangle$.

2.7 Erstes Beispiel: Das kanonische Ensemble für ein Spin-$\frac{1}{2}$-System

Wir betrachten ein Spin-$\frac{1}{2}$-System in einem zeitlich konstanten externen Magnetfeld $\boldsymbol{B}$. Damit ist der Hamiltonoperator $\hat{H}$ des Systems gegeben durch

$$\hat{H} = -\gamma \boldsymbol{B} \cdot \hat{\boldsymbol{S}},$$

wobei γ das gyromagnetische Verhältnis und $\hat{\boldsymbol{S}} = (\hat{S}_1, \hat{S}_2, \hat{S}_3)$ der Spinoperator ist. Wir legen die Richtung des Magnetfeldes in die z-Richtung, $\boldsymbol{B} = (0, 0, B)$, so dass

$$\hat{H} = -\gamma B \hat{S}_3.$$

Der Operator $\hat{S}_3$ kann als diagonale (2×2)-Matrix dargestellt werden

$$\hat{S}_3 = \frac{1}{2}\hbar \begin{pmatrix} 1 & 0 \\ 0 & -1 \end{pmatrix},$$

so dass

$$\hat{H} = \frac{1}{2}\varepsilon \begin{pmatrix} -1 & 0 \\ 0 & +1 \end{pmatrix} \quad \text{mit} \quad \varepsilon := \hbar\gamma B.$$

Somit hat das Eigenwertproblem $\hat{H}\Psi_n = E_n\Psi_n$ die Lösungen

$$\Psi_1 = \alpha := \begin{pmatrix} 1 \\ 0 \end{pmatrix}, \; E_1 = -\tfrac{1}{2}\varepsilon.$$

$$\Psi_2 = \beta := \begin{pmatrix} 0 \\ 1 \end{pmatrix}, \; E_2 = +\tfrac{1}{2}\varepsilon.$$

Äquivalent dazu ist die Spektralzerlegung von $\hat{H}$:

$$\hat{H} = \sum_{n=1}^{2} E_n P_n \quad \text{mit} \quad \hat{P}_1 = \begin{pmatrix} 1 & 0 \\ 0 & 0 \end{pmatrix}, \quad \hat{P}_2 = \begin{pmatrix} 0 & 0 \\ 0 & 1 \end{pmatrix}.$$

Im folgenden werden wir bei allen Auswertungen annehmen $\varepsilon > 0$. (Im Falle $\varepsilon < 0$ ersetze man β durch $-\beta$.)

Die kanonische *Zustandssumme* Z ist gegeben durch

$$Z = \text{Sp}\{e^{-\beta\hat{H}}\} = \sum_{n=1}^{2} e^{-\beta E_n} = e^{\beta\varepsilon/2} + e^{-\beta\varepsilon/2}.$$

Pro memoria

$\cosh(x) := \frac{1}{2}\{e^x + e^{-x}\}$

$\sinh(x) := \frac{1}{2}\{e^x - e^{-x}\}$

$\tanh(x) := \dfrac{\sinh(x)}{\cosh(x)} = \dfrac{e^x - e^{-x}}{e^x + e^{-x}} = \dfrac{e^{2x} - 1}{e^{2x} + 1}$

und damit folgt

$$Z = 2\cosh(\beta\varepsilon/2)$$

Der *kanonische Dichteoperator* $\hat{D} := Z^{-1}\exp(-\beta\hat{H})$ ergibt sich zu

$$\hat{D} = \frac{1}{2\cosh(\beta\varepsilon/2)} = \begin{pmatrix} e^{\beta\varepsilon/2} & 0 \\ 0 & e^{-\beta\varepsilon/2)} \end{pmatrix}.$$

Die Spektralzerlegung $\hat{D} = \sum_{n=1}^{2} p_n \hat{P}_n$ ist gegeben durch die Wahrscheinlichkeiten p_1, p_2

$$p_1 = \frac{e^{\beta\varepsilon/2}}{2\cosh(\beta\varepsilon/2)} = \frac{1}{1 + \exp(-\beta\varepsilon)},$$

$$p_2 = \frac{e^{-\beta\varepsilon/2}}{2\cosh(\beta\varepsilon/2)} = \frac{1}{1 + \exp(+\beta\varepsilon)},$$

Offensichtlich gilt

$$\lim_{\beta\to+\infty} p_1 = 1, \quad \lim_{\beta\to+\infty} p_2 = 0$$

$$\lim_{\beta\to-\infty} p_1 = 0, \quad \lim_{\beta\to-\infty} p_2 = 1$$

$$\lim_{\beta\to\pm0} p_1 = \tfrac{1}{2}, \quad \lim_{\beta\to\pm0} p_2 = \tfrac{1}{2}$$

so dass ($\beta = 1/kT$):

$$\lim_{T\to+0} \hat{D} = \hat{P}_1 = |\alpha\rangle\langle\alpha| \qquad \text{Grundzustand}$$

$$\lim_{T\to-0} \hat{D} = \hat{P}_2 = |\beta\rangle\langle\beta| \qquad \text{Maximalzustand („ceiling state")}$$

$$\lim_{T=\pm\infty} \hat{D} = \tfrac{1}{2}\hat{1} \qquad \text{chaotischerZustand}$$

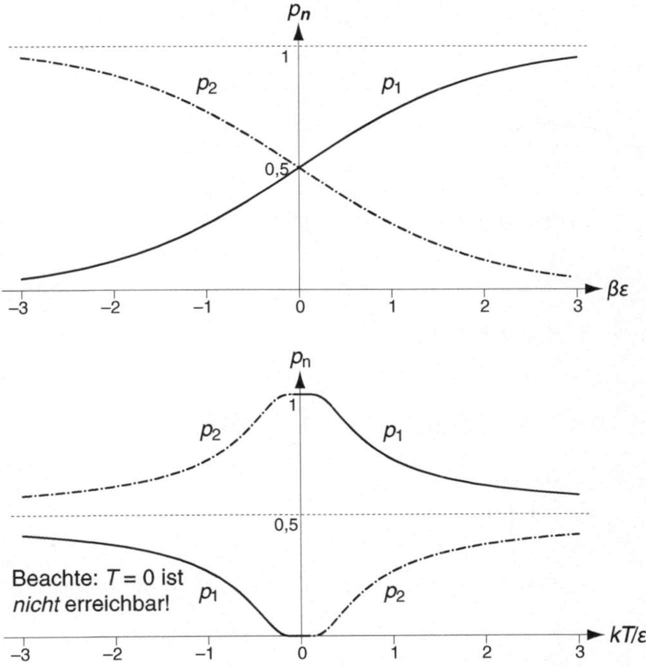

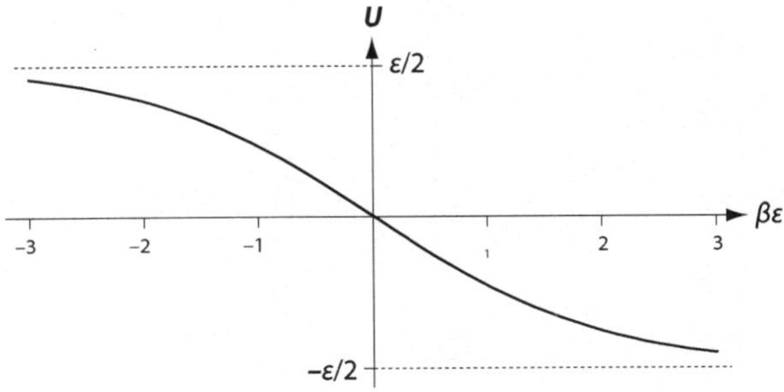

Die *innere Energie* U ist gegeben durch $U = \mathrm{Sp}(\hat{D}\hat{H})$ oder

$$U = \sum_{n=1}^{2} E_n\, p_n = -\tfrac{1}{2}\varepsilon(p_1 - p_2) = -\tfrac{1}{2}\varepsilon\,\frac{e^{\beta\varepsilon/2} - e^{-\beta\varepsilon/2}}{2\cosh(\beta\varepsilon/2)} = -\tfrac{1}{2}\varepsilon\,\tanh(\beta\varepsilon/2)$$

$$U = -\frac{\varepsilon}{2}\tanh(\beta\varepsilon/2).$$

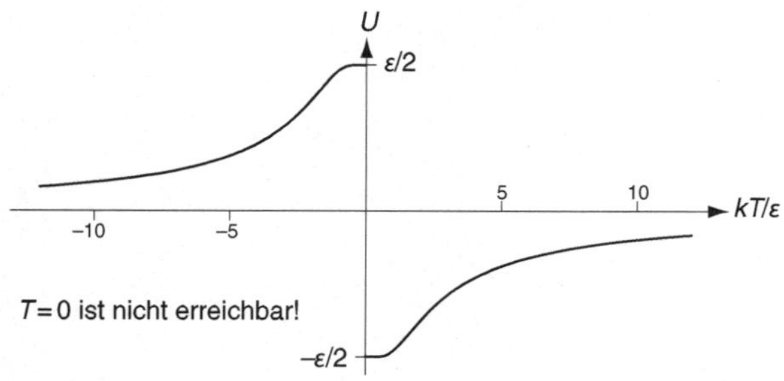

Die *Entropie S* ist gegeben durch

$$S := -k\,\mathrm{Sp}\{\hat{D}\ln\hat{D}\} = -k\sum_{n=1}^{2} p_n \ln p_n$$

$$= -k\left\{ p_1 \ln \frac{e^{\beta\varepsilon/2}}{2\cosh(\beta\varepsilon/2)} + p_2 \ln \frac{e^{-\beta\varepsilon/2}}{2\cosh(\beta\varepsilon/2)} \right\}$$

$$= k(p_1 + p_2)\ln\{2\cosh(\beta\varepsilon/2)\} - k\frac{\beta\varepsilon}{2}(p_1 - p_2).$$

Mit $p_1 + p_2 = 1$ und $2\cosh(\beta\varepsilon/2) = e^{\beta\varepsilon/2} + e^{-\beta\varepsilon/2} = e^{\beta\varepsilon/2}(1 + e^{-\beta\varepsilon})$ folgt:

$$S = k\ln\{1 + e^{-\beta\varepsilon}\} + k(p_1 + p_2)\frac{\beta\varepsilon}{2} - k(p_1 - p_2)\frac{\beta\varepsilon}{2}$$

$$= k\ln\{1 + e^{-\beta\varepsilon}\} + k\beta\varepsilon\frac{1}{1 + e^{+\beta\varepsilon}}$$

$$S/k = \ln(1 + e^{-\beta\varepsilon}) + \frac{\beta\varepsilon}{1 + e^{\beta\varepsilon}} = \ln(1 + e^{+\beta\varepsilon}) + \frac{-\beta\varepsilon}{1 + e^{\beta\varepsilon}}$$

Man beachte, dass die Entropie nur vom Absolutbetrag, nicht aber vom Vorzeichen der Temperatur abhängt!

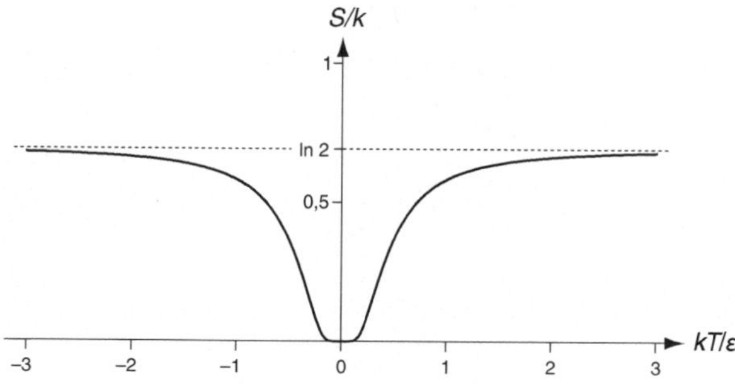

Es ist von Interesse, die *Entropie als Funktion der inneren Energie* zu betrachten. Dazu benützen wir die Beziehung

$$S/k = -p_1 \ln p_1 - p_2 \ln p_2,$$

und drücken p_1, p_2 durch die innere Energie U aus

$$U = p_1 E_1 + p_2 E_2 = -\frac{\varepsilon}{2} p_1 + \frac{\varepsilon}{2} p_2.$$

Mit $p_1 + p_2 = 1$ folgt

$$U = \frac{\varepsilon}{2}(2p_2 - 1),$$

so dass

$$p_2 = \tfrac{1}{2} + U/\varepsilon, \quad p_1 = \tfrac{1}{2} - U/\varepsilon.$$

Damit folgt

$$S/k = -\left(\tfrac{1}{2} - \frac{U}{\varepsilon}\right) \ln\left(\tfrac{1}{2} - \frac{U}{\varepsilon}\right) - \left(\tfrac{1}{2} + \frac{U}{\varepsilon}\right) \ln\left(\tfrac{1}{2} + \frac{U}{\varepsilon}\right),$$

$$\text{mit} - \tfrac{\varepsilon}{2} \leq U \leq \tfrac{\varepsilon}{2}.$$

Die *freie Energie* $F = -\beta^{-1} \ln Z$ ist in unserem Beispiel gegeben durch

$$F = -\frac{1}{\beta} \ln\{2 \cosh(\beta\varepsilon/2)\}.$$

Für $\beta\varepsilon/2 \gg 0$ gilt $2 \cosh(\beta\varepsilon/2) \approx e^{\beta\varepsilon/2}$, $\quad F \approx -\varepsilon/2$
Für $\beta\varepsilon/2 \ll 0$ gilt $2 \cosh(\beta\varepsilon/2) \approx e^{-\beta\varepsilon/2}$, $F \approx +\varepsilon/2$
Für $\beta = 0$ $\quad$ gilt $2 \cosh(\beta\varepsilon/2) = 2$, $\qquad F \approx -\beta^{-1} \ln 2.$

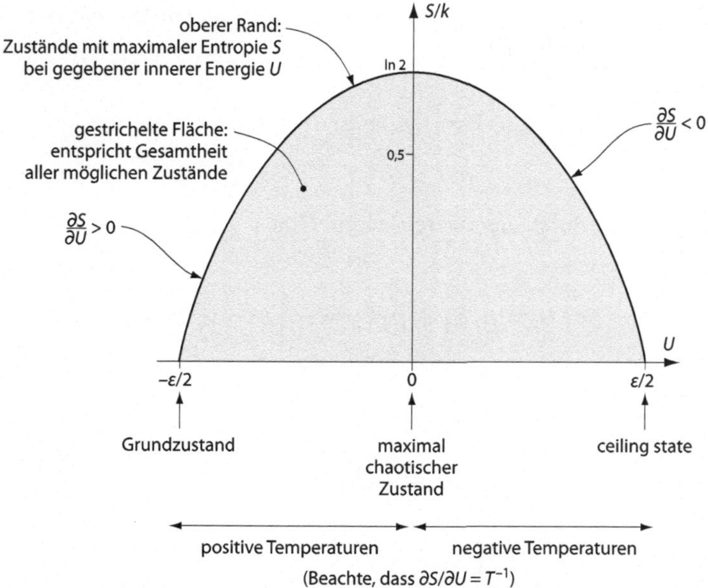

Für die Grenzfälle $T \to +0$, $T \to \pm\infty$, $T \to -0$ ergibt sich

T	U	F	S	Zustand
$+0$	$-\varepsilon/2$	$-\varepsilon/2$	0	Grundzustand
$\pm\infty$	0	$-kT\ln(2)$	$k\ln 2$	max. chaotischer Zustand
-0	$+\varepsilon/2$	$+\varepsilon/2$	0	ceiling state

Natürlich gilt immer $F = U - TS$.

Die *spezifische Wärme* $C := \partial U/\partial T$ hängt direkt mit den Energiefluktuationen σ_E zusammen (vgl. Abschn. 1.10)

$$\sigma_E^2 := \sum_n p_n (E_n - U)^2 = \frac{\partial^2 \ln Z}{\partial \beta^2} = kT^2 \frac{\partial U}{\partial T} = kT^2 C.$$

Mit $U = -\frac{\varepsilon}{2}\tanh(\beta\varepsilon/2)$ und $\mathrm{d}\tanh(x)/\mathrm{d}x = \{\cosh(x)\}^{-2}$ findet man:

$$C = \frac{\partial U}{\partial T} = -\frac{1}{kT^2}\frac{\partial U}{\partial \beta} = \frac{1}{2kT^2}\frac{(\varepsilon/2)^2}{\cosh^2(\beta\varepsilon/2)}.$$

$$C = \frac{1}{kT^2} \left(\frac{\varepsilon}{2}\right)^2 \frac{1}{\cosh^2(\varepsilon/2kT)}$$

$$\sigma_E^2 = \left(\frac{\varepsilon}{2}\right)^2 \frac{1}{\cosh^2(\varepsilon/2kT)}$$

Man beachte, dass C und σ_E nicht vom Vorzeichen der Temperatur abhängen: *die spezifische Wärme ist für alle Temperaturen nicht negativ.*

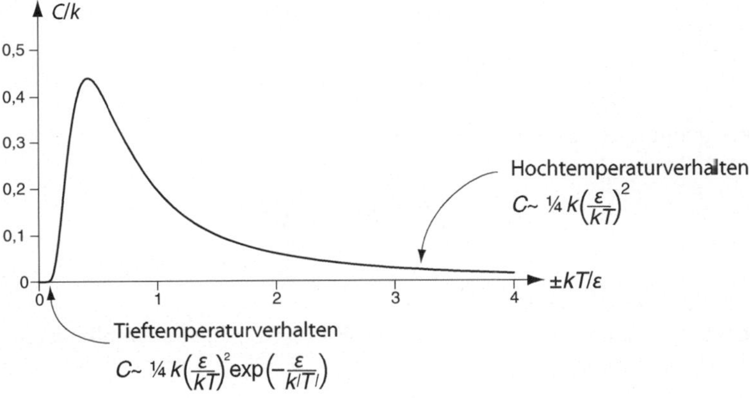

Für die Energiefluktuationen gilt:

$$\lim_{T \to \pm 0} \sigma_E = 0$$

$$\lim_{T \to \pm\infty} \sigma_E = \varepsilon/2$$

Man beachte, dass $\lim\limits_{T \to \pm 0} = \varepsilon/2$ und $\lim\limits_{T \to \pm\infty} = 0$ gilt.

2.8 Zweites Beispiel: Das kanonische Ensemble für einen harmonischen Oszillator

Wir betrachten einen eindimensionalen harmonischen Oszillator mit dem Konfigurationsraum $\mathbb{R}$. Für die quantenmechanische Beschreibung wählen wir die Schrödingerdarstellung. Das heisst, wir arbeiten im Hilbertraum $\mathcal{H} = L_2(\mathbb{R}, dx)$ der komplexwertigen, quadratisch integrablen Funktion über dem Konfigurationsraum $\mathbb{R}$. Wie üblich definieren wir den Ortsoperator $\hat{Q}$ und den Impulsoperator $\hat{P}$ als Schrödingerpaar

$$\{\hat{Q}\Psi\}(x) = x\Psi(x)$$

$$\{\hat{P}\Psi\}(x) = \frac{\hbar}{i}\mathrm{d}\Psi(x)/\mathrm{d}x$$

für alle „gutmütigen" Funktionen $\Psi \in \mathcal{H}$.

Der Hamiltonoperator eines harmonischen Oszillators mit der Masse m und Kraftkonstante f ist dann gegeben durch

$$\hat{H} = \frac{1}{2m}\hat{P}^2 + \frac{f}{2}\hat{Q}^2,$$

was wir bequemlichkeitshalber schreiben als

$$\hbar\hat{H} = \frac{\varepsilon}{2}\{\lambda^{-2}\hat{P}^2 + \lambda^2\hat{Q}^2\},$$

wobei $\varepsilon := \hbar\sqrt{f/m}$, $\lambda := m^{1/4}f^{1/4}$.

Die Lösungen der Schrödingergleichung $\hat{H}\Psi_n = E_n\Psi_n$ sind wohlbekannt

$$E_n = \varepsilon\left(n + \tfrac{1}{2}\right), \qquad n = 0, 1, 2, \ldots,$$

$$\Psi_n(x) = \lambda^{1/2}\hbar^{-1/4}\varphi_n(\lambda\hbar^{-1/2}x), \qquad x \in \mathbb{R}, \quad n = 0, 1, 2, \ldots.$$

Dabei sind φ_n die Hermiteschen Orthonormalfunktionen,

$$\varphi_n := (\sqrt{\pi}2^n n!)^{-1/2}\mathrm{e}^{-x^2/2}H_n(x),$$

wobei die Hermiteschen Polynome H_n durch die folgende erzeugende Funktion definiert sind

$$\exp(-s^2 + 2xs) = \sum_{n=0}^{\infty}\frac{s^n}{n!}H_n(x).$$

d. h.

$$H_n(x) = \{\partial\exp(-s^2 + 2xs)/\partial s\}_{s=0}$$

Für die Zustandssumme Z_β folgt, falls $\beta > 0$

$$Z_\beta := \mathrm{tr}\left\{e^{-\beta H}\right\} = \sum_{n=0}^{\infty} e^{-\beta E_n} = e^{-\beta\varepsilon/2} \sum_{n=0}^{\infty} e^{-\beta\varepsilon n}$$

$$= e^{-\beta\varepsilon/2} \frac{1}{1 - e^{-\beta\varepsilon}} = \frac{1}{e^{\beta\varepsilon/2} - e^{-\beta\varepsilon/2}}$$

$$Z_\beta = \frac{e^{-\beta\varepsilon/2}}{1 - e^{-\beta\varepsilon}} = \frac{1}{2} \frac{1}{\sinh(\beta\varepsilon/2)}$$

Somit gehört $e^{-\beta\hat{H}}$ zur Spurklasse, so dass der kanonische Dichteoperator $\hat{D}_\beta$ gegeben ist durch:

$$\hat{D}_\beta = 2\sinh(\beta\varepsilon/2)\exp\{-\beta\hat{H}\}$$

Mit den in Abschn. 2.6 hergeleiteten Relationen

$$S := -k\,\mathrm{tr}(\hat{D}_\beta \ln \hat{D}_\beta),$$

$$U := \mathrm{tr}(\hat{D}_\beta \hat{H}),$$

$$F := U - \frac{1}{k\beta} S,$$

und den daraus sich ergebenden Beziehungen

$$\beta F = -\ln Z,$$

$$S = -\frac{\partial F}{\partial T} = k\beta(U - F), \qquad \beta = 1/kT$$

$$U = kT^2 \frac{\partial \ln Z_\beta}{\partial T} = F - T\frac{\partial F}{\partial T} = -\frac{\partial \ln Z_\beta}{\partial \beta}.$$

und der Abkürzung

$$\nu := \frac{1}{e^{\beta\varepsilon} - 1}$$

folgt damit

$$U = \frac{\varepsilon}{2}\coth(\beta\varepsilon/2) = \varepsilon\left(\nu + \tfrac{1}{2}\right)$$

$$F = \frac{\varepsilon}{2} + \frac{1}{\beta}\ln(1 - \mathrm{e}^{-\beta\varepsilon})$$

$$= \frac{\varepsilon}{2} - \frac{1}{\beta}\ln(1 + \nu)$$

$$= -\frac{1}{2\beta}\ln\{\nu(\nu + 1)\}$$

$$S/k = (1 + \nu)\ln(1 + \nu) - \nu\ln(\nu)$$

$$= \ln(1 + \nu) + \nu\varepsilon\beta.$$

Da der Grundzustand des quantenmechanischen harmonischen Oszillators nicht entartet ist, approximiert der kanonische Zustand bei tiefen Temperaturen den Grundzustand. „Tiefe Temperatur" heisst hier, dass die thermische Energie kT viel kleiner ist als die Oszillatorenergie $\varepsilon = \hbar\omega$, $kT \ll \varepsilon$. In der Tat gilt

$$\lim_{T\to 0} U = \lim_{T\to 0} F = \tfrac{1}{2}\varepsilon,$$

$$\lim_{T\to 0} S = 0,$$

$$\lim_{\beta\to\infty} \hat{D}_\beta = \hat{P}_0 \quad \text{mit} \quad \hat{P}_0\phi = \langle \Psi_0 \mid \phi\rangle\Psi_0 \text{ für alle } \phi \in \mathcal{H}.$$

Für sehr hohe Temperaturen, d. h. für $kT \gg \varepsilon$, wird $\beta\varepsilon \ll 1$ und $\nu \approx (\beta\varepsilon)^{-1} \gg 1$. Damit folgt

$$U \approx \frac{1}{\beta} = kT \qquad\qquad\qquad\quad \text{für } kT \gg \varepsilon,$$

$$F \approx -\frac{1}{\beta}\ln\left(\frac{1}{\beta\varepsilon}\right) = kT\ln\left(\frac{\hbar\omega}{kT}\right) \text{ für } kT \gg \varepsilon,$$

$$S/k = \ln\left(\frac{1}{\beta\varepsilon}\right) + 1 = \ln\left(\frac{ekT}{\hbar\omega}\right) \text{ für } kT \gg \varepsilon.$$

Die Aussage $U = kT$ entspricht dem Äquipartitionstheorem der klassischen statistischen Mechanik. Dieses Resultat ist kein Zufall. Das Korrespondenzrezept erlaubt in der statistischen Thermostatik eine recht präzise Fassung: Wenn formal ein physikalisches System sowohl klassisch als auch quantenmechanisch beschrieben werden kann, dann darf man erwarten, dass die quantenmechanische kanonische Beschreibung für genügend hohe Temperaturen in die klassische kanonische Beschreibung übergeht.

Im Falle des harmonischen Oszillators kann man diese Behauptung leicht in allen Details analysieren. In der klassischen statistischen Mechanik ist die kanonische

Wahrscheinlichkeitsdichte $w : \Omega \to \mathbb{R}^+$ eine normierte positive Funktion über dem Phasenraum Ω des betrachteten Systems

$$w(p, q) := \frac{1}{Z_{\mathrm{kl}}} \exp\{-\beta H(p, q)\},$$

$$w(p, q) \geq 0, \qquad \int_{\Omega} w(p, q) \frac{\mathrm{d}p\,\mathrm{d}q}{h} = 1.$$

Dabei ist $(p, q) \mapsto H(p, q)$ die klassische Hamiltonfunktion, Z_{kl} das klassische Zustandsintegral

$$Z_{\mathrm{kl}} := \int_{\Omega} \exp\{-\beta H(p, q)\} \frac{\mathrm{d}p\,\mathrm{d}q}{h},$$

und h eine im Rahmen der rein klassischen Physik unbestimmte positive Konstante der Dimension von pq, d. h. einer Wirkung. Für den harmonischen Oszillator ist die Hamiltonfunktion gegeben durch

$$H(p, q) = \frac{1}{2m} p^2 + \frac{1}{2} f q^2, \qquad p, q \in \mathbb{R},$$

wobei die Kreisfrequenz ω durch $\omega = \sqrt{f/m}$ gegeben ist. Der Phasenraum Ω des harmonischen Oszillators ist gleich $\mathbb{R} \times \mathbb{R} = \mathbb{R}^2$, so dass die klassische Zustandssumme gegeben ist durch

$$Z_{\mathrm{kl}} = \int_{\mathbb{R}^2} \frac{\mathrm{d}p\,\mathrm{d}q}{h} \exp\left\{ -\frac{\beta}{2m} p^2 - \frac{\beta f}{2} q^2 \right\}.$$

Mit dem Integral

$$\int_{-\infty}^{\infty} \mathrm{e}^{-x^2/2\sigma^2}\, \mathrm{d}x = \sigma\sqrt{2\pi}$$

folgt sofort

$$Z_{\mathrm{kl}} = \frac{2\pi}{h\beta\omega}.$$

Damit ist die kanonische Wahrscheinlichkeitsdichte eines klassischen harmonischen Oszillators

$$w(p,q) = \frac{h\beta\omega}{2\pi}\exp\left\{-\frac{\beta}{2m}p^2 - \frac{\beta f}{2}q^2\right\}$$

$$= \frac{h}{2\pi}\frac{1}{\sigma_p\sigma_q}\exp\left\{-p^2/2\sigma_p^2 - q^2/2\sigma_q^2\right\}$$

eine bivariate Gausssche Wahrscheinlichkeitsdichte mit den Mittelwerten Null und den Varianzen σ_p^2 und σ_q^2,

$$\int_{\mathbb{R}^2}\frac{\mathrm{d}p\,\mathrm{d}q}{h}\,p\,w(p,q) = \int_{\mathbb{R}^2}\frac{\mathrm{d}p\,\mathrm{d}q}{h}\,q\,w(p,q) = 0,$$

$$\int_{\mathbb{R}^2}\frac{\mathrm{d}p\,\mathrm{d}q}{h}\,p^2 w(p,q) := \sigma_p^2 = \frac{m}{\beta},$$

$$\int_{\mathbb{R}^2}\frac{\mathrm{d}p\,\mathrm{d}q}{h}\,q^2 w(p,q) := \sigma_q^2 = \frac{1}{\beta f}.$$

Die mittlere Energie U_{kl} eines klassischen harmonischen Oszillators bezüglich eines kanonischen Zustandes der Temperatur $1/k\beta$ ergibt sich zu

$$\int_{\mathbb{R}^2}\frac{\mathrm{d}p\,\mathrm{d}q}{h}\,H(p,q)w(p,q) = \frac{1}{2m}\sigma_p^2 + \frac{f}{2}\sigma_q^2 = \frac{1}{\beta} = kT$$

und entspricht dem Wert des quantenmechanischen harmonischen Oszillators bei hoher Temperatur, $kT \gg \varepsilon$. Die klassische Entropie S_{kl} ist gegeben durch

$$S_{\mathrm{kl}} := -k\int_{\mathbb{R}^2}\frac{\mathrm{d}p\,\mathrm{d}q}{h}\,w(p,q)\ln\{w(p,q)\}$$

$$= -k\int_{\mathbb{R}^2}\frac{\mathrm{d}p\,\mathrm{d}q}{h}\,w(p,q)\left\{-\ln(Z_{kl}) - \frac{p^2}{2\sigma_p^2} - \frac{q^2}{2\sigma_q^2}\right\}$$

$$= k\ln\left(\frac{2\pi}{h\beta\omega}\right) + k,$$

oder

$$S_{\mathrm{kl}}/k = \ln\left(\frac{2\pi e}{h\beta\omega}\right) = \ln\left(\frac{e}{\beta\omega}\right) + \ln\left(\frac{2\pi}{h}\right).$$

Vergleicht man dieses Resultat mit der quantenmechanischen Entropie bei hoher Temperatur, $kT \gg \varepsilon$,

$$S/k \approx \ln\left(\frac{e}{\hbar\beta\omega}\right) = \ln\left(\frac{e}{\beta\omega}\right) + \ln\left(\frac{1}{\hbar}\right),$$

so findet man Übereinstimmung bis auf eine additive Konstante. Wünscht man volle Übereinstimmung, so muss man das im Rahmen rein klassischer Überlegungen nicht bestimmbare elementare Phasenvolumen h gleich der Planck'schen Konstante $h = 2\pi\hbar$ setzen. In der Thermostatik wird die an sich willkürliche additive Konstante der Entropie unter Benützung des dritten Hauptsatzes normiert:

$$\lim_{T \to 0} S = 0.$$

Ein solches Vorgehen ist in der klassischen statistischen Mechanik nicht möglich, denn *in der klassischen statistischen Mechanik ist der dritte Hauptsatz nicht gültig*, denn es ist

$$\lim_{T \to 0} S_{kl} = -\infty.$$

Die klassische statistische Mechanik ergibt für sehr hohe Temperaturen dieselben Resultate wie die quantenstatistische Mechanik, aber für tiefe Temperaturen gibt die klassische statistische Mechanik grundsätzlich falsche Resultate.

2.9 Anhang: Einige Hilfsmittel aus der Funktionalanalysis[#]

Für eine ausführlichere Diskussion vergleiche man M. Reed, B. Simon, *Methods of Modern Mathematical Physics*, Vol. 1, Academic Press, New York, NY, 1972.

Banachräume

Ein Vektorraum $\mathcal{V}$ über den komplexen Zahlen $\mathbb{C}$ heisst ein *normierter Raum*, falls es eine Funktion $\langle \cdot | \cdot \rangle : \mathcal{V} \to \mathbb{R}$ gibt mit den Eigenschaften:

(i) $\|\varphi\| \geq 0$ für alle $\varphi \in \mathcal{V}$, wobei $\|\varphi\| = 0$ genau dann, wenn $\varphi = 0$,

(ii) $\|c\varphi\| = |c| \cdot \|\varphi\|$ für alle $\varphi \in \mathcal{V}, c \in \mathbb{C}$,

(iii) $\|\varphi + \chi\| \leq \|\varphi\| + \|\chi\|$ für alle $\varphi, \chi \in \mathcal{V}$.

Die Funktion $\langle \cdot | \cdot \rangle$ heisst eine Norm.

Wenn jede Cauchyfolge in einem normierten Raum $\mathcal{V}$ konvergiert d. h. wenn $\mathcal{V}$ *vollständig* ist, dann heisst $\mathcal{V}$ ein *Banachraum*. Dabei heisst eine Folge $\varphi_1, \varphi_2, \ldots$ in $\mathcal{V}$ eine *Cauchyfolge*, falls es für jedes $\varepsilon > 0$ eine ganze Zahl N gibt, derart dass

$$\|\varphi_n - \varphi_m\| < \varepsilon \quad \text{für alle} \quad n, m > N.$$

Eine Folge $\varphi_1, \varphi_2, \ldots$ in $\mathcal{V}$ konvergiert gegen ein Element $\varphi \in \mathcal{V}$, falls

$$\lim_{n \to \infty} \|\varphi - \varphi_n\| = 0.$$

Hilberträume

Ein Vektorraum über den komplexen Zahlen $\mathbb{C}$ heisst Prähilbertraum, falls es eine Funktion $\langle \cdot \mid \cdot \rangle : \mathcal{V} \times \mathcal{V} \to \mathbb{C}$ gibt, mit den Eigenschaften:

(i) $\langle \varphi \mid \varphi \rangle \geq 0$ für alle $\varphi \in \mathcal{V}$, wobei $\langle \varphi \mid \varphi \rangle = 0$ genau dann, wenn $\varphi = 0$.

(ii) $\langle \varphi \mid c_1 \chi_1 + c_2 \chi_2 \rangle = c_1 \langle \varphi \mid \chi_1 \rangle + c_2 \langle \varphi \mid \chi_2 \rangle$ für alle $\varphi, \chi_1, \chi_2 \in \mathcal{V}, c_1, c_2 \in \mathbb{C}$.

(iii) $\langle \varphi \mid \chi \rangle = \langle \chi \mid \varphi \rangle^*$.

Die Funktion $\langle \cdot \mid \cdot \rangle$ heisst ein *inneres Produkt*. Jedes innere Produkt induziert eine Norm $\| \cdot \|$ durch

$$\|\varphi\|^2 := \langle \varphi \mid \varphi \rangle.$$

Ein Prähilbertraum, der bezüglich der durch das innere Produkt induzierten Norm vollständig ist, heisst *Hilbertraum*.

Orthonormale Basen eines Hilbertraumes

Ein Satz $\{\varphi_j\}$ von Elementen φ_j eines Hilbertraumes $\mathcal{H}$ heisst *orthonormiert*, falls $\langle \varphi_j \mid \varphi_k \rangle = \delta_{jk}$. Ein maximaler orthonormaler Satz von Elementen heisst eine *orthonormale Basis*. Alle orthonormalen Basen eines Hilbertraums haben dieselbe Mächtigkeit, sie heisst die *Dimension* des Hilbertraums. Hilberträume mit abzählbaren Basen heissen *separable Hilberträume*. Hilberträume derselben Mächtigkeit sind isomorph.

Es sei $\{\varphi_j\}$ eine orthonormale Basis für $\mathcal{H}$. Dann kann jedes Element $\chi \in \mathcal{H}$ in eine Fourierreihe

$$\chi = \sum_j \langle \varphi_j \mid \chi \rangle \varphi_j$$

entwickelt werden, wobei die Parsevalsche Gleichung gilt:

$$\|\chi\|^2 = \sum_j |\langle \chi \mid \varphi_j \rangle|^2.$$

Die Algebra $\mathcal{B}(\mathcal{H})$ aller beschränkten Operatoren eines Hilbertraumes $\mathcal{H}$

Eine lineare Transformation $\hat{A} : \mathcal{H} \to \mathcal{H}$ von einem Hilbertraum $\mathcal{H}$ in $\mathcal{H}$ mit der Eigenschaft

$$\sup_{\varphi \in \mathcal{H}} \frac{\|\hat{A}\varphi\|}{\|\varphi\|} < \infty, \quad \varphi \neq 0.$$

heisst ein *beschränkter linearer Operator* der Norm $\|\hat{A}\|$, wobei

$$\|\hat{A}\| := \sup_{\varphi \in \mathcal{H}} \frac{\|\hat{A}\varphi\|}{\|\varphi\|}, \quad \varphi \neq 0.$$

Die Menge aller beschränkten linearen Operatoren eines Hilbertraums $\mathcal{H}$ bezeichnen wir mit $\mathcal{B}(\mathcal{H})$, sie ist eine *Algebra* unter der üblichen Operatorenmultiplikation und gleichzeitig ein Banachraum mit der Operatorennorm $\|\cdot\|$, also eine *Banachalgebra* (Für die Gelehrten: sogar eine C^*-Algebra, eine W^*-Algebra sowie ein Faktor vom Typ I).

Der Banachraum $\mathcal{B}_1(\mathcal{H})$ aller nuklearen Operatoren eines Hilbertraumes $\mathcal{H}$

Es sei $\hat{A}$ ein selbstadjungierter linearer beschränkter Operator mit rein diskretem Spektrum. Es seien $\{a_n\}$ die Eigenwerte von $\hat{A}$ mit den Multiplizitäten $\{g_n\}$. Falls die Reihe $\sum_n g_n |a_n|$ konvergiert, dann sagt man, $\hat{A}$ gehöre zur Spurklasse und definiert die *Spur* (englisch: trace) von $\hat{A}$ durch

$$\mathrm{tr}(\hat{A}) := \sum_n g_n a_n, \qquad \hat{A} = \hat{A}^* \in \mathcal{B}(\mathcal{H}),$$

wobei voraussetzungsgemäss

$$\sum_n g_n |a_n| < \infty,$$

so dass $\mathrm{tr}(\hat{A}) < \infty$. Diese Definition kann leicht auf nichtselbstadjungierte Operatoren verallgemeinert werden, denn jeder Operator $\hat{A} \in \mathcal{B}(\mathcal{H})$ kann in zwei selbstadjungierte Operatoren $\hat{A}'$ und $\hat{A}''$ zerlegt werden:

$$\hat{A} = \hat{A}' + \mathrm{i}\hat{A}'' \quad \text{mit} \quad \hat{A}' := \tfrac{1}{2}(\hat{A} + \hat{A}^*), \ \hat{A}'' = \tfrac{\mathrm{i}}{2}(\hat{A}^* - \hat{A}).$$

Falls sowohl $\hat{A}'$ als auch $\hat{A}''$ zur Spurklasse gehören, dann definiert man die Spur von $\hat{A}$ als

$$\operatorname{tr}(\hat{A}) := \operatorname{tr}(\hat{A}') + \mathrm{i}\,\operatorname{tr}(\hat{A}'').$$

Die sogenannte Spurnorm $\|\cdot\|_1$ ist definiert als

$$\|\hat{A}\|_1 := \operatorname{tr}\left\{\sqrt{\hat{A}^*\hat{A}}\right\}.$$

Die Menge aller Operatoren aus $\mathcal{B}(\mathcal{H})$ mit endlicher Spurnorm heisst die Spurklasse $\mathcal{B}_1(\mathcal{H})$

$$\mathcal{B}_1(\mathcal{H}) := \{\hat{A} \in \mathcal{B}(\mathcal{H}) \mid \|\hat{A}\|_1 < \infty\}.$$

Die Elemente aus $\mathcal{B}_1(\mathcal{H})$ *heissen nukleare Operatoren*. Der Vektorraum $\mathcal{B}_1(\mathcal{H})$ mit der Spurnorm $\|\cdot\|_1$ ist ein Banachraum. Da Produkte, Linearkombinationen und Adjungierte von nuklearen Operatoren wiederum nuklear sind, ist $\mathcal{B}_1(\mathcal{H})$ sogar eine Banach-*-Algebra.[5]

Für jeden Operator aus der Spurklasse existiert die Spur und sie kann analog zur Spur endlicher Matrizen in einer *beliebigen* orthonormierten Basis $\{\varphi_n\}$ für $\mathcal{H}$ berechnet werden als

$$\operatorname{Sp}(\hat{A}) = \sum_{n=1}^{\infty} \langle \varphi_n \mid \hat{A}\varphi_n \rangle, \quad \hat{A} \in \mathcal{B}_1(\mathcal{H}).$$

Man beachte, dass eine *basisunabhängige* Spur nur für Operatoren aus der Spurklasse $\mathcal{B}_1(\mathcal{H})$ definiert werden kann.

Das Produkt eines beschränkten Operators mit einem nuklearen Operator ist nuklear, d. h.

$$\begin{aligned} \text{falls} \quad & \hat{A} \in \mathcal{B}(\mathcal{H}) \quad \text{und} \quad \hat{N} \in \mathcal{B}_1(\mathcal{H}) \\ \text{dann gilt} \quad & \hat{A}\hat{N} \in \mathcal{B}_1(\mathcal{H}) \quad \text{und} \quad \hat{N}\hat{A} \in \mathcal{B}_1(\mathcal{H}), \end{aligned}$$

somit ist $\mathcal{B}_1(\mathcal{H})$ ein zweiseitiges Ideal von $\mathcal{B}(\mathcal{H})$.[6]

---

[5] Anmerkung der Hg.: Eine Algebra heisst eine $*$-Algebra $\mathcal{A}$ (sprich: Stern-Algebra), falls es eine Involution $* : \mathcal{A} \to \mathcal{A}$, d. h. eine Abbildung mit $(A^*)^* = A$ gibt, so dass für beliebige Elemente $A, B \in \mathcal{A}$ und eine beliebige komplexe Zahl λ gilt $(A + B)^* = A^* + B^*$, $(\lambda A)^* = \lambda^* A^*$ und $(AB)^* = B^*A^*$.

[6] Anmerkung der Hg.: Ein Ideal in einer Algebra $\mathcal{A}$ ist eine Unteralgebra $\mathcal{I} \subset \mathcal{A}$ mit den Eigenschaften $\mathcal{I}\mathcal{A} \subseteq \mathcal{I}$ und $\mathcal{A}\mathcal{I} \subseteq \mathcal{I}$.

Tensorprodukte

Die Zusammensetzung zweier Quantensysteme mit zugehörigen Hilberträumen $\mathcal{H}_A$, $\mathcal{H}_B$ führt zu einem Gesamtsystem mit dem Hilbertraum $\mathcal{H}$, wobei $\mathcal{H}$ durch das sogenannte Tensorprodukt von $\mathcal{H}_A$ mit $\mathcal{H}_B$ gegeben ist, $\mathcal{H} = \mathcal{H}_A \otimes \mathcal{H}_B$.

Zunächst rekapitulieren wir kurz den Formalismus der Tensorproduktbildung. Gegeben seien zwei separable Hilberträume $\mathcal{H}_A$ und $\mathcal{H}_B$, mit den inneren Produkten $\langle \cdot \mid \cdot \rangle_A$ und $\langle \cdot \mid \cdot \rangle_B$. Es sei $\{\alpha_1, \alpha_2, \dots\}$ eine orthonormale Basis für $\mathcal{H}_A$ und $\{\beta_1, \beta_2, \dots\}$ eine orthonormale Basis für $\mathcal{H}_B$.

Definition des Tensorprodukts $\mathcal{H}_A \otimes \mathcal{H}_B$ zweier Hilberträume $\mathcal{H}_A$, $\mathcal{H}_B$: Wir betrachten die Paare (α_j, β_k) als orthonormierte Basisvektoren eines neuen Hilbertraumes $\mathcal{H} := \mathcal{H}_A \otimes \mathcal{H}_B$ und schreiben

$$(\alpha_j, \beta_k) = \alpha_j \otimes \beta_k.$$

Der Hilbertraum $\mathcal{H}$ besteht aus allen Vektoren Ψ der Form

$$\Psi = \sum_{j,k} c_{jk}\alpha_j \otimes \beta_k, \quad c_{jk} \in \mathbb{C} \quad \text{mit} \sum_{j,k} |c_{jk}|^2 < \infty.$$

In $\mathcal{H}$ wird das innere Produkt zweier Vektoren

$$\Psi = \sum_{j,k} c_{jk}\alpha_j \otimes \beta_k, \qquad \Phi = \sum_{j,k} d_{jk}\alpha_j \otimes \beta_k$$

definiert durch

$$\langle \Psi \mid \Phi \rangle := \sum_{j,k} c_{jk}{}^* d_{jk}, \quad \|\Psi\|^2 = \sum_{j,k} |c_{jk}|^2.$$

Satz (hier ohne Beweis): Der oben definierte Hilbertraum $\mathcal{H}_A \otimes \mathcal{H}_B$ mit dem inneren Produkt ist unabhängig von den gewählten Basen $\{\alpha_j\}$ und $\{\beta_k\}$.

Definition des Tensorprodukts $\varphi \otimes \chi$ von zwei Vektoren φ, χ: Es sei $\varphi \in \mathcal{H}_A$, $\chi \in \mathcal{H}_A$ mit

$$\varphi = \sum_j c_j\alpha_j, \quad \chi = \sum_k d_k\beta_k.$$

Dann ist $\varphi \otimes \chi$ definiert durch

$$\varphi \otimes \chi := \sum_j \sum_k c_j d_k \alpha_j \otimes \beta_k$$

und es gilt

$$\langle \varphi \otimes \chi \mid \varphi' \otimes \chi' \rangle = \langle \varphi \mid \varphi' \rangle_A \langle \chi \mid \chi' \rangle_B .$$

Warnung: Nicht alle Elemente von $\mathcal{H}_A \otimes \mathcal{H}_B$ sind demnach von der Form $\varphi \otimes \chi$. Diese sehr speziellen Elemente $\varphi \otimes \chi$ von $\mathcal{H}_A \otimes \mathcal{H}_B$ heissen *Produktvektoren*.

Definition des Tensorproduktes $\hat{A} \otimes \hat{B}$ zweier Operatoren $\hat{A}$ und $\hat{B}$: Es seien $\hat{A} \in \mathcal{B}(\mathcal{H}_A)$, $\hat{B} \in \mathcal{B}(\mathcal{H}_B)$ beschränkte Operatoren. Dann definieren wir einen Operator $\hat{A} \otimes \hat{B} \in \mathcal{B}(\mathcal{H}_A \otimes \mathcal{H}_B)$, das „Tensorprodukt von $\hat{A}$ mit $\hat{B}$" durch

$$\{\hat{A} \otimes \hat{B}\}\Psi = \sum_{j,k} c_{jk}(\hat{A}\alpha_j) \otimes (\hat{B}\beta_k)$$

wobei

$$\Psi := \sum_{j,k} c_{jk}\alpha_j \otimes \beta_k .$$

Warnung: Nicht alle Operatoren in $\mathcal{B}(\mathcal{H}_A \otimes \mathcal{H}_B)$ haben die Form $\hat{A} \otimes \hat{B}$!

Rechenregeln:

$$(\hat{A} + \hat{B}) \otimes (\hat{C} + \hat{D}) = \hat{A} \otimes \hat{C} + \hat{A} \otimes \hat{D} + \hat{B} \otimes \hat{C} + \hat{B} \otimes \hat{D}$$
$$(\hat{A} \otimes \hat{B})(\hat{C} \otimes \hat{D}) = \hat{A}\hat{C} \otimes \hat{B}\hat{D}$$
$$\mathrm{tr}(\hat{A} \otimes \hat{B}) = \mathrm{tr}_A(\hat{A})\,\mathrm{tr}_B(\hat{B}), \quad \hat{A} \in \mathcal{B}_1(\mathcal{H}_A), \quad \hat{B} \in \mathcal{B}_2(\mathcal{H}_B).$$

MATLAB-Übungen

Die Menge aller (2×2)-Dichteoperatoren lässt sich im dreidimensionalen Raum $\mathbb{R}^3$ darstellen, so dass jeder Dichteoperator genau einem Vektor $\boldsymbol{b} = (b_1, b_2, b_3)$ entspricht, wobei die Norm des Vektors $\boldsymbol{b}$ die Bedingung $\sqrt{b_1^2 + b_2^2 + b_3^2} \leq 1$ erfüllt. Diese Darstellung wird mittels der Definition

$$D = \tfrac{1}{2}(1 + b_1\sigma_1 + b_2\sigma_2 + b_3\sigma_3)$$

implementiert, wobei die folgenden Matrizen benützt werden:

$$\sigma_1 = \begin{pmatrix} 0 & 1 \\ 1 & 0 \end{pmatrix} \qquad\qquad \sigma_3 = \begin{pmatrix} 1 & 0 \\ 0 & -1 \end{pmatrix}$$

$$\sigma_2 = \begin{pmatrix} 0 & -i \\ i & 0 \end{pmatrix} \qquad\qquad 1 = \begin{pmatrix} 1 & 0 \\ 0 & 1 \end{pmatrix}$$

Für einen vorgegebenen Dichteoperator D lassen sich die Komponenten von $\boldsymbol{b}$ bestimmen mittels

$$b_j = \mathrm{Sp}(\sigma_j D), \quad j = 1, 2, 3.$$

Aufgabe 2.1: Man erstelle MATLAB-mfiles, die diese Korrespondenz durchführen, d. h. einem Vektor b einen Dichteoperator zuordnen und umgekehrt. Man stelle dann den entsprechenden Vektor graphisch als Element einer dreidimensionalen Kugel mit Radius 1 dar. *Hinweis:* Die Koordinaten einer Kugel werden mit dem MATLAB-Befehl sphere.m generiert, dessen Output-Variablen dann mittels surf.m geplottet werden können. Versieht man die geplottete Kugel mit einer Handle d (d=surf(X,Y,Z)), so lässt sich die Kugel mit dem Befehl set(d,'FaceAlpha',0.6) transparent machen. Ein weiterer nützlicher MATLAB- Befehl ist cart2sph.m, der kartesische Koordinaten in Kugelkoordinaten umrechnet. Umgekehrt werden Kugelkoordinaten mittels des MATLAB-Befehls sph2cart.m in kartesische Koordinaten umgerechnet. Der MATLAB-Befehl trace.m berechnet die Spur einer Matrix.

Aufgabe 2.2: Man erstelle ein MATLAB-mfile, das für einen gegebenen Dichteoperator D die Spektralzerlegung durchführt und die Spektralprojektoren berechnet. Man bestimme für D die entsprechenden Spektralprojektoren P_1 und P_2, sowie die zugehörigen Vektoren b, b_1 und b_2 im dreidimensionalen Raum. Man zeige sodann, dass die Spektralzerlegung auf eine Gerade führt, die die Punkte b und den Nullvektor $\mathbf{0}$ durchläuft. Die Vektoren b_1 und b_2 entsprechen denjenigen Punkten, bei denen diese Gerade auf die Kugeloberfläche trifft.

Aufgabe 2.3: Man erstelle ein MATLAB-mfile, das andere Zerlegungen als die Spektralzerlegung vorschlägt, und plotte die entsprechenden Zerlegungen im dreidimensionalen Raum.

Aufgabe 2.4: Man zeige, dass *jede* Gerade durch den einem Dichteoperator entsprechenden Vektor b eine Zerlegung

$$D = \mu_1 Q_1 + \mu_2 Q_2$$

dieses Dichteoperators erzeugt. Die Projektoren Q_1 und Q_2 entsprechen dabei genau jenen Vektoren b_1 und b_2, bei denen die Gerade auf die Kugeloberfläche trifft. Man illustriere solche Situationen mittels eines MATLAB-mfiles.

Aufgabe 2.5: Man erstelle ein mfile, das die Entropie der Dichteoperatoren aus den entsprechenden Kugelkoordinaten ϑ, φ und r berechnet. Man zeige, dass die Entropie eines Dichteoperators nur von der radialen Koordinate r abhängt, und plotte die r-Abhängigkeit der Entropie.

Kapitel 3
Dynamik offener Systeme

3.1 Systeme ohne Umgebung

Jedes naturwissenschaftlich relevante System ist in eine Umgebung eingebettet. Im strengsten Sinne isolierte und mit ihrer Umgebung nicht korrelierte Systeme gibt es nicht. Trotzdem ist diese Fiktion eines *isolierten Systems* der Ausgangspunkt der Hamiltonschen *Mechanik*. Modifikationen werden nachträglich vorgenommen, indem man sich vorstellt, man könne das uns interessierende System durch Hinzunahme seiner Umgebung zu einem strikte isolierten System ergänzen. Auf diese Weise kann man jedenfalls versuchen, zu einer relevanten Dynamik für das uns interessierende Teilsystem zu kommen.

Ein isoliertes System hat weder Wechselwirkungen noch Korrelationen mit dem Rest der Welt und ist damit zu jedem Zeitpunkt t in einem reinen[1] Zustand, welchen wir durch einen Zustandsvektor $\Psi(t)$ darstellen können. Die zeitliche Entwicklung $t \mapsto \Psi(t)$ des Zustandsvektors eines strikte isolierten Quantensystems mit dem Hamiltonoperator $\hat{H}$ ist bekanntlich durch die zeitabhängige Schrödingergleichung

$$\mathrm{i}\hbar \frac{\partial \Psi(t)}{\partial t} = \hat{H}\Psi(t) + \text{Anfangsbedingung}$$

gegeben. Diese Gleichung kann formal leicht integriert werden. Dazu schreibt man die Gleichung zunächst als Integralgleichung

$$\Psi(t) = \Psi(0) + \frac{1}{\mathrm{i}\hbar}\hat{H}\int_0^t \Psi(\tau)\,\mathrm{d}\tau.$$

---

[1] Anmerkung der Hg.: Der Zustand eines quantenmechanischen Systems zur Zeit t bezeichnet die Menge der zur Zeit t zutreffenden Ja/Nein-Aussagen über das System. Ein Zustand heisst rein, wenn diese Menge nicht erweitert werden kann. Reine Zustände können durch Hilbertraum-Vektoren dargestellt werden.

A. Amann, U. Müller-Herold, *Offene Quantensysteme*, Springer-Lehrbuch, DOI 10.1007/978-3-642-05187-6_3, © Springer-Verlag Berlin Heidelberg 2011

Diese Form hat den Vorteil, dass die Anfangsbedingung für $t = 0$ eingearbeitet ist. Durch Differentiation nach t erhält man sofort wieder die differentielle Formulierung. Die Integralgleichung kann man sukzessive iterieren:

$$\Psi(t) = \Psi(0) + \frac{1}{i\hbar}\hat{H}\int_0^t \Psi(0)\,d\tau + \frac{1}{i\hbar}\hat{H}\int_0^t d\tau \frac{1}{i\hbar}\hat{H}\int_0^\tau d\tau'\Psi(\tau')$$

$$= \Psi(0) + \frac{1}{i\hbar}\hat{H}\Psi(0)\int_0^t 1\,d\tau + \left(\frac{1}{i\hbar}\hat{H}\right)^2 \Psi(0)\cdot\int_0^t d\tau \int_0^\tau d\tau' + \cdots$$

$$= \sum_{n=0}^{\infty}\left(\frac{1}{i\hbar}\hat{H}\right)^n \frac{t^n}{n!}\Psi(0) = \exp(t\hat{H}/i\hbar)\Psi(0).$$

$$\Psi(t) = e^{-it\hat{H}/\hbar}\Psi(0).$$

Dabei ist die Exponentialfunktion eines Operators durch die Taylorreihe der e-Funktion definiert,

$$e^{\hat{A}} := \sum_{n=0}^{\infty}\frac{1}{n!}\hat{A}^n.$$

Die Zeitevolution des Erwartungswertes $a = \langle \Psi | \hat{A}\Psi \rangle$ einer Observablen $\hat{A}$ ist gegeben durch

$$a(t) = \langle \Psi(t) | \hat{A}\Psi(t) \rangle.$$

Diese Darstellung heisst das *Schrödingerbild*; dabei sind die Observablen zeit*un*abhängig und die Zustandsvektoren zeit*ab*hängig. Wegen

$$\langle \Psi(t) | \hat{A}\Psi(t) \rangle = \langle e^{-it\hat{H}/\hbar}\Psi(0) | \hat{A}e^{-it\hat{H}/\hbar}\Psi(0) \rangle$$

$$= \langle \Psi(0) | e^{+it\hat{H}/\hbar}\hat{A}e^{-it\hat{H}/\hbar}\Psi(0) \rangle$$

können wir leicht zu einer anderen, aber äquivalenten Darstellung übergehen, in der die Zustände zeit*un*abhängig sind, die Observablen sich dagegen gemäss

$$\hat{A}(t) := e^{it\hat{H}/\hbar}\hat{A}e^{-it\hat{H}/\hbar}$$

zeitlich entwickeln. Die Darstellung

$$a(t) = \langle \Psi(0) | \hat{A}(t)\Psi(0) \rangle$$

heisst auch das *Heisenbergbild*. Im Heisenbergbild sind die Observablen zeitabhängig und erfüllen die Differentialgleichung

$$\frac{\partial}{\partial t}\hat{A}(t) = \frac{\partial}{\partial t}\left\{e^{it\hat{H}/\hbar}\hat{A}e^{-it\hat{H}/\hbar}\right\} = \frac{i}{\hbar}\hat{H}\hat{A}(t) - \frac{i}{\hbar}\hat{A}(t)\hat{H}.$$

Die Beziehung

$$\frac{\partial}{\partial t}\hat{A}(t) = \frac{i}{\hbar}[\hat{H}, \hat{A}(t)]$$

ist das quantentheoretische Analogon der Hamiltonschen Bewegungsgleichung der klassischen Mechanik, und heisst auch die Heisenbergsche Bewegungsgleichung.

Bemerkung für Fortgeschrittene:
Die Schrödingergleichung ist eine Tautologie[2]
Für den modernen Theoretiker ist die zeitabhängige Schrödingergleichung für isolierte Systeme kein tiefsinniges Naturgesetz, sondern eher eine Tautologie. Im Rahmen einer fundamentalen und mathematisch formulierten Theorie der materiellen Realität muss der intuitive Begriff „isoliertes System" irgendwie formalisiert werden. In der heutigen Theorie charakterisiert man die Isoliertheit eines physikalischen Systems via seine Dynamik. *Definition:* Ein dynamisches System heisst genau dann ein isoliertes System, wenn seine Dynamik durch eine der Theorie angepasste Darstellung der *Gruppe* der Zeittranslationen gegeben ist. Da die Symmetrien der Quantenmechanik durch *unitäre* Transformationen dargestellt werden, ist die Zeitevolution für jede Zeit $t \in \mathbb{R}$ durch einen unitären Operator $\hat{U}(t)$ darzustellen, welcher für alle $t_1, t_2 \in \mathbb{R}$ die Gruppenrelation $\hat{U}(t_1)\hat{U}(t_2) = \hat{U}(t_1 + t_2)$ erfüllen muss. Zusammen mit der aus physikalischen Gründen zu fordernden Stetigkeit der Funktion $t \mapsto \hat{U}(t)$ folgt mit einem berühmten, rein mathematischen Satz von M. H. Stone (1932), dass $\hat{U}(t)$ die Darstellung $\hat{U}(t) = \exp(-it\hat{H}/\hbar)$ erlaubt, wobei der sogenannte Generator $\hat{H}/\hbar$ ein selbstadjungierter Operator ist. Durch Differentiation folgt $i\hbar\partial\hat{U}(t)/\partial t = \hat{H}\hat{U}(t)$, und daher mit $\Psi(t) = \hat{U}(t)\psi(0)$ die zeitabhängige Schrödingergleichung.

3.2 Systeme unter dem Einfluss äusserer Kräfte

Die Naturwissenschaften beruhen auf Beobachtungen und Experimenten. Im Rahmen einer quantenmechanischen Naturbeschreibung ist die Existenz von *nicht stö-*

---

[2] Anmerkung der Hg.: In der Mathematik und in der formalen Logik wird seit H. Poincaré die These vertreten, dass alle Sätze, die durch irgendwelche Umformungen aus anderen Sätzen hervorgehen, niemals etwas Neues zum Ausdruck bringen, sondern immer nur das ausdrücken, was explizit oder implizit in den ursprünglichen Sätzen bereits enthalten war. Derartige Sätze heissen tautologisch. In *diesem* Sinne stehen die Schrödingergleichung und die Gruppen-Darstellung der Zeitevolution zueinander in einem tautologischen Verhältnis: Das eine kann aus dem anderen hergeleitet werden, sie sind äquivalent. Das hochgradig Nicht-Triviale an der Dynamik ist die Spezifizierung des „richtigen" Hamiltonoperators für ein zu beschreibendes System (z. B. für ein bestimmtes Molekül).

renden Beobachtungen recht zweifelhaft geworden. Daher beschränken wir unsere Diskussion auf *experimentelle* Eingriffe. „Das Experiment ist Ausübung von Macht im Dienste der Erkenntnis" sagt Carl Friedrich von Weizsäcker (Studium Generale **1**, 3–9, 1947).

Als naturwissenschaftlich relevante Erkenntnis gilt, was durch *reproduzierbare Experimente* nachgewiesen werden kann. Alles, was wesentlich einmalig ist, liegt ausserhalb des Diskussionsbereichs der exakten Naturwissenschaften. Im Anschluss an Niels Bohr bezeichnen wir als *Phänomen* Beobachtungen, die unter genau spezifizierten Verhältnissen erhalten wurden und die eine vollständige Angabe aller relevanten Züge der Versuchsanordnung umfassen. Wir sprechen von einem statistisch beschreibbaren Phänomen, wenn bezüglich der Wiederholung eines Experiments eine *Wahrscheinlichkeitsverteilung* für die beobachteten Grössen existiert. Diese Wahrscheinlichkeiten beziehen sich dabei auf ein Phänomen im Sinne von Bohr, sind also immer *bedingte* Wahrscheinlichkeiten. Die Bedingungen beziehen sich dabei auf die Präparation des Systems und auf die Durchführung des Experiments.

Wie kann ein Experimentator im molekularen Bereich Macht ausüben? Molekeln sind mechanische Systeme und können durch *äussere Kräfte* beeinflusst werden. Kräfte, welche eine direkte Intervention durch den Experimentator erlauben, müssen eine *lange Reichweite* haben (d. h. sie dürfen nicht schneller als mit einer inversen Potenz des Abstandes abnehmen). Die zwei einzigen in der Physik bekannten Kräfte mit langer Reichweite sind diejenigen der Gravitation und des Elektromagnetismus. Aus verschiedenen Gründen sind für die Chemie die Gravitationskräfte uninteressant (zu schwach, experimentell zu schlecht manipulierbar), so dass wir uns auf die elektromagnetischen Kräfte beschränken können.

Im folgenden möchten wir Experimente diskutieren, bei denen der Experimentator die von aussen wirkenden Kräfte frei wählen kann. Diese Voraussetzung impliziert zwingend,[3] dass die externen Kräfte *klassisch* und nicht etwa quantenmechanisch zu beschreiben sind. *Damit folgt, dass wir das Verhalten von Molekeln in einem vom Experimentator gewählten klassischen elektromagnetischen Feld zu diskutieren haben.*

Das klassische elektromagnetische Feld ist durch zwei Vektoren E und B bestimmt, welche vom Ort r und der Zeit t abhängen können und den Maxwellschen Gleichungen genügen (nach James Clark Maxwell, 1831–1878). Der Vektor E heisst die *elektrische Feldstärke* und B heisst die *magnetische Feldstärke*. Die altmodische Benennung „magnetische Induktion" für B ist begrifflich irreführend und wir werden sie nicht benützen.

Wie klassische elektromagnetische Felder erzeugt werden, kümmert uns in der Molekültheorie nicht. Dieses wichtige Ingenieurproblem bleibt dem Apparatebauer vorbehalten, der dazu etwa Kerzen, Glühlampen, Blitzlicht, Laser, Radiosender, Mikrowellengeneratoren, Maser, Elektromagnete, Permanentmagnete und vieles andere mehr einsetzen kann.

---

[3] Anmerkung der Hg.: Würden die äusseren Kräfte quantenmechanisch beschrieben, so würde das experimentelle Objektsystem seinerseits die äusseren Kräfte beeinflussen. Diese wären dann nicht mehr frei wählbar.

In der klassischen Physik wird das Verhalten eines Punktteilchens der Ladung e in einem vorgegebenen elektromagnetischen Feld (E, B) durch die sogenannte Lorentzkraft F bestimmt

$$F = e(E + v \times B),$$

wobei v die Geschwindigkeit des Teilchens ist. Falls der Experimentator die äusseren Felder (E, B) zeitlich ändert, so wird auch die Lorentzkraft zeitabhängig. Versucht man, Newtons Bewegungsgesetz (zweites Newtonsches Axiom)

$$F(t) = \frac{\mathrm{d}}{\mathrm{d}t}\{mv(t)\}$$

in Hamiltonscher Form zu schreiben, so findet man, dass die dazugehörige Hamiltonfunktion nicht in einfacher Weise durch die Feldvektoren E und B ausgedrückt werden kann. Daher führt man das sogenannte *Vektorpotential* A und das *Skalarpotential* Φ ein. Bei vorgegebenen Potentialen (welche im allgemeinen orts- und zeitabhängig sind), sind die Feldstärken gegeben durch

$$B(r, t) = \operatorname{rot} A(r, t),$$

$$E(r, t) = -\operatorname{grad} \Phi(r, t) - \frac{\partial A(r, t)}{\partial t}.$$

Bemerkung: Eichtransformationen[♯]
Die elektromagnetischen Feldstärken (E, B) bestimmen die elektromagnetischen Potentiale (A, Φ) nur bis auf eine sogenannte Eichtransformation

$$A \mapsto A' := A + \operatorname{grad} \Lambda,$$

$$\Phi \mapsto \Phi' := \Phi - \frac{\partial \Lambda}{\partial t},$$

wobei $\Lambda : \mathbb{R}^4 \to \mathbb{R}$ eine beliebige reellwertige, eindeutige und glatte Funktion der Raumzeit $\mathbb{R}^4$ ist. Die Lorentzkraft und die elektromagnetischen Felder sind invariant unter Eichtransformationen, denn es gilt

$$B = \operatorname{rot} A \qquad = \operatorname{rot} A',$$

$$E = -\operatorname{grad} \Phi - \frac{\partial A}{\partial t} = -\operatorname{grad} \Phi' - \frac{\partial A'}{\partial t}.$$

Die Freiheit, beliebige Eichtransformationen auszuführen, wird in den praktischen Anwendungen der Molekültheorie oft ausgenützt, um mittels einer klugen Eichung die Rechnung zu vereinfachen. Andererseits spielen Eichtransformationen im Rahmen der modernen Eichtheorien eine fundamentale physikalische Rolle.

Die Hamiltonfunktion eines Punktteilchens der Masse m und der Ladung e in einem durch die Potentiale $A(r, t)$, $\Phi(r, t)$ beschriebenen äusseren elektromagnetischen Feld ergibt sich zu

$$H(t) = \frac{1}{2m}\{P - eA(Q, t)\}^2 + e\Phi(Q, t).$$

Beschreibt man dieselbe Situation quantenmechanisch, so ist der dafür zuständige
Hamiltonoperator gegeben durch

$$\hat{H}(t) = \frac{1}{2m}\{\hat{P} - eA(\hat{Q}, t)\}^2 + e\Phi(\hat{Q}, t).$$

Für molekulare Systeme bestehend aus mehreren Elementarsystemen (charakterisiert durch Masse, Spin, elektrische Ladung, magnetisches Dipolmoment, etc.) kann
man unschwer die entsprechenden Hamiltonoperatoren aufschreiben. Wir wollen
das hier nicht im Detail durchführen (einige wichtige Relationen finden sich in
Abschn. 3.7), sondern lediglich zur Kenntnis nehmen, dass ein Quantensystem
in einem äusseren klassischen elektromagnetischen Feld, welches durch den Experimentator zeitlich variiert wird, durch einen *zeitabhängigen Hamiltonoperator*
beschrieben wird.

Ein zeitabhängiger Hamiltonoperator $\hat{H}(t)$ kann immer in der Form

$$\hat{H}(t) = \hat{H}_0 + \hat{V}(t),$$
$$\hat{V}(t) = -\sum_n b_n(t)\hat{B}_n,$$

geschrieben werden, wobei $\hat{H}_0$ der zeit*un*abhängige Hamiltonoperator des Systems
ohne äussere Kräfte ist. Die äussere Störung zur Zeit t wird durch den selbstadjungierten Operator $\hat{V}(t)$ dargestellt, wobei in allen praktisch wichtigen Fällen $V(t)$
immer in eine endliche Summe von Beiträgen $-b_n(t)\hat{B}_n$ zerlegt werden kann. Dabei ist $\hat{B}_n$ ein zeit*un*abhängiger selbstadjungierter Operator und $t \mapsto b_n(t) \in \mathbb{R}$
eine reellwertige Funktion der Zeit, die durch die elektromagnetischen Feldgrössen
festgelegt ist. Im Jargon der Systemtheorie bezeichnet man $t \mapsto b_n(t)$ als Stimulus
oder als *Eingangsfunktion* des n-ten Eingangskanals. Wichtig ist dabei, dass der
zeitliche Verlauf der Eingangsfunktion vom Experimentator frei wählbar ist. Ohne
wesentliche Einschränkung der Allgemeinheit beschränken wir uns im folgenden
meist auf den einfachen Fall von nur einem einzigen Eingangskanal, so dass der
Hamiltonoperator des Objektsystems die folgende allgemeine Form hat:

$$\hat{H}(t) = \hat{H}_0 - b(t)\hat{B}, \quad t \in \mathbb{R}.$$

Zusammenfassung

Ein Quantensystem unter dem Einfluss von zeitlich variablen äusseren Kräften
ist durch einen zeitabhängigen Hamiltonoperator der Form

$$\hat{H}(t) = \hat{H}_0 - \sum_n b_n(t)\hat{B}_n$$

gegeben, wobei $\hat{H}_0$ der zeit*un*abhängige Hamiltonoperator des ungestörten Systems ist. Weiter ist $\hat{B}_n$ ein selbstadjungierter Operator und $t \mapsto b_n(t)$ ist eine reellwertige Funktion, welche die Rolle einer vom Experimentator frei wählbaren Eingangsfunktion des n-ten Eingangskanals des Systems spielt. Im molekularen Bereich ist die Zeitabhängigkeit der Eingangsfunktion ausnahmslos durch die Zeitabhängigkeit eines äusseren klassischen elektromagnetischen Feldes $\{E(t), B(t)\}$ resp. seiner Potentiale $\{A(t), \Phi(t)\}$ bestimmt, so dass gilt

$$b_n(t) = b_n\{E(t), B(t)\},$$

resp.

$$b_n(t) = b_n\{A(t), \Phi(t)\},$$

3.3 Nichtdissipative offene Systeme

Quantensysteme können selbst dann mit ihrer Umgebung korreliert sein, wenn die Wechselwirkung mit der Umgebung vernachlässigbar klein ist. Diese fundamentale Voraussage der Quantenmechanik ist für einen klassischen Naturwissenschafter antiintuitiv, wurde aber über jeden vernünftigen Zweifel hinaus experimentell bestätigt (vgl. Abschn. 2.4). Das heisst, unabhängig von jeder Wechselwirkung darf man nicht erwarten, dass ein Quantensystem immer in einem reinen Zustand ist und damit durch einen Zustandsvektor beschreibbar wird.

Dennoch ist eine *statistische* Beschreibung solcher Systeme immer möglich, wobei der statistische Zustand zur Zeit t durch einen Dichteoperator $\hat{D}(t)$ gegeben ist. Die Zeitevolution $t \mapsto \hat{D}(t)$ kann man mit der in Abschn. 2.1 diskutierten Fiktion herleiten, dass das betrachtete System mit zugehörigem Hilbertraum $\mathcal{H}_1$ ein Untersystem eines grösseren Systems mit Hilbertraum $\mathcal{H}$ ist, wobei $\mathcal{H} = \mathcal{H}_1 \otimes \mathcal{H}_2$ und $\mathcal{H}_2$ der mit der Umgebung assoziierte Hilbertraum ist.

Dabei muss die Umgebung so umfassend gewählt werden, dass alle relevanten quantenmechanischen Korrelationen berücksichtigt sind. Sie darf aber keinesfalls den gesamten „Rest der Welt" umfassen. Denn um Experimente durchzuführen, braucht man einen Experimentator mit freiem Willen, und dieser Experimentator darf und kann nicht durch die Quantenmechanik beschrieben werden. Das heisst, es muss in unserer Beschreibung noch die Möglichkeit bestehen, dass frei wählbare äussere klassische Kräfte auf das System wirken.

Das erweiterte System „Objekt und Umgebung" besitzt voraussetzungsgemäss einen Zustandsvektor $\Xi(t) \in \mathcal{H}$, welcher der Schrödingergleichung

$$i\hbar\frac{\partial \Xi(t)}{\partial t} = \hat{H}^e(t)\Xi(t), \quad \Xi(t) \in \mathcal{H}_1 \otimes \mathcal{H}_2.$$

genügt. Die vom Experimentator frei wählbaren äusseren Kräfte bewirken, dass der Hamiltonoperator $\hat{H}^e$ des erweiterten Systems zeitabhängig wird.

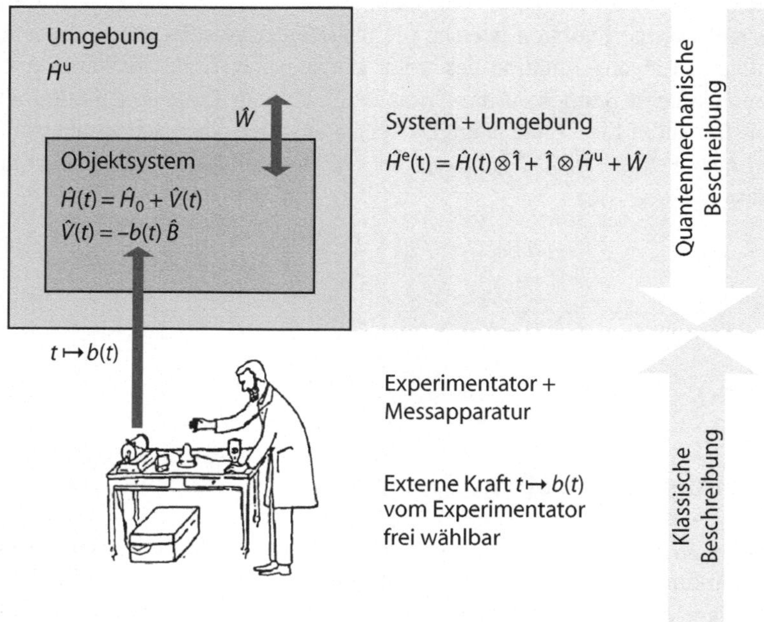

Falls die energetische Wechselwirkung $\hat{W}$ zwischen dem Objektsystem und seiner Umgebung vernachlässigbar klein ist, $\hat{W} \approx 0$, kann die Schrödingergleichung

$$\mathrm{i}\hbar \frac{\partial}{\partial t} \Xi(t) = \{\hat{H}(t) \otimes \hat{1} + \hat{1} \otimes \hat{H}^u\} \Xi(t),$$

für den Zustandsvektor $\Xi(t)$ des erweiterten Systems leicht auf eine Bewegungsgleichung für den Dichteoperator $\hat{D}(t)$ des Objektsystems reduziert werden. Der Erwartungswert einer Systemobservablen $\hat{A} \otimes \hat{1}$ ist gegeben durch

$$a(t) := \langle \Xi(t) \mid (\hat{A} \otimes \hat{1})\Xi(t) \rangle.$$

Mit der Schrödingergleichung für den Zustandsvektor $\Xi(t)$ folgt

$$\dot{a}(t) = \langle \dot{\Xi}(t) \mid (\hat{A} \otimes \hat{1})\Xi(t) \rangle + \langle \Xi(t) \mid (\hat{A} \otimes \hat{1})\dot{\Xi}(t) \rangle$$
$$= \langle \frac{1}{\mathrm{i}\hbar} \hat{H}^e \Xi(t) \mid (\hat{A} \otimes \hat{1})\Xi(t) \rangle + \langle \Xi(t) \mid (A \otimes 1)\frac{1}{\mathrm{i}\hbar}\hat{H}^e(t)\Xi(t) \rangle.$$

Da der Operator $\hat{H}^e(t)$ selbstadjungiert ist, können wir auch schreiben

$$\dot{a}(t) = \frac{\mathrm{i}}{\hbar} \langle \Xi(t) \mid [\hat{H}^e(t), \hat{A} \otimes \hat{1}]\, \Xi(t) \rangle.$$

Falls die Wechselwirkung $\hat{W}$ vernachlässigbar klein ist, gilt

$$[\hat{H}^{\mathrm{e}}(t), \hat{A} \otimes \hat{1}] = [\hat{H}(t) \otimes \hat{1} + \hat{1} \otimes \hat{H}^{\mathrm{u}}, \hat{A} \otimes \hat{1}]$$
$$= [\hat{H}(t), \hat{A}] \otimes \hat{1} + \hat{A} \otimes [\hat{H}^{\mathrm{u}}, 1]$$
$$= [\hat{H}(t), \hat{A}] \otimes \hat{1}.$$

Somit ist $\dot{a}(t)$ gleich dem Erwartungswert der Systemobservablen

$$\frac{\mathrm{i}}{\hbar}[\hat{H}(t), \hat{A}] \otimes \hat{1}.$$

Gemäss Abschn. 2.1 ist der Dichteoperator $\hat{D}(t)$ des Objektsystems definiert durch

$$\mathrm{Sp}\{\hat{S}\hat{D}(t)\} = \langle \mathcal{E}(t) \mid (\hat{S} \otimes \hat{1})\mathcal{E}(t)\rangle,$$

wobei $\hat{S} \otimes \hat{1}$ eine beliebige Systemobservable ist. Somit gilt

$$a(t) = \mathrm{Sp}\{\hat{A}\hat{D}(t)\}$$

und

$$\dot{a}(t) = \frac{\partial}{\partial t}\,\mathrm{Sp}\{\hat{A}\hat{D}(t)\} = \frac{\mathrm{i}}{\hbar}\,\mathrm{Sp}\{[\hat{H}(t), \hat{A}]\hat{D}(t)\}$$
$$= \frac{\mathrm{i}}{\hbar}\,\mathrm{Sp}\{\hat{A}[\hat{D}(t), \hat{H}(t)]\}.$$

Die letzte Gleichung folgt durch zyklisches Vertauschen unter der Spur.[4] Da diese Gleichung für jede beliebige Observable $\hat{A}$ gilt, folgt

$$\frac{\partial}{\partial t}\hat{D}(t) = \frac{\mathrm{i}}{\hbar}[\hat{D}(t), \hat{H}(t)].$$

Die Differentialgleichung

$$\frac{\mathrm{i}}{\hbar}\frac{\partial}{\partial t}\hat{D}(t) = [\hat{H}(t), \hat{D}(t)]$$

---

[4] Anmerkung der Hg.: Durch direktes Nachrechnen verifiziert man: $\mathrm{Sp}\{AB\} = \mathrm{Sp}\{BA\}$; $\mathrm{Sp}\{ABC\} = \mathrm{Sp}\{CAB\} = \mathrm{Sp}\{BCA\}$ etc. Beim zyklischen Vertauschen rutscht jeweils die letzte Matrix vor die erste.

heisst auch die *von-Neumannsche Bewegungsgleichung* für den Dichteoperator (gelegentlich auch „quantenmechanische Liouville-Gleichung" genannt).

Falls der Hamiltonoperator $\hat{H}$ zeit*un*abhängig ist, d. h. falls keine zeitabhängigen externen Kräfte wirken, kann die Differentialgleichung für den Dichteoperator sofort integriert werden:

$$\hat{D}(t) = \mathrm{e}^{-\mathrm{i}t\hat{H}/\hbar}\,\hat{D}(0)\mathrm{e}^{+\mathrm{i}t\hat{H}/\hbar}, \quad t \in \mathbb{R}, \quad \text{falls } \frac{\partial \hat{H}}{\partial t} = 0$$

Beweis

Da $\hat{H}$ mit jeder Funktion $\hat{H}$, von also auch mit $\exp(\pm\mathrm{i}t\hat{H}/\hbar)$ vertauscht, folgt sofort

$$\frac{\partial}{\partial t}\exp(\pm\mathrm{i}t\hat{H}/\hbar) = \pm\frac{\mathrm{i}}{\hbar}\hat{H}\exp(\pm\mathrm{i}t\hat{H}/\hbar) = \pm\frac{\mathrm{i}}{\hbar}\exp(\pm\mathrm{i}t\hat{H}/\hbar)\hat{H}.$$

Somit gilt

$$\frac{\partial}{\partial t}\{\exp(-\mathrm{i}t\hat{H}/\hbar)\hat{D}(0)\exp(+\mathrm{i}t\hat{H}/\hbar)\}$$

$$= \frac{-\mathrm{i}}{\hbar}\hat{H}\exp(-\mathrm{i}t\hat{H}/\hbar)\hat{D}(0)\exp(+\mathrm{i}t\hat{H}/\hbar) + \frac{\mathrm{i}}{\hbar}\exp(-\mathrm{i}t\hat{H}/\hbar)\hat{D}(0)\exp(\mathrm{i}t\hat{H}/\hbar)\hat{H}$$

$$= \frac{1}{\mathrm{i}\hbar}\{\hat{H}\hat{D}(t) - \hat{D}(t)\hat{H}\}. \qquad \text{Q. E. D.}$$

Allgemein ist der Erwartungswert $a(t)$ einer Observablen $\hat{A}$ in einem durch den Dichteoperator $\hat{D}(t)$ beschriebenen statistischen Zustand zur Zeit t gegeben durch

$$\text{Schrödingerbild}: \quad a(t) = \mathrm{Sp}\{\hat{D}(t)\hat{A}\}.$$

Falls auf das System keine äusseren Kräfte wirken, ist der Hamiltonoperator $\hat{H}$ nicht zeitabhängig, so dass wir auch schreiben können

$$a(t) = \mathrm{Sp}\left\{\mathrm{e}^{-\mathrm{i}t\hat{H}/\hbar}\hat{D}(0)\mathrm{e}^{+\mathrm{i}t\hat{H}/\hbar}\hat{A}\right\}.$$

Da die Spur unter zyklischen Vertauschungen invariant ist,

$$a(t) = \mathrm{Sp}\left\{\hat{D}(0)\mathrm{e}^{\mathrm{i}t\hat{H}/\hbar}\hat{A}\mathrm{e}^{-\mathrm{i}t\hat{H}/\hbar}\right\}$$

gilt auch

$$\text{Heisenbergdarstellung}: \qquad a(t) = \text{Sp}\{\hat{D}(0)\hat{A}(t)\},$$

wobei $\hat{A}(t)$ die Heisenbergdarstellung der Observablen $\hat{A}$ ist (vgl. auch Abschn. 3.1),

$$\hat{A}(t) := e^{it\hat{H}/\hbar}\hat{A}e^{-it\hat{H}/\hbar}.$$

Die in diesem Abschnitt diskutierten Zeitevolutionen sind nichtdissipativ und damit nichtrelaxierend. Dieser Sachverhalt reflektiert sich in der Tatsache, dass in solchen Systemen die Entropie konstant bleibt. Wenn beispielsweise keine externen Kräfte wirken, gilt für jede Funktion f

$$f\left\{e^{-it\hat{H}/\hbar}\hat{D}(0)e^{it\hat{H}/\hbar}\right\} = e^{-it\hat{H}/\hbar}f\{\hat{D}(0)\}e^{it\hat{H}/\hbar},$$

also für $f(x) = -k\,x\ln x$:

$$-k\,\hat{D}(t)\ln\hat{D}(t) = e^{-it\hat{H}/\hbar}\{-k\hat{D}(0)\ln\hat{D}(0)\}e^{+it\hat{H}/\hbar}.$$

Da die Spur unter zyklischen Vertauschungen invariant ist, folgt für die Shannon-entropie $H(t)$ zur Zeit t

$$\begin{aligned}
H(t) &:= -k\,\text{Sp}\{\hat{D}(t)\ln\hat{D}(t)\} \\
&= -k\,\text{Sp}\left\{e^{-it\hat{H}/\hbar}\hat{D}(0)\ln\hat{D}(0)e^{it\hat{H}/\hbar}\right\} \\
&= -k\,\text{Sp}\{\hat{D}(0)\ln\hat{D}(0)\} = H(0).
\end{aligned}$$

Also gilt für alle $t \in \mathbb{R}$

$$H(t) = H(0).$$

Dieselbe Relation gilt auch in Anwesenheit zeitabhängiger äusserer Kräfte.[5]

Zusammenfassung – Zeitevolution nichtdissipativer Systeme

Die allgemeinste Zeitevolution eines nichtdissipativen Quantensystems ist durch einen *zeitabhängigen* Hamiltonoperator $\hat{H}(t)$ gegeben. Dabei hat $\hat{H}(t)$ die allgemeine Struktur

---

[5] Anmerkung der Hg.: Zum Beweis bilde man $\partial H(t)/\partial t$ und verwende die zyklische Invarianz der Spur.

$$\hat{H}(t) = \hat{H}_0 - \sum_n b_n(t)\,\hat{B}_n, \quad t \in \mathbb{R},$$

wobei $\hat{H}_0$ der zeit*un*abhängige Hamiltonoperator des betrachteten Systems ohne äussere Kräfte ist. Die selbstadjungierten Operatoren $\hat{B}_n$ sind zeit*un*abhängig und die reellwertigen Funktionen $t \mapsto b_n(t)$ sind die vom Experimentator frei manipulierbaren Eingangsfunktionen des n-ten Eingangskanals des Systems.

Im Schrödingerbild ist der Erwartungswert $a(t)$ einer Observablen $\hat{A}$ zur Zeit t gegeben durch

$$a(t) = \mathrm{Sp}\{\hat{D}(t)\hat{A}\},$$

wobei der Dichteoperator $\hat{D}(t)$ der von Neumannschen Bewegungsgleichung genügt:

$$\mathrm{i}\hbar\frac{\partial}{\partial t}\hat{D}(t) = [\hat{H}(t), \hat{D}(t)]$$

Im Heisenbergbild ist $a(t)$ gegeben durch

$$a(t) = \mathrm{Sp}\{\hat{D}(0)\hat{A}(t)\},$$

wobei die Heisenbergdarstellung $\hat{A}(t)$ der Observablen $\hat{A}$ der Heisenbergschen Bewegungsgleichung

$$\frac{\partial}{\partial t}\hat{A}(t) = \frac{\mathrm{i}}{\hbar}[\hat{H}(t), \hat{A}(t)], \qquad \hat{A}(0) = \hat{A},$$

genügt.

In diesen nichtdissipativen Quantensystemen ist die Shannonentropie $H(t) = -k\,\mathrm{Sp}\{\hat{D}(t)\ln\hat{D}(t)\}$ eine Konstante der Bewegung,

$$\hat{H}(t) = \hat{H}(0) \quad \text{für alle } t \in \mathbb{R}.$$

3.4 Relaxierende offene Systeme

In einem Quantensystem ohne jede energetische Wechselwirkung mit seiner Umgebung ist die Zeitevolution seines Dichteoperators $\hat{D}(t)$ durch die von Neumannsche Bewegungsgleichung (vgl. Abschn. 3.3)

$$\mathrm{i}\hbar\frac{\partial}{\partial t}\hat{D}(t) = [\hat{H}_0, \hat{D}(t)], \qquad t \in \mathbb{R},$$

gegeben, wobei der Hamiltonoperator $\hat{H}_0$ des ungestörten Systems zeitunabhängig ist. Daher gilt

$$\hat{D}(t) = \mathrm{e}^{-\mathrm{i}t\hat{H}_0/\hbar}\hat{D}(0)\mathrm{e}^{\mathrm{i}t\hat{H}_0/\hbar}, \qquad t \in \mathbb{R}.$$

Falls der Anfangszustand zur Zeit $t = 0$ dieses Systems durch den kanonischen Dichteoperator $\hat{D}_\beta$ gegeben ist

$$\hat{D}(0) = \hat{D}_\beta$$

$$\hat{D}_\beta := \frac{1}{Z}\mathrm{e}^{-\beta\hat{H}_0}, \qquad Z := \mathrm{Sp}\{\mathrm{e}^{-\beta\hat{H}_0}\}$$

folgt sofort

$$\hat{D}(t) = \hat{D}_\beta \quad \text{für alle } t \in \mathbb{R}.$$

Beweis
Da $\hat{D}_\beta$ eine Funktion von $\hat{H}_0$ is, gilt $\hat{D}_\beta\hat{H}_0 = \hat{H}_0\hat{D}_\beta$ und damit

$$\exp(-\beta\hat{H}_0/\hbar)\hat{D}_\beta = \hat{D}_\beta\exp(-\beta\hat{H}_0/\hbar),$$

also ist $\exp(-\mathrm{i}t\hat{H}_0/\hbar)\hat{D}_\beta\exp(+\mathrm{i}t\hat{H}_0/\hbar) = \hat{D}_\beta$,   Q. E. D.

Das heisst, *der kanonische Zustand ist zeitlich stationär*. Dies ist durchaus sinnvoll, da der kanonische Dichteoperator ja ein thermostatisches Gleichgewichtssystem beschreiben soll.

Natürlich ist ein System nicht immer in einem thermostatischen Gleichgewichtszustand und es stellt sich daher die Frage, unter welchen Umständen ein Nichtgleichgewichtszustand in einen thermischen Gleichgewichtszustand relaxieren kann. Es ist nach dem im Abschn. 3.3 Gesagten aber klar, dass dazu eine energetische Kopplung mit der Umgebung notwendig ist. Aber nicht jede Umgebung und nicht jede Art von Wechselwirkung führt zu einem Relaxationsverhalten. Man charakterisiert daher thermodynamische Quantensysteme durch folgende zusätzliche starke Relaxationsforderung:

Forderung – **Thermodynamische Quantensysteme**

In einem ungestörten thermodynamischen Quantensystem soll *jeder* Zustand in den kanonischen Zustand relaxieren.

Das heisst, die Zeitevolution $D(0) \to D(t)$, $t \geq 0$, muss derart beschaffen sein, dass

$$\lim_{t\to\infty}\hat{D}(t) = \hat{D}_\beta = Z^{-1}\exp(-\beta\hat{H}_0)$$

für *jeden* Anfangsdichteoperator $\hat{D}(0)$.

Man kann zeigen, dass diese Forderung bei Hamiltonschen Quantensystemen mit endlich vielen Freiheitsgraden durch die von-Neumannsche Bewegungsgleichung mit oder ohne äussere Kräfte prinzipiell nie erfüllt werden kann, dazu ist eine Kopplung an eine Umgebung mit unendlich vielen Freiheitsgraden erforderlich. *Ein endliches und perfekt isoliertes System vergisst niemals seine Vorgeschichte.* Die durch die von Neumannsche Bewegungsgleichung charakterisierte Hamiltonsche Dynamik ist unvollständig, sie ist zu ergänzen durch stochastische Wechselwirkungen mit der übrigen Welt. Bei einer geeigneten schwachen Kopplung eines Quantensystems an seine Umgebung kann das System als offenes System diskutiert werden, dessen Zeitevolution durch eine sogenannte *dynamische Halbgruppe* beschrieben wird.

Allereinfachste Beispiele für dynamische Halbgruppen

In den folgenden Beispielen spielt der Parameter t immer die Rolle der physikalischen Zeit.

(i) Die Funktion $t \mapsto f(t) := e^{i\omega t}$, $t \in \mathbb{R}$, mit dem reellen Parameter ω ist eine *Gruppe*, denn es gilt für alle $t_1, t_2 \in \mathbb{R}$ die Gruppenrelation

$$f(t_1 + t_2) = f(t_1)f(t_2).$$

(ii) Die Funktion $t \mapsto g(t) := e^{-\gamma|t|}$, $t \in \mathbb{R}$, mit dem positiven Parameter γ ist eine *Halbgruppe*, denn es gilt die Halbgruppenrelation

$$g(t_1 + t_2) = g(t_1)g(t_2)$$

für alle $t_1 \geq 0$ und alle $t_2 \geq 0$ (aber nicht für alle $t_1, t_2 \in \mathbb{R}$ wie bei einer Gruppe).

(iii) Die Funktion $t \mapsto h(t) := e^{i\omega t}e^{-\gamma|t|}$, $\omega \in \mathbb{R}$, $\gamma > 0$ ist das einfachste Beispiel einer dynamischen Halbgruppe,

$$h(t_1 + t_2) = h(t_1)h(t_2) \quad \text{für alle } t_1 \geq 0,\ t_2 \geq 0,$$

wobei die Kreisfrequenz $\omega \in \mathbb{R}$ eine Oszillation („Hamiltonscher Anteil") beschreibt und $\gamma > 0$ eine Relaxationskonstante ist,

$$\lim_{t \to \infty} h(t) = 0.$$

(iv) Es sei $\hat{H}$ ein selbstadjungierter Hamiltonoperator. Dann ist $\hat{U}(t) := \exp\{it\hat{H}/\hbar\}$ ein unitärer Operator und $t \mapsto \hat{U}(t)$ eine dynamische Gruppe

$$\hat{U}(t_1 + t_2) = \hat{U}(t_1)\hat{U}(t_2) \quad \text{für alle } t_1, t_2 \in \mathbb{R}.$$

Dagegen ist $t \mapsto \hat{T}(t) := \hat{U}(t)e^{-\gamma|t|}$ mit $\gamma > 0$, eine dynamische Halbgruppe

$$\hat{T}(t_1 + t_2) = \hat{T}(t_1)\hat{T}(t_2) \quad \text{für alle } t_1 \geq 0,\ t_2 \geq 0$$

mit der Relaxationseigenschaft

$$\lim_{t \to \infty} \hat{T}(t) = 0.$$

Die Einsicht, dass das Konzept eines „isolierten Systems" oft eine unzulässige Idealisierung darstellt, ist entscheidend für ein tieferes Verständnis der modernen Methoden der Quantenstatistik. Wir beschränken uns hier auf das allereinfachste

Beispiel einer dynamischen Halbgruppe, charakterisiert durch die Bewegungsgleichung von *Karplus und Schwinger*[6].

Die Bewegungsgleichung von Karplus und Schwinger lautet

$$\dot{\hat{D}}(t) = \frac{1}{i\hbar}[\hat{H}_0, \hat{D}(t)] - \Gamma\{\hat{D}(t) - \hat{D}_\beta\}, \quad t \geq 0,$$

und berücksichtigt auf einfachste Weise eine Relaxation infolge von Wechselwirkung mit der Umgebung. Dabei ist Γ eine reziproke Relaxationszeit, $\Gamma > 0$, und
$\hat{D}_\beta$ ist der kanonische Dichteoperator zur Temperatur $T = 1/k\beta$. In einer genaueren Beschreibung müssen sicherlich mehrere Relaxationsmechanismen mit verschiedenen Relaxationszeiten berücksichtigt werden. Die Benützung der Karplus–
Schwingerschen Bewegungsgleichung ist immer dann angebracht, wenn für das betreffende Problem das detaillierte Relaxationsverhalten nicht von Interesse ist, aber
trotzdem eine Relaxation grosso modo berücksichtigt werden muss. Im Gegensatz
zur von Neumannschen Bewegungsgleichung erfüllt die Karplus–Schwingersche
Bewegungsgleichung die thermodynamische Relaxationsforderung.

Satz – Thermodynamische Relaxation

Es sei $\hat{D}(0)$ ein beliebiger Dichteoperator eines Quantensystems. Es sei $\hat{D}(t)$
die Lösung der Karplus–Schwingerschen Bewegungsgleichung zur Zeit $t \geq 0$
mit der Anfangsbedingung $\hat{D}(0)$. Dann gilt

$$\hat{D}(t) = \exp(-it\hat{H}_0/\hbar)\hat{D}(0)\exp(it\hat{H}_0/\hbar)e^{-\Gamma t} + (1 - e^{-\Gamma t})\hat{D}_\beta,$$

also

$$\lim_{t \to \infty} \hat{D}(t) = \hat{D}_\beta,$$

wobei $\hat{D}_\beta$ der kanonische Dichteoperator ist:

$$\hat{D}_\beta = Z^{-1}\exp(-\beta\hat{H}_0), \quad Z = \mathrm{Sp}(\exp(-\beta\hat{H}_0)),$$

Beweis
Die allgemeine Lösung von

$$\dot{\hat{D}}(t) = \frac{1}{i\hbar}[\hat{H}_0, \hat{D}(t)] - \Gamma\{\hat{D}(t) - \hat{D}_0\}$$

---

[6] R. Karplus, J. Schwinger, Phys. Rev. **73**, 1020 (1948).

für $t > 0$ und einen beliebigen Operator $\hat{D}_0$ lautet

$$\hat{D}(t) = e^{-it\hat{H}_0/\hbar}\,\hat{D}(0)e^{it\hat{H}_0/\hbar}e^{-\Gamma t} + \Gamma \int\limits_0^t e^{-i\tau\hat{H}_0/\hbar}\,\hat{D}_0 e^{i\tau\hat{H}_0/\hbar}e^{-\Gamma t}\,d\tau.$$

Der Beweis erfolgt elegant durch Laplacetransformation, unelegant, aber elementar durch direkte Verifikation. Falls insbesondere $\hat{D}_0$ der kanonische Dichteoperator $\hat{D}_\beta$ ist, gilt

$$e^{-i\tau\hat{H}_0/\hbar}\,\hat{D}_\beta\,e^{i\tau\hat{H}_0/\hbar} = \hat{D}_\beta,$$

so dass das Integral sofort berechnet werden kann:

$$\hat{D}(t) = e^{-it\hat{H}_0/\hbar}\,\hat{D}(0)\,e^{+it\hat{H}_0/\hbar}e^{-\Gamma t} + (1 - e^{-\Gamma t})\hat{D}_\beta.$$

Für $\Gamma > 0$ folgt unmittelbar $\lim_{t\to\infty}\hat{D}(t) = \hat{D}_\beta$.

3.5 Beispiel: Zeitevolution eines relaxierenden Spinsystems

Wir betrachten wie in Abschn. 2.7 ein Spin-$\frac{1}{2}$-System in einem äusseren Magnetfeld $\boldsymbol{B} = (0, 0, B)$, charakterisiert durch den Hamiltonoperator

$$\hat{H}_0 = -\gamma\,\boldsymbol{B}\cdot\hat{\boldsymbol{S}} = -\Omega S_3, \quad \Omega := \gamma B.$$

In der Darstellung von $\hat{S}_3$ durch eine diagonale (2×2)-Matrix finden wir für den Hamiltonoperator

$$H_0 = \frac{1}{2}\hbar\Omega \begin{pmatrix} -1 & 0 \\ 0 & 1 \end{pmatrix},$$

für den Zeitevolutionsoperator

$$\exp\{-it\hat{H}_0/\hbar\} = \begin{pmatrix} \exp(it\Omega/2) & 0 \\ 0 & \exp(-it\Omega/2) \end{pmatrix}$$

und den kanonischen Dichteoperator zur Temperatur $T_0 = 1/k\beta_0$

$$D_{\beta_0} = Z^{-1}\exp(-\beta_0\hat{H}_0) = \begin{pmatrix} p_1^\circ & 0 \\ 0 & p_2^\circ \end{pmatrix}$$

mit

$$p_1^\circ = \{1 + e^{-\beta_0\hbar\Omega}\}^{-1}, \quad p_2^\circ = \{1 + e^{+\beta_0\hbar\Omega}\}^{-1}.$$

Jeder Dichteoperator $\hat{D}$ eines Spin-$\frac{1}{2}$-Systems kann in der Form

$$\hat{D} = \frac{1}{2}\begin{pmatrix} 1 + z & x - iy \\ x + iy & 1 - z \end{pmatrix} = \frac{1}{2}\,\hat{1} + x\,\hat{S}_1 + y\,\hat{S}_2 + z\,\hat{S}_3$$

geschrieben werden, wobei die drei reellen Zahlen die Ungleichung

$$x^2 + y^2 + z^2 \leq 1$$

erfüllen müssen.

Übungsaufgabe

(a) Man zeige, dass die Eigenwerte von $\hat{D}$ durch $\frac{1}{2}(1 \pm r)$ mit $r^2 = x^2 + y^2 + z^2$ gegeben sind. Somit ist $\mathrm{Sp}(\hat{D}) = 1$ und es ist $D \geq 0$ dann und nur dann, wenn $r \leq 1$.

(b) Man zeige: $\mathrm{Sp}(\hat{S}_1\hat{D}) = \frac{\hbar}{2}x$, $\mathrm{Sp}(\hat{S}_2\hat{D}) = \frac{\hbar}{2}y$, $\mathrm{Sp}(\hat{S}_3\hat{D}) = \frac{\hbar}{2}z$.

(c) Man zeige, dass $S/k := \mathrm{Sp}(\hat{D}\ln\hat{D})$ durch $S/k = \ln 2 - \frac{1}{2}(1+r)\ln(1+r) - \frac{1}{2}(1-r)\ln(1-r)$ gegeben ist.

Die von-Neumannsche Zeitevolution von $\hat{D}$ unter dem Hamiltonoperator $\hat{H}_0$ ist gegeben durch

$$\mathrm{e}^{-\mathrm{i}t\hat{H}_0/\hbar}\,\hat{D}\,\mathrm{e}^{\mathrm{i}t\hat{H}_0/\hbar}$$

$$= \frac{1}{2}\begin{pmatrix} \exp(\mathrm{i}t\Omega/2) & 0 \\ 0 & \exp(-\mathrm{i}t\Omega/2) \end{pmatrix}\begin{pmatrix} 1+z & x-\mathrm{i}y \\ x+\mathrm{i}y & 1-z \end{pmatrix}\begin{pmatrix} \exp(-\mathrm{i}t\Omega/2) & 0 \\ 0 & \exp(\mathrm{i}t\Omega/2) \end{pmatrix}$$

$$= \frac{1}{2}\begin{pmatrix} 1+z & (x-\mathrm{i}y)\mathrm{e}^{\mathrm{i}\Omega t} \\ (x+\mathrm{i}y)\mathrm{e}^{-\mathrm{i}\Omega t} & 1-z \end{pmatrix}.$$

Mit der allgemeinen Lösung der Karplus–Schwingerschen Bewegungsgleichung folgt

$$\hat{D}(t) = \mathrm{e}^{-\mathrm{i}t\hat{H}_0/\hbar}\hat{D}(0)\mathrm{e}^{-t\hat{H}_0/\hbar}\mathrm{e}^{-\Gamma t} + (1 - \mathrm{e}^{-\Gamma t})\hat{D}_\beta$$

für unser Beispiel

$$\hat{D}(t) = \frac{1}{2}\begin{pmatrix} 1 + z_0 + (z - z_0)\mathrm{e}^{-\Gamma t} & (x - \mathrm{i}y)\mathrm{e}^{\mathrm{i}\Omega t - \Gamma t} \\ (x + \mathrm{i}y)\mathrm{e}^{-\mathrm{i}\Omega t - \Gamma t} & 1 - z_0 - (z - z_0)\mathrm{e}^{-\Gamma t} \end{pmatrix}$$

wobei $z_0 := 2p_1^\circ - 1 = 1 - 2p_2^\circ$ den kanonischen Zustand charakterisiert.

Mit dem magnetischen Dipolmomentoperator $\hat{\boldsymbol{\mu}} = \gamma\boldsymbol{S}$ ergeben sich damit die folgenden Erwartungswerte:

$$\boldsymbol{M}(t) = \mathrm{Sp}\{\hat{D}(t)\hat{\boldsymbol{\mu}}\},$$

$$M_1(t) = \{M_1(0)\cos(\Omega t) + M_2(0)\sin(\Omega t)\}e^{-\Gamma t}$$

$$M_2(t) = \{M_2(0)\cos(\Omega t) - M_1(0)\sin(\Omega t)\}e^{-\Gamma t}$$

$$M_3(t) = M_0 + \{M_3(0) - M_0\}e^{-\Gamma t}$$

Dabei ist M_0 die kanonische Gleichgewichtsmagnetisierung bei der Temperatur $T_0 = 1/k\beta_0$

$$M_0 := \mathrm{Sp}\{\hat{\mu}_3 \hat{D}_{\beta_0}\} = \frac{1}{2}\gamma\hbar(p_1^\circ - p_2^\circ) = \frac{\gamma\hbar}{2}\tanh(\beta_0\hbar\Omega/2).$$

Wir betrachten nun den besonderen Fall, dass der Anfangszustand ein kanonischer Zustand zur Temperatur $T = 1/k\beta$ mit $\beta \neq \beta_0$ ist, wobei $T_0 = 1/k\beta_0$ die zur Gleichgewichtssituation der Karplus–Schwingerschen Bewegungsgleichung gehörige Umgebungstemperatur ist. Dann ist der Dichteoperator $\hat{D}(t)$ für alle Zeiten $0 \le t \le \infty$ diagonal und gegeben durch

$$\hat{D}(t) = \begin{pmatrix} p_1(t) & 0 \\ 0 & p_2(t) \end{pmatrix},$$

mit

$$\begin{aligned} p_i(t) &= p_i(0)e^{-\Gamma t} + p_i^\circ(1 - e^{-\Gamma t}) \\ &= p_i^\circ + \{p_i(0) - p_i^\circ\}e^{-\Gamma t}, \qquad (i = 1, 2). \end{aligned}$$

In diesem Beispiel ist das System sogar beständig in einem kanonischen Zustand, hat also immer eine Gleichgewichtstemperatur $T(t)$. Um den Temperaturverlauf $t \mapsto T(t)$ explizit zu erhalten, betrachten wir zunächst die innere Energie U als Funktion der Zeit:

$$U(t) = -\tfrac{1}{2}\hbar\Omega\{p_1(t) - p_2(t)\},$$

d. h.

$$U(t) = U(0)e^{-\Gamma t} + U_0(1 - e^{-\Gamma t})$$

oder besser

$$U(t) - U_0 = \{U(0) - U_0\}e^{-\Gamma t}.$$

Das heisst, die Energiedifferenz relativ zum kanonischen β_0-Ensemble verschwindet exponentiell mit der Relaxationszeit Γ^{-1}. Mit

$$U(t) = -\frac{\hbar\Omega}{2}\tanh\left\{\frac{\hbar\Omega}{2}\beta(t)\right\}$$

erhalten wir für die Temperaturänderung

$$\hbar\Omega\beta(t) = -2\tanh^{-1}\left\{\frac{2U(t)}{\hbar\Omega}\right\} = -\ln\frac{1 + 2U(t)/\hbar\Omega}{1 - 2U(t)/\hbar\Omega}.$$

Der Temperaturverlauf $t \mapsto \beta(t)$ ist am leichtesten graphisch mit den Relationen

$$\beta(t) \mapsto U(t) = -\frac{\hbar\Omega}{2}\tanh\left\{\frac{\hbar\Omega}{2}\beta(t)\right\}$$

und

$$t \mapsto U(t) = U_0 + \{U(0) - U_0\}e^{-\Gamma t}$$

zu diskutieren.

3.6 Allgemeine dynamische Halbgruppen zur Beschreibung offener Quantensysteme[#]

Berücksichtigt man in dem Hamiltonoperator $\hat{H}^{\mathrm{e}}$ des erweiterten Systems von Kap. 3.3

$$\hat{H}^{\mathrm{e}} = \hat{H}_0 \otimes \hat{1} + \hat{1} \otimes \hat{H}^{\mathrm{u}} + \varepsilon\hat{W},$$

auch die Wechselwirkung $\hat{W}$ zwischen dem Objektsystem (beschrieben durch den Hamiltonoperator $\hat{H}_0$) und seiner Umgebung (beschrieben durch den Hamiltonoperator $\hat{H}^{\mathrm{u}}$), so erhält man ein im allgemeinen unlösbar schwieriges Problem. Doch kann man versuchen, wenigstens für sehr schwache Wechselwirkungen eine Bewegungsgleichung für den Objektdichteoperator $D(t)$ herzuleiten. Dazu haben wir formal einen positiven Parameter ε eingeführt und angenommen, dass $\varepsilon \ll 1$ gilt.

In der ersten Ordnung einer Potenzreihenentwicklung nach ε passiert nichts qualitativ Neues: der Objekthamiltonoperator $\hat{H}_0$ wird einfach durch einen durch die Wechselwirkungen mit der Umwelt modifizierten Objekthamiltonoperator $\hat{H}_1$ ersetzt. Falls die Wechselwirkung $\hat{W}$ die Form

$$\hat{W} = \sum_n \hat{A}_n \otimes \hat{B}_n$$

hat, dann ist $\hat{H}_1$ gegeben durch

$$\hat{H}_1 = \hat{H}_0 + \varepsilon\sum_n b_n \hat{A}_n,$$

wobei die reelle Zahl b_n der Erwartungswert des selbstadjungierten Operators $\hat{B}_n$ bezüglich des Umgebungszustandes $\langle\,|\,\rangle$ ist

$$b_n = \langle\hat{B}_n\rangle.$$

Treibt man die Störungsrechnung eine Stufe weiter, so wird der Objekthamiltonoperator nochmals durch einen weiteren kleinen Operator der Grössenordnung ε^2 modifiziert, was nicht besonders aufregend ist. Ausserdem passiert aber noch etwas grundsätzlich Neues, was nicht mehr in einem Hamiltonformalismus aufgefangen werden kann. In vielen praktisch wichtigen Fällen resultiert aber trotzdem eine eindeutig bestimmte Evolutionsgleichung für den Dichteoperator des offenen Objektsystems, in der die dissipativen Umgebungseinflüsse durch eine Anzahl von reellen Parametern charakterisiert werden. Eine praktisch traktable Situation erhält man, wenn die Umgebung die Eigenschaften eines rasch reagierenden thermischen Reservoirs (im Jargon der Theoretiker „ein Wärmebad") hat. Dazu ist es unumgänglich, dass die Umgebung unendlich viele mechanische Freiheitsgrade und eine genügende Wärmeleitfähigkeit hat, so dass der Umgebungszustand durch die Übertragung von endlichen Energiebeträgen vom Objekt auf seine Umgebung nicht geändert wird.

Das Verhalten eines thermischen Reservoirs ist im wesentlichen durch die Korrelationsfunktion $t \mapsto K_{nm}(t)$ der Umgebungsobservablen charakterisiert,

$$K_{nm}(t) := \langle \{B_n - \langle B_n \rangle\}\{B_m(t) - \langle B_m(t) \rangle\}\rangle = \langle B_n B_m(t) \rangle - b_n b_m(t),$$

wobei

$$B_m(t) := \mathrm{e}^{\mathrm{i}t\hat{H}^{\mathrm{u}}/\hbar} B_m \mathrm{e}^{-\mathrm{i}t\hat{H}^{\mathrm{u}}/\hbar}.$$

Damit das Objektsystem durch die Wechselwirkung mit der Umgebung in einen Gleichgewichtszustand relaxieren kann, ist es notwendig, dass die Korrelationsfunktionen K_{nm} für grosse Zeiten verschwinden,

$$\lim_{t \to \infty} K_{nm}(t) = 0.$$

Ein einfaches Relaxationsverhalten des Objektsystems erhält man aber nur, wenn die Korrelationsfunktionen K_{nm} der Umgebungsfluktuationen eine im Vergleich zu der Zeitskala des Objektsystems extrem kleine Korrelationszeit τ_{nm}

$$\tau_{nm} := \frac{\int_0^t K_{nm}(t)\,\mathrm{d}t}{K_{nm}(0)}$$

haben. Das heisst, es muss gelten

$$\tau_{nm}\,\Omega \ll 1 \quad \text{für alle } n, m,$$

wobei Ω eine typische Resonanzfrequenz des Objektsystems ist. Unter diesen, hier nur heuristisch diskutierten Voraussetzungen kann man im Rahmen der modernen algebraischen Quantenmechanik in einer mathematisch exakten Weise den sogenannten „Grenzfall schwacher Kopplung" („weak coupling limit") diskutieren und dabei die notwendigen Bedingungen für die Gültigkeit einer autonomen Bewegungsgleichung für den Dichteoperator offener Systeme angeben.

Weiterführende Literatur

E. B. Davies, *Quantum Theory of Open Systems*, Academic Press, London, 1976.
H. Spohn, J. L. Lebowitz, Irreversible thermodynamics for quantum Systems weakly coupled to thermal reservoirs, Advances in Chemical Physics **38**, 109–142 (1978).

Die eben kurz skizzierte mechanistische Begründung der Dynamik offener Systeme hat den Vorteil, dass sie explizite Ausdrücke für die in den Bewegungsgleichungen vorkommenden Parameter (wie etwa Relaxationszeiten oder level shifts) liefert, die in günstigen Fällen recht genau oder dann wenigstens grössenordnungsmässig numerisch ausgewertet werden können. Der Nachteil ist, dass man dabei die Wechselwirkungen mit der im allgemeinen überaus komplexen Umgebung kennen muss. Es ist daher von Interesse, dass man auch auf eine abstrakte, nichtmechanistische Weise zu wertvollen Informationen über die Struktur der dynamischen Gleichungen offener Quantensysteme kommen kann.

Diese abstrakte Theorie der sogenannten „dynamischen Halbgruppen" beschränkt sich auf diejenigen offener Systeme, für die das folgende Hadamardsche Prinzip des wissenschaftlichen Determinismus[7] gilt:

Aus der Kenntnis des Zustandes zur Zeit t_0 können wir den Zustand zu jedem späteren Zeitpunkt $t > t_0$ herleiten.

Aus diesem Prinzip folgt sofort die folgende Halbgruppeneigenschaft:

Der Zustand eines Systems zur Zeit t kann aus dem Zustand zu einer zwischen t_0 und t liegenden Zeit hergeleitet werden, indem man zuerst aus dem Zustand zur Zeit t_0 den Zustand zur Zeit $t_1 > t_0$ ermittelt, und dann diesen Zustand zur Zeit t_1 als Anfangszustand zur Bestimmung des Zustandes zur Zeit $t > t_1$ benützt. Der so ermittelte Endzustand stimmt mit der direkten Evaluierung des Zustandes zur Zeit $t > t_0$ aus dem Anfangszustand zur Zeit t_0 überein.

Da offene Systeme stochastische Wechselwirkungen mit ihrer Umgebung haben, kann sich das Hadamardsche Prinzip bei offenen Systemen nur auf den statistischen Zustand beziehen. Formuliert in der Sprache der Dichteoperatoren, impliziert das Hadamardsche Prinzip die Existenz einer Abbildung $v(t, t_0)$ von Dichteoperatoren auf Dichteoperatoren mit der Eigenschaft, dass

$$v(t, t_0)\hat{D}(t_0) = \hat{D}(t), \quad t > t_0,$$
$$v(t, t) = 1.$$

---

[7] J. Hadamard, *Lectures on Cauchy's problem in linear partial differential equations*, Yale University Press, New Haven, 1923. Reprint: Dover, New York, NY 1952.

Ist t_1 eine Zeit zwischen t und t_0, $t_0 < t_1 < t$, so können wir das Hadamardsche Prinzip zweimal anwenden und erhalten

$$\hat{D}(t) = v(t, t_1)\hat{D}(t_1), \quad \hat{D}(t_1) = v(t_1, t_0)\hat{D}(t_0)$$

so dass

$$\hat{D}(t) = v(t, t_1)v(t_1, t_0)\hat{D}(t_0), \quad t_0 < t_1 < t.$$

Diese Kompositionseigenschaft

$$v(t, t_0) = v(t, t_1)v(t_1, t_0), \quad t_0 < t_1 < t,$$

der Abbildung v heisst die *Halbgruppeneigenschaft*. Falls keine zeitabhängigen externen Kräfte wirken, so sind auch offene Systeme *zeittranslationsinvaviant*, d. h. es gilt

$$v(t + \tau, t_0 + \tau) = v(t, t_0) \quad \text{für alle } \tau \geq 0.$$

Damit folgt, dass $v(t, t_0)$ nur von der Zeitdifferenz $t - t_0 > 0$ abhängt, so dass

$$v(t, t_0) = v_{t-t_0},$$

wobei

$$v_t := v(t, 0).$$

In diesem Fall kann die Halbgruppeneigenschaft für $v(t, t_0)$ einfacher in der Form

$$v_t v_s = v_{t+s}, \quad t \geq 0, \ s \geq 0$$
$$v_0 = 1$$

geschrieben werden. Wir sagen, dass diese Abbildungen eine *Einparameter-Halbgruppe* $\{v_t \mid t \geq 0\}$ bilden.

Aus der Tatsache, dass die Abbildung v_t Dichteoperatoren in Dichteoperatoren überführen muss, folgt sofort, dass v spurerhaltend und positiv sein muss, d. h. es muss gelten

$$\text{Sp}\{v_t(\hat{D})\} = \text{Sp}(\hat{D}),$$

$$v_t(\hat{D}) \geq 0 \quad \text{für alle } \hat{D} \geq 0 \text{ und } t \geq 0.$$

Weiter wird man erwarten, dass für sämtliche Observablen $\hat{A}$ die Erwartungswerte $a(t) = \text{Sp}\{v_t(\hat{D})\hat{A}\}$ für alle Anfangsdichteoperatoren $\hat{D}$ stetige Funktionen der Zeit t sind. Damit erhebt sich die Frage, ob alle in einem geeigneten Sinne stetigen, spurerhaltenden und positiven Abbildungen ν_t, welche die Halbgruppenbedingung $\nu_t \nu_s = \nu_{t+s}$ für $t \geq 0$, $s \geq 0$, $\nu_0 = 1$, erfüllen, zulässige Kandidaten für die Beschreibung der Zeitevolution offener Quantensysteme sind. Wie Gegenbeispiele beweisen, lautet die Antwort *nein*. Das wichtige Problem, diejenigen Einparameter-Halbgruppen $\{\nu_t \mid t \geq 0\}$ von Abbildungen ν_t von Dichteoperatoren auf Dichteoperatoren so zu charakterisieren, dass sie physikalisch zulässige Zeitevolutionen von offenen Quantensystemen beschreiben, wurde erst 1972 von dem polnischen Physiker Kossakowski gelöst. Dabei war die wichtigste neue Einsicht, dass die selbstverständliche Forderung der Positivität von ν_t zu schwach ist und durch die stärkere Forderung der *vollständigen* Positivität ersetzt werden muss. Damit war der Weg frei für den folgenden ausserordentlich wichtigen Darstellungssatz für dynamische Halbgruppen offener Quantensysteme.

Darstellungssatz von Kossakowski–Lindblad für dynamische Halbgruppen

Offene Quantensysteme, welche das Hadamardsche Prinzip des wissenschaftlichen Determinismus erfüllen, werden durch geeignet stetige, vollständig positive, spurerhaltende einparametrige Halbgruppen $\{\nu_t \mid t \geq 0\}$ beschrieben.

Im Schrödingerbild gilt für den Erwartungswert $a(t)$ einer Observablen $\hat{A}$ des Objektsystems zur Zeit t die Beziehung

$$a(t) = \mathrm{Sp}\{\hat{D}(t)\hat{A}\}, \quad t \geq 0,$$

wobei der Dichteoperator $\hat{D}(t) = \nu_t\{\hat{D}(0)\}$ die Differentialgleichung

$$\frac{\partial}{\partial t}\hat{D}(t) = \frac{1}{i\hbar}[\hat{H}, \hat{D}(t)] + \sum_n \{\hat{V}_n \hat{D}(t)\hat{V}_n^* - \tfrac{1}{2}\hat{V}_n^*\hat{V}_n\hat{D}(t) - \tfrac{1}{2}\hat{D}(t)V_n^*V_n\}$$

für $t \geq 0$ erfüllt. Dabei spielt der selbstadjungierte Operator $\hat{H}$ die Rolle eines Hamiltonoperators, während die Operatoren $\hat{V}_n$ die im wesentlichen dissipative Wechselwirkung mit der Umwelt charakterisieren.

Im Heisenbergbild gilt

$$a(t) = \mathrm{Sp}\{\hat{D}(0)\hat{A}(t)\}, \quad t \geq 0,$$

wobei die operatorwertige Funktion $t \mapsto \hat{A}(t)$ für $t \geq 0$ die Differentialgleichung

$$\frac{\partial}{\partial t}\hat{A}(t) = \frac{i}{\hbar}[\hat{H}, \hat{A}(t)] + \sum_n \{\hat{V}_n^*\hat{A}(t)\hat{V}_n - \tfrac{1}{2}\hat{V}_n^*\hat{V}_n\hat{A}(t) - \tfrac{1}{2}\hat{A}(t)\hat{V}_n^*\hat{V}_n\}$$

mit der Anfangsbedingung $\hat{A}(0) = \hat{A}$ erfüllt.

Für den Spezialfall $V_n = \hat{V}_n^*$ vereinfachen sich diese Bewegungsgleichungen zu

$$\frac{\partial}{\partial t}\hat{D}(t) = \frac{1}{i\hbar}[\hat{H}, \hat{D}(t)] - \tfrac{1}{2}\sum_n [\hat{V}_n, [\hat{V}_n, \hat{D}(t)]],$$

$$\frac{\partial}{\partial t}\hat{A}(t) = \frac{i}{\hbar}[\hat{H}, \hat{A}(t)] - \tfrac{1}{2}\sum_n [\hat{V}_n, [\hat{V}_n, \hat{A}(t)]].$$

Präzisere Formulierungen und weiterführende Literatur
A. Kossakowski, Bull. Acad. Pol. Sci., Ser. Sci. Math. Astron. Phys. **20**, 1021–1025 (1972).
G. Lindblad, Commun. Math. Phys. **48**, 119–130 (1976).
V. Gorini, A. Kossakowski, E. C. G. Sudarshan, J. Math. Phys. **17**, 821–825 (1976).

MATLAB-Übungen

Aufgabe 3.1: Man erstelle ein MATLAB-mfile, das die Dynamik der Karplus–Schwinger-Gleichung implementiert und stelle die Lösung für die Parameter $\Omega = 3\,\mathrm{s}^{-1}$ und $\Gamma = 0{,}5\,\mathrm{s}^{-1}$ bei Zimmertemperatur graphisch dar.

Aufgabe 3.2: Die Konstante Γ der Karplus–Schwinger-Gleichung wird in Kapitel 4 mit der halben Linienbreite identifiziert. Man betrachte die Dynamik der Karplus–Schwinger-Gleichung für ein Zwei-Niveaux-System, dessen Energiedifferenz einer Spektrallinie von $500\,\mathrm{cm}^{-1}$ mit einer Linienbreite von $10\,\mathrm{cm}^{-1}$ entspricht.

Kapitel 4
Die lineare Antwort thermischer Quantensysteme

4.1 Phänomenologische Antworttheorie[1]

Wir betrachten zunächst ganz allgemein Informationsübertragungssysteme, welche ein Eingangssignal $t \mapsto y(t)$ in ein Ausgangssignal $t \mapsto x(t)$ umwandeln. Solche Systeme werden oft durch ein Blockschaltbild symbolisiert:

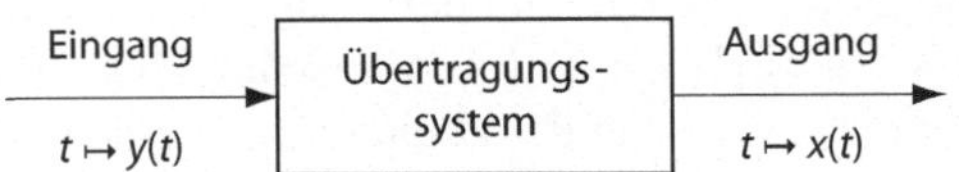

Das Eingangssignal $t \mapsto y(t)$ (Stimulus, Anregung, „Input") repräsentiert die Ursache für die Wirkung, welche vom Experimentator durch Messung des Ausgangssignals $t \mapsto x(t)$ („Output", „Response") erfasst wird. Die Stimuli können beispielsweise durch m reellwertige Funktionen $t \mapsto y_j(t)$ $(j = 1, \ldots, m)$ der Zeit, die Antworten durch n reellwertige Funktionen $t \mapsto x_k(t)$ $(k = 1, \ldots, n)$ dargestellt sein, so dass $y(t) \in \mathbb{R}^m$, $x(t) \in \mathbb{R}^n$. In diesem Fall sagt man, das Übertragungssystem besitze m Eingänge und n Ausgänge. Ohne wesentliche Einschränkung der Allgemeinheit diskutieren wir im folgenden meist nur den einfachsten Fall von Übertragungssystemen mit einem Eingang und einem Ausgang $(m = n = 1)$.

In einer rein phänomenologischen Beschreibung wird das Übertragungssystem allein durch sein Antwortverhalten charakterisiert; wie das Übertragungssystem dabei im Detail aufgebaut ist, interessiert in diesem Kontext nicht. Das heisst, man betrachtet das Übertragungssystem als „black box", die nicht geöffnet werden darf,

---

[1] Anmerkung der Hg.: In der modernen chemischen Spektroskopie werden die theoretischen Methoden der elektronischen Signalübertragung auf quantenmechanische Systeme angewendet. In Kap. 4 wird zunächst der ingenieurtheoretische Formalismus so weit entwickelt, dass in Abschn. 4.6. dann die Brücke zu den quantenmechanischen Anwendungen geschlagen werden kann.

A. Amann, U. Müller-Herold, *Offene Quantensysteme*, Springer-Lehrbuch,
DOI 10.1007/978-3-642-05187-6_4, © Springer-Verlag Berlin Heidelberg 2011

Beispiele für Übertragungssysteme

System	Eingang	Ausgang
Radio	Radiowellen	Schallwellen
Plattenspieler für Vinylplatten	mechanische Auslenkung	elektrisches Signal
Plattenspieler für CDs	Folge von Pits	Folge elektrischer Impulse
Kernresonanz-Spektrometer	Radiowellen	Kernresonanzspektrum
UV-Spektrometer	UV-Licht	UV-Spektrum

so dass der Experimentator für seine Untersuchungen nur über die Eingänge und über die Ausgänge des Übertragungssystems verfügen darf.

Vom mathematischen Standpunkt ist das Antwortverhalten eines Übertragungssystems charakterisiert durch eine Abbildung R des Eingangs y auf den Ausgang x

$$x = Ry.$$

Dieses Responsefunktional R kann approximiert werden durch ein diskretes Abtasten der Eingangsfunktion $t \mapsto y(t)$ und der Ausgangsfunktion $t \mapsto x(t)$ zu den Zeiten $t_n = t_0 + n\Delta t$ $(n = 1, 2, \ldots, N)$, wobei die Abtastfrequenz $1/\Delta t$ genügend gross gewählt werden muss (in der Digitaltechnik bekannt unter dem Namen „sampling theorem"). In diesem Fall ist der Ausgang

$$x_n := x(t_n)$$

zur Zeit t_n eine Funktion von den N Variablen

$$y_j := y(t_j), \qquad\qquad j = 1, 2, \ldots, N,$$
$$x_n = R_n(y_1, y_2, \ldots, y_N), \qquad n = 1, 2, \ldots, N.$$

Für eine grosse Klasse von „gutmütigen" Übertragungssystemen kann die Funktion $R_n : \mathbb{R}^N \to \mathbb{R}$ nach Taylor um den Punkt $y_1 = y_2 = \cdots = y_N = 0$ entwickelt werden:

$$x_n = R_n^{(0)} + \sum_{j=1} R_{nj}^{(1)} y_j + \frac{1}{2!} \sum_{j=1} \sum_{k=1} R_{njk}^{(2)} y_j y_k + \cdots.$$

Falls die Zahl N der Abtastpunkte gegen unendlich strebt und die Zeit Δt zwischen den Abtastpunkten gegen Null geht, kann man die Summen durch Integrale ersetzen, so dass folgende Integraldarstellung der Antwort $t \mapsto x(t)$ erhalten wird:

$$x(t) = R^{(0)}(t) + \int\limits_{-\infty}^{\infty} \mathrm{d}s\, R^{(1)}(t,s)y(s)$$

$$+ \frac{1}{2!} \int\limits_{-\infty}^{\infty} \mathrm{d}s \int\limits_{-\infty}^{\infty} \mathrm{d}s'\, R^{(2)}(t,s,s')y(s)y(s') + \cdots$$

Dabei entsprechen $R^{(0)}$ und die Integralkerne $R^{(1)}$, $R^{(2)}$, ... den Entwicklungskoeffizienten einer Taylorentwicklung. Diese sogenannte *Volterraentwicklung* der Ausgangsfunktion $t \mapsto x(t)$ nach der Eingangsfunktion $t \mapsto y(t)$ existiert für eine grosse Klasse von stetigen Übertragungssystemen. Die Funktion $R^{(1)} : \mathbb{R}^2 \to \mathbb{R}$ heisst die *lineare Antwortfunktion*, die Funktion $R^{(2)} : \mathbb{R}^3 \to \mathbb{R}$ heisst die *quadratische Antwortfunktion*, etc. . Man beachte, dass im Prinzip die verschiedenen Antwortfunktionen $R^{(0)}$, $R^{(1)}$, $R^{(2)}$, ... einzeln experimentell ermittelt werden können. Beispielsweise ist für $y(t) \equiv 0$ die Funktion $R^{(0)}$ gegeben durch $R^{(0)} = x(t)$. Für hinreichend kleine Eingangssignale sind die quadratischen und höheren Terme beliebig klein, so dass das Antwortverhalten lediglich durch die ersten zwei Terme $R^{(0)}$ und $R^{(1)}$ bestimmt ist.

Weiterführende Literatur
M. Schetzen, *The Volterra and Wiener Theories of Nonlinear Systems*, Wiley. New York, NY 1980.

Alle physikalisch realisierbaren Übertragungssysteme erfüllen das *Kausalitätsprinzip: Zuerst die Ursache, dann die Wirkung*. Das heisst, die Antwort auf einen Stimulus kann nicht zeitlich vor dem Stimulus erfolgen. Genauer: Ein Übertragungssystem heisst genau dann kausal, wenn der Verlauf des Ausgangssignals $t \mapsto x(t)$ bis zu irgend einem Zeitpunkt t_0 stets nur vom Verlauf des Eingangssignals $t \mapsto y(t)$ bis zu diesem Zeitpunkt t_0 abhängt.

Warnung
Alle physikalischen Systeme erfüllen das Kausalitätsprinzip. Man beachte aber dass in systemtheoretischen Diskussionen der Parameter $t \in \mathbb{R}$ nicht unbedingt die physikalische Realzeit darstellen muss. Beispielsweise kann bei einem Tonbandgerät welches mit konstanter Geschwindigkeit läuft, der Parameter t auch eine Position auf dem Tonband symbolisieren. In diesem Falle kann man leicht ein Übertragungssystem konstruieren, das das Kausalitätsprinzip (bezüglich des Parameters t!) verletzt, indem man am Tonbandgerät mehrere Abtasttonköpfe montiert, und so bereits Informationen über die Zukunft des Eingangssignals erhalten kann. Diese Möglichkeit wird bekanntlich beim Schneiden von modernen Vinyl-Schallplatten ausgenützt (variabler Rillenabstand je nach Lautstärke). Ebenso diskutiert man das Antwortverhalten von Digitalfiltern häufig nicht in der Realzeit, was die Leser von HiFi-Zeitschriften wohl kennen:

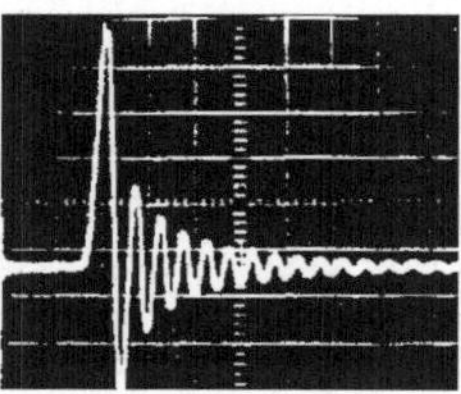

Kausale Impulsantwort
(in Realzeit)
eines CD - Spielers
mit Analogfiltern

(Sony CDP-101)

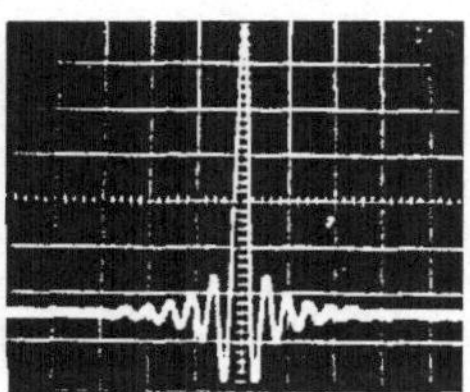

Scheinbar akausale Impulsantwort
(zeitliche Verzögerung!)
eines CD - Spielers
mit Digitalfiltern

(Philips CD 200)

Die Kausalitätsbedingung impliziert, dass die Kerne der Volterraentwicklung folgende Bedingungen erfüllen müssen:

$$R^{(1)}(t,s) = 0 \quad \text{für } s > t,$$

$$R^{(2)}(t,s,s') = 0 \quad \text{für } s > t \text{ oder } s' > t,$$

$$\vdots$$

Daraus folgt:

Antwort eines kausalen Systems

$$x(t) = R^{(0)}(t) + \int_{-\infty}^{t} \mathrm{d}s\, R^{(1)}(t,s)y(s)$$

$$+ \tfrac{1}{2} \int_{-\infty}^{t} \mathrm{d}s \int_{-\infty}^{t} \mathrm{d}s'\, R^{(2)}(t,s,s')y(s)y(s') + \cdots$$

Falls die Parameter eines Übertragungssystems im Laufe der Zeit nicht variiert werden, spricht man von *zeitinvarianten Systemen*. Solche Systeme sind durch zeittranslationsinvariante Responsefunktionale charakterisiert. Das heisst, wenn $t \mapsto x(t)$ die Antwort auf den Stimulus $t \mapsto y(t)$ ist, dann ist die Antwortfunktion x_T auf ein um die Zeit T verschobenes Eingangssignal y_T,

$$y_T(t) = y(t+T), \quad T \in \mathbb{R},$$

einfach durch das um die Zeit T verschobene Ausgangssignal gegeben,

$$x_T(t) = x(t+T).$$

Das heisst, es gilt

$$
\begin{aligned}
x_T(t) &= x(t+T) \\
&= R^{(0)}(t+T) + \int_{-\infty}^{\infty} \mathrm{d}s\, R^{(1)}(t+T,s)y(s) \\
&\quad + \frac{1}{2} \int_{-\infty}^{\infty} \mathrm{d}s \int_{-\infty}^{\infty} \mathrm{d}s'\, R^{(2)}(t+T,s,s')y(s)y(s') - \cdots
\end{aligned}
$$

Andererseits ergibt die direkte Anwendung der Volterraentwicklung mit dem Eingangssignal y_T

$$
\begin{aligned}
x_T(t) &= R^{(0)}(t) + \int_{-\infty}^{\infty} \mathrm{d}s\, R^{(1)}(t,s)y(s+T) \\
&\quad + \int_{-\infty}^{\infty} \mathrm{d}s \int_{-\infty}^{\infty} \mathrm{d}s'\, R^{(2)}(t,s,s')y(s+T)y(s'+T) + \cdots \\
&= R^{(0)}(t) + \int_{-\infty}^{\infty} \mathrm{d}s\, R^{(1)}(t,s-T)y(s) \\
&\quad + \frac{1}{2} \int_{-\infty}^{\infty} \mathrm{d}s \int_{-\infty}^{\infty} \mathrm{d}s'\, R^{(2)}(t,s-T,s'-T)y(s)y(s') + \cdots
\end{aligned}
$$

Der Vergleich der beiden für ein zeitinvariantes System gültigen Ausdrücke für x_T ergibt

$$
\begin{aligned}
R^{(0)}(t+T) &= R^{(0)}(t) && \text{für alle } T \in \mathbb{R}, \\
R^{(1)}(t+T,s) &= R^{(1)}(t,s-T) && \text{für alle } T \in \mathbb{R}, \\
R^{(2)}(t+T,s,s') &= R^{(2)}(t,s-T,s'-T) && \text{für alle } T \in \mathbb{R}.
\end{aligned}
$$

Somit hängt für zeitinvariante Systeme $R^{(0)}$ gar nicht von der Zeit ab, d. h. $R^{(0)}$ ist eine Konstante. Weiter hängt $R^{(1)}(t,s)$ offensichtlich nur von der Differenz $t-s$ ab, etc.. Somit ist es zweckmässig, für zeitinvariante Systeme eine neue Notation einzuführen. Mit den Definitionen

$$
\begin{aligned}
\Phi^{(0)} &:= R^{(0)}(0) \\
\Phi^{(1)}(t) &:= R^{(1)}(0,-t) \\
\Phi^{(2)}(t,s) &:= R^{(2)}(0,-t,-s) \\
&\ \ \vdots \qquad\qquad \vdots
\end{aligned}
$$

folgt für zeitinvariante Systeme:

$$
\begin{aligned}
R^{(0)}(t) &= \Phi^{(0)}(t) && \text{für alle } t \in \mathbb{R}, \\
R^{(1)}(t,s) &= \Phi^{(1)}(t-s) && \text{für alle } t, s \in \mathbb{R}, \\
R^{(2)}(t,s,s') &= \Phi^{(2)}(t-s,t-s') && \text{für alle } t, s, s' \in \mathbb{R}.
\end{aligned}
$$

Daraus folgt:

Antwort eines zeitinvarianten Systems

$$
x(t) = \Phi^{(0)} + \int\limits_{-\infty}^{\infty} ds\, \Phi^{(1)}(t-s)y(s)
$$

$$
+ \frac{1}{2} \int\limits_{-\infty}^{\infty} ds \int\limits_{-\infty}^{\infty} ds'\, \Phi^{(2)}(t-s,t-s')y(s)y(s') + \cdots
$$

$$
= \Phi^{(0)} + \int\limits_{-\infty}^{\infty} ds\, \Phi^{(1)}(s)y(t-s)
$$

$$
+ \frac{1}{2} \int\limits_{-\infty}^{\infty} ds \int\limits_{-\infty}^{\infty} ds'\, \Phi^{(2)}(s,s')y(t-s)y(t-s') + \cdots
$$

Da für ein zeitinvariantes System $\Phi^{(0)}$ eine Konstante ist, kann man $\Phi^{(0)}$ auch zu der Ausgangsfunktion schlagen und eine umnormierte Ausgangsfunktion $t \mapsto x(t) - \Phi^{(0)}$ definieren. Ohne Einschränkung der Allgemeinheit kann man daher immer $\Phi^{(0)} = 0$ setzen, falls man nur den Nullpunkt des Ausgangssignals neu festlegt. Im folgenden werden wir immer diese bequeme Normierung vornehmen. Wir nennen ein zeitinvariantes Übertragungssystem *normiert*, falls $\Phi^{(0)} = 0$.

Die bereits diskutierten Kausalitätsbedingungen lauten umgeschrieben für ein zeitinvariantes System

$$
\begin{aligned}
\Phi^{(1)}(t) &= 0 \text{ für } t < 0, \\
\Phi^{(2)}(t_1, t_2) &= 0 \text{ für } t_1 < 0 \text{ oder } t_2 < 0.
\end{aligned}
$$

Daraus folgt:

Antwort eines normierten zeitinvarianten kausalen Systems

$$x(t) = \int_0^\infty ds\, \Phi^{(1)}(s)y(t-s)$$

$$+ \frac{1}{2} \int_0^\infty ds \int_0^\infty ds'\, \Phi^{(2)}(s,s')y(t-s)y(t-s') + \cdots$$

$$= \int_{-\infty}^t ds\, \Phi^{(1)}(t-s)y(s)$$

$$+ \frac{1}{2} \int_{-\infty}^t ds \int_{-\infty}^t ds'\, \Phi^{(2)}(t-s,t-s')y(s)y(s') + \cdots$$

4.2 Lineare Systeme

Ein normiertes zeitinvariantes Übertragungssystem heisst *linear*, falls es das folgende *Superpositionsprinzip* erfüllt:

Es sei $t \mapsto x_n(t)$ die Antwort auf das Eingangssignal $t \mapsto y_n(t)$, dann ist $t \mapsto \sum_n c_n x_n(t)$ die Antwort auf das Eingangssignal $t \mapsto \sum_n c_n y_n(t)$, wobei die c_n beliebige Konstanten sind.

Beispiel: Komplexe Signale
Häufig interessiert man sich für die Antwort auf eine oszillatorische Anregung. Da das Rechnen mit trigonometrischen Funktionen sehr mühsam sein kann, verwendet man lieber komplexe e-Funktionen. Für ein zeitinvariantes lineares Übertragungssystem gilt wegen des Superpositionsprinzips: Es sei $\omega \in \mathbb{R}$, $y_0 \in \mathbb{R}$, und $t \mapsto x(t)$ die Antwort auf die Eingangsfunktion $t \mapsto y_0 \exp(i\omega t)$. Dann ist $t \mapsto \mathrm{Re}\{x(t)\}$ die Antwort auf den Eingang $t \mapsto \mathrm{Re}\{y_0 \exp(i\omega t)\} = y_0 \cos(\omega t)$, und $t \mapsto \mathrm{Im}\{x(t)\}$ die Antwort auf den Eingang $t \mapsto \mathrm{Im}\{y_0 \exp(i\omega t)\} = y_0 \sin(\omega t)$. Dabei bezeichnet $\mathrm{Re}(z)$ und $\mathrm{Im}(z)$ den Real- resp. den Imaginärteil von z, $\mathrm{Re}(z) = (z + z^*)/2$, $\mathrm{Im}(z) = i(z^* - z)/2$.

Im technischen Bereich gibt es keine strikt linearen Übertragungssysteme, aber viele Systeme, die sich für alle praktischen Zwecke hinreichend genau wie lineare Systeme verhalten (Beispiele: ohmsche Widerstände, Kondensatoren mit Luft als Dielektrikum, Luftspulen, passive elektrische Netzwerke [ohne Spulen mit Eisenkern], HiFi-Verstärker, etc.). Solche approximativ linearen Übertragungssysteme sind dadurch charakterisiert, dass die nichtlinearen Antwortkerne $\Phi^{(2)}, \Phi^{(3)}, \ldots$ gegenüber dem linearen Antwortkern $\Phi^{(1)}$ vernachlässigbar kleine Effekte erzeugen.

Da wir uns im folgenden nur noch mit *linearen* Übertragungssystemen beschäftigen, schreiben wir der Einfachheit halber für den linearen Antwortkern $\Phi^{(1)}$ kurz Φ. Damit ist die Antwort $t \mapsto x(t)$ auf einen Stimulus $t \mapsto y(t)$ gegeben durch:

Antwort eines normierten zeitinvarianten linearen Systems

$$x(t) = \int_{-\infty}^{\infty} \mathrm{d}s \; \Phi(s)y(t-s) = \int_{-\infty}^{\infty} \mathrm{d}s \; \Phi(t-s)y(s), \quad t \in \mathbb{R}$$

Die Antwortfunktion $t \mapsto \Phi(t)$ hat eine einfache anschauliche Bedeutung als Impulsantwort. Dabei versteht man unter der Impulsantwort eines Übertragungssystems die Antwort auf einen Einheitsimpuls δ, wobei $t \mapsto \delta(t)$ die Diracsche Deltafunktion ist. In der Tat gilt

$$x(t) = \Phi(t), \quad \text{falls} \quad y(t) = \delta(t),$$

d.h. die Antwortfunktion Φ ist die Antwort auf eine Diracsche Deltafunktion als Anregung. Somit ist für ein zeitinvariantes lineares System die Antwort $t \mapsto x(t)$ auf eine beliebige Anregung $t \mapsto y(t)$ bekannt, wenn nur die Impulsantwort $t \mapsto \Phi(t)$ auf eine δ-Anregung $t \mapsto \delta(t)$ bekannt ist. Zufolge der singulären Natur der Deltafunktion betrachtet der Experimentator allerdings lieber die Antwort auf die Sprungfunktion $t \mapsto \vartheta(t)$,

$$\vartheta(t) := \begin{cases} 1 & \text{falls } t > 0 \\ 0 & \text{falls } t < 0 \end{cases}.$$

Die sogenannte *Sprungantwort* $t \mapsto \varphi(t)$ auf den ingenieurmässig leicht realisierbaren ϑ-Stimulus ist gegeben durch

$$\varphi(t) = \int_{-\infty}^{\infty} \Phi(s)\vartheta(t-s)\, \mathrm{d}s = \int_{-\infty}^{t} \Phi(t)\, \mathrm{d}s,$$

so dass der Antwortkern $t \mapsto \Phi(t)$ auch aus der experimentell leicht zugänglichen Sprungantwort $t \mapsto \varphi(t)$ berechnet werden kann als

$$\Phi(t) = \frac{\mathrm{d}\varphi(t)}{\mathrm{d}t}.$$

Bemerkung: Die Deltafunktion als verallgemeinerte Funktion

Heaviside führte im 19. Jahrhundert für die Diskussion elektrischer Netzwerke die *Sprungfunktion* $t \mapsto \vartheta(t)$ (auch Heavisidescher Einheitsstoss genannt) ein:

$$\vartheta(t) := \begin{cases} 0 & \text{für } t < 0, \\ 1 & \text{für } t > 0. \end{cases}$$

Die Ableitung dieser Funktion $\vartheta : \mathbb{R} \to \mathbb{R}$ ist die sogenannte Diracsche Deltafunktion δ

$$\delta(t) := \frac{\mathrm{d}\vartheta(t)}{\mathrm{d}t}.$$

Durch Integration findet man

$$\vartheta(t) = \int_{-\infty}^{t} \delta(s)\,\mathrm{d}s,$$

so dass

$$\int_{-\infty}^{\infty} \delta(s)\,\mathrm{d}s = 1.$$

Andererseits ist $\delta(t) = 0$ für alle Werte $t \neq 0$, da ja $\vartheta(t)$ für $t \neq 0$ konstant ist. Im Rahmen der klassischen Analysis konnte man der Diracschen Definition keinen Sinn geben, denn die Funktion $t \mapsto \Phi(t)$ hat im klassischen Sinn bei $t = 0$ keine Ableitung. Seit den Arbeiten von Laurent Schwarz von 1950 ist jedoch die Deltafunktion ein mathematisch legitimiertes Objekt. Die Diracsche Deltafunktion ist ein einfaches Beispiel einer verallgemeinerten Funktion (Synonym: Distribution). Verallgemeinerte Funktionen werden durch ihr Zusammenspiel mit sogenannten Testfunktionen erklärt. Testfunktionen sind unendlich oft differenzierbare und im Unendlichen hinreichend schnell abfallende Funktionen. Die verallgemeinerte n-te Ableitung ($n = 1, 2, \ldots$) einer stetigen, aber nicht notwendigerweise im klassischen Sinn differenzierbaren Funktion $t \mapsto \varphi(t)$ wird durch partielle Integration definiert:

$$\int_{-\infty}^{\infty} \frac{\mathrm{d}^n \varphi(t)}{\mathrm{d}t^n}\, f(t)\,\mathrm{d}t := (-1)^n \int_{-\infty}^{\infty} \varphi(t) \frac{\mathrm{d}^n f(t)}{\mathrm{d}t^n}\,\mathrm{d}t,$$

wobei $t \mapsto f(t)$ eine beliebige Testfunktion ist. Diese Integralbeziehung definiert die *verallgemeinerte Funktion* $t \mapsto \phi(t) := \mathrm{d}^n \varphi(t)/\mathrm{d}t^n$. Dabei ist $t \mapsto \phi(t)$ dann und nur dann eine Funktion im klassischen Sinne, wenn $t \mapsto \varphi(t)$ für alle $t \in \mathbb{R}$ n mal differenzierbar ist. Beispielsweise ist $t \mapsto \vartheta(t)$ die verallgemeinerte Ableitung der stetigen Funktion $t \mapsto \varphi(t)$ mit $\varphi(t) = t$ für $t \geq 0$ und $\varphi(t) = 0$ für $t \leq 0$. Weiter ist $t \mapsto \delta(t)$ gleich der verallgemeinerten Ableitung von $t \mapsto \vartheta(t)$, oder gleich der zweiten verallgemeinerten Ableitung von $t \mapsto \varphi(t)$.

Mit dem klassischen Integral, dem „diskontinuierlichen Faktor" von J. P. G. L. Dirichlet (1805–1859),

$$\int_{0}^{\infty} \frac{\sin(\omega t)}{\omega}\,\mathrm{d}\omega = \begin{cases} \pi/2 & \text{für } t > 0 \\ -\pi/2 & \text{für } t < 0 \end{cases} = \frac{\pi}{2}\{2\vartheta(t) - 1\}$$

erhalten wir für die verallgemeinerte Ableitung der Sprungfunktion

$$\delta(t) = \frac{\mathrm{d}\vartheta(t)}{\mathrm{d}t} = \frac{1}{\pi} \int_{0}^{\infty} \cos(\omega t)\,\mathrm{d}\omega = \frac{1}{2\pi} \int_{-\infty}^{\infty} \mathrm{e}^{\pm \mathrm{i}\omega t}\,\mathrm{d}\omega.$$

Weiter sind im Sinne der Distributionentheorie folgende Beziehungen gültig:

$$\delta(t) = \lim_{\varepsilon \to +0} \frac{1}{\sqrt{\pi \varepsilon}} \mathrm{e}^{-t^2/\varepsilon} = \lim_{\varepsilon \to +0} \frac{1}{\pi} \frac{\varepsilon}{t^2 + \varepsilon^2} = \lim_{\Omega \to \infty} \frac{\sin(\Omega t)}{\pi t}.$$

Für eine elementare, aber trotzdem mathematisch exakte Einführung in die Theorie der verallgemeinerten Funktionen vgl. man M. J. Lighthill, *An Introduction to Fourier Analysis and Generalized Functions*, Cambridge University Press, 1958. (Deutsche Übersetzung: *Einführung in die Theorie der Fourieranalysis und der verallgemeinerten Funktionen*, Bibliographisches Institut, Mannheim, 1966.) Etwas ausführlicher und ebenfalls elementar sind: D. S. Jones, *Generalized Functions*, McGraw-Hill, New York, 1966; sowie: W. Preuss, A. Bleyer, H. Preuss, *Distributionen und Operatoren*, Springer, Wien, 1965.

Man kann ein lineares System nicht nur durch seine Impuls- oder seine Sprungantwort, sondern auch durch seine Antwort auf einen oszillatorischen Stimulus charakterisieren. Allerdings genügt dafür nicht ein einzelnes Eingangssignal, sondern man muss das Antwortverhalten des Systems für monochromatische Stimuli aller möglichen Kreisfrequenzen ω untersuchen, $0 \leq \omega < \infty$. Als Anregung kann man etwa die Funktion $t \mapsto \cos(\omega t) = \mathrm{Re}\{\exp(-\mathrm{i}\omega t)\}$, oder $t \mapsto \sin(\omega t) = -\mathrm{Im}\{\exp(-\mathrm{i}\omega t)\}$ oder, mathematisch bequemer, die Eingangsfunktion $t \mapsto \exp(-\mathrm{i}\omega t)$ verwenden. Mit der allgemeinen Beziehung

$$x(t) = \int\limits_{-\infty}^{\infty} \Phi(s) y(t - s) \, \mathrm{d}s$$

erhält man:

$$x(t) = \chi(\omega)\mathrm{e}^{-\mathrm{i}\omega t} \quad \text{falls} \quad y(t) = \mathrm{e}^{-\mathrm{i}\omega t},$$

$$\text{mit} \quad \chi(\omega) = \int\limits_{-\infty}^{\infty} \Phi(s)\mathrm{e}^{\mathrm{i}\omega s} \, \mathrm{d}s, \quad \omega \in \mathbb{R}.$$

Das heisst: *Jedes zeitinvariante lineare System hat die komplexen Exponentialfunktionen $t \mapsto \exp(-\mathrm{i}\omega t)$, $\omega \in \mathbb{R}$, als Eigenfunktionen des Antwortoperators R* (definiert durch $x = Ry$),

$$R\left\{\mathrm{e}^{-\mathrm{i}\omega t}\right\} = \chi(\omega)\mathrm{e}^{-\mathrm{i}\omega t}, \quad \omega \in \mathbb{R},$$

wobei die Eigenwerte $\chi(\omega)$, $\omega \in \mathbb{R}$, das betrachtete System eindeutig charakterisieren. Die Funktion $\chi : \mathbb{R} \to \mathbb{C}$ heisst die *komplexe Suszeptibilität* oder je nach Kontext auch „komplexe Admittanz" bzw. „komplexe Impedanz". Vom mathematischen Standpunkt aus gesehen ist die komplexe Suszeptibilität χ die *Fouriertransformierte* des Antwortkerns Φ.

Bemerkung: Die Fouriertransformation
Aus dem elementaren Integral

$$\int_{-\infty}^{\infty} e^{-\varepsilon|\omega|} e^{\pm i\omega t}\, d\omega = 2\int_{0}^{\infty} e^{-\varepsilon\omega}\cos(\omega t)\, d\omega = \frac{2\varepsilon}{\varepsilon^2 + t^2}, \quad \varepsilon > 0,$$

und der Beziehung

$$\delta(t) = \lim_{\varepsilon\to +0} \frac{1}{\pi}\frac{\varepsilon}{\varepsilon^2 + t^2}$$

ergibt sich die wichtige Relation

$$\delta(t) = \frac{1}{2\pi}\int_{-\infty}^{\infty} e^{\pm i\omega t}\, d\omega, \quad t \in \mathbb{R}.$$

Mit der Diracschen Identität

$$f(t) = \int_{-\infty}^{\infty} f(s)\delta(t - s)\, ds, \quad t \in \mathbb{R},$$

folgt damit die für alle „gutmütigen" Funktionen $f : \mathbb{R} \to \mathbb{C}$ gültige *Fourieridenti-tät*

$$f(t) = \frac{1}{2\pi}\int_{-\infty}^{\infty} d\omega \int_{-\infty}^{\infty} ds\, e^{\pm i\omega(t-s)} f(s).$$

Definieren wir eine Funktion $\hat{f} : \mathbb{R} \to \mathbb{C}$ durch

$$\hat{f}(\omega) := \int_{-\infty}^{\infty} e^{+i\omega s} f(s)\, ds, \quad \omega \in \mathbb{R},$$

so gilt

$$f(t) = \frac{1}{2\pi}\int_{-\infty}^{\infty} e^{-i\omega t} \hat{f}(\omega)\, d\omega, \quad t \in \mathbb{R}.$$

Die Abbildung $f \mapsto \hat{f}$ wird als *Fouriertransformation*, die Abbildung $\hat{f} \mapsto f$ als *inverse Fouriertransformation* bezeichnet. Die Transformation $\hat{f} \mapsto f$ kann als Entwicklung eines beliebigen Signals $t \mapsto f(t)$ nach den Eigenfunktionen $t \mapsto \exp(-i\omega t)$ zeitinvarianter linearer Systeme betrachtet werden.
Warnung: Die Aufteilung der Fourieridentität in zwei Beziehungen ist natürlich nicht eindeutig. Daher sind auch die verschiedensten Konventionen in Gebrauch welche sich auf den Faktor 2π und das Vorzeichen von i beziehen.
Weiterführende Literatur: A. Papoulis, *The Fourier Integral and its Applications*, McGraw Hill, New York, NY 1962.

Kennt man die komplexe Suszeptibilität für alle Frequenzen $\omega \in \mathbb{R}$, dann kann man durch inverse Fouriertransformation daraus die Antwortfunktion Φ berechnen,

$$\Phi(t) = \frac{1}{2\pi} \int\limits_{-\infty}^{\infty} e^{-i\omega t} \chi(\omega)\, d\omega, \quad t \in \mathbb{R}.$$

Die komplexe Suszeptibilität χ kann in ihren Realteil $\chi^{(1)}$ und ihren Imaginärteil $\chi^{(2)}$ zerlegt werden

$$\chi(\omega) = \chi^{(1)}(\omega) + i\chi^{(2)}(\omega), \quad \omega \in \mathbb{R}.$$

Da die Antwortfunktion Φ reellwertig ist, gilt

$$\chi^{(1)} := \mathrm{Re}\{\chi(\omega)\} = \int\limits_{-\infty}^{\infty} \Phi(t)\cos(\omega t)\, dt,$$

$$\chi^{(2)} := \mathrm{Im}\{\chi(\omega)\} = \int\limits_{-\infty}^{\infty} \Phi(t)\sin(\omega t)\, dt.$$

Man beachte, dass $\chi^{(1)}$ eine gerade und $\chi^{(2)}$ eine ungerade reellwertige Funktion ist

$$\chi^{(1)}(\omega) = \chi^{(1)}(-\omega) \in \mathbb{R} \quad \text{für alle } \omega \in \mathbb{R},$$

$$\chi^{(2)}(\omega) = -\chi^{(1)}(-\omega) \in \mathbb{R} \quad \text{für alle } \omega \in \mathbb{R}.$$

Die physikalische Bedeutung der reellen Suszeptibilitäten $\chi^{(1)}$ und $\chi^{(2)}$ ist aus dem Antwortverhalten eines zeitinvarianten linearen Übertragungssystems aus einem Kosinus-Stimulus ersichtlich. Falls $y(t) = \cos(\omega t) = \mathrm{Re}\{\exp(-i\omega t)\}$, dann ist die Antwortfunktion

$$t \mapsto x(t) = \mathrm{Re}\{\chi(\omega)e^{-i\omega t}\} = \chi^{(1)}(\omega)\cos(\omega t) + \chi^{(2)}(\omega)\sin(\omega t)$$
$$= A(\omega)\cos\{\omega t - \varphi(\omega)\},$$

wobei $\omega \mapsto A(\omega)$ die sogenannte *Amplitudencharakteristik* und $\omega \mapsto \varphi(\omega)$ die *Phasencharakteristik* des Übertragungssystems ist,

$$A(\omega) := |\chi(\omega)| = +\sqrt{\left\{\chi^{(1)}(\omega)\right\}^2 + \left\{\chi^{(2)}(\omega)\right\}^2},$$

$$\varphi(\omega) := \arg\{\chi(\omega)\} = \tan^{-1}\left\{\frac{\chi^{(2)}(\omega)}{\chi^{(1)}(\omega)}\right\}.$$

Es gilt

$$\chi(\omega) = A(\omega)e^{i\varphi(\omega)}, \qquad \omega \in \mathbb{R},$$
$$A(\omega) = A(-\omega) \in \mathbb{R}, \qquad \omega \in \mathbb{R},$$
$$\varphi(\omega) = -\varphi(-\omega) \in \mathbb{R}, \qquad \omega \in \mathbb{R}.$$

Die reellwertige Funktion $\omega \mapsto \tau(\omega)$ mit

$$\tau(\omega) := \frac{d\varphi(\omega)}{d\omega}, \quad \omega \in \mathbb{R},$$

ist ein Mass für die Laufzeit eines oszillatorischen Signals der Kreisfrequenz ω durch das Übertragungssystem, und heisst daher die *Laufzeitcharakteristik*.

Die Amplitudencharakteristik $\omega \mapsto A(\omega)$ ist durch eine Leistungsmessung (z. B. mit einem Bolometer) und die Phasencharakteristik $\omega \mapsto \varphi(\omega)$ mittels elektronischer Phasenmessgeräte experimentell direkt messbar. Heute bevorzugt man meist die Messung der reellen Suszeptibilitäten mittels eines phasenempfindlichen Detektors, z. B. gemäss folgendem Blockschema:

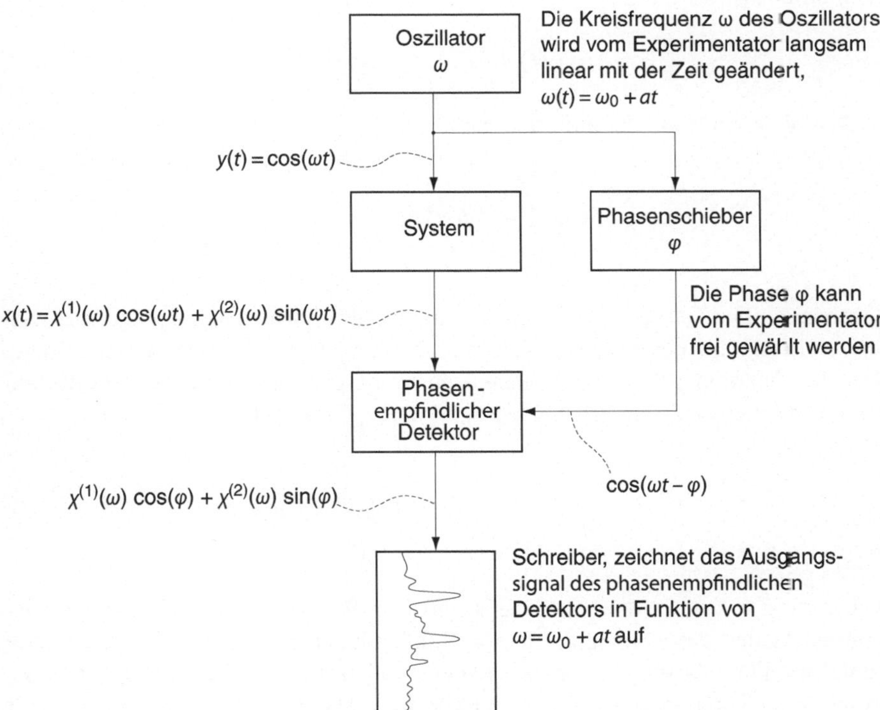

Erläuterung: Phasenempfindlicher Detektor
Ein phasenempfindlicher Detektor ist im wesentlichen ein Multiplikator mit nachgeschaltetem Tiefpass und elektronisch leicht zu realisieren. Das Eingangssignal

$x(t) = \chi^{(1)}(\omega)\cos(\omega t) + \chi^{(2)}(\omega)\sin(\omega t)$ wird zunächst mit einem mit der frei wählbaren Phase φ phasenverschobenen Referenzsignal $r(t) = \cos(\omega t - \varphi)$ multipliziert,

$$x(t)r(t) = \tfrac{1}{2}\chi^{(1)}(\omega)\{\cos\varphi + \cos(2\omega t - \varphi)\} + \tfrac{1}{2}\chi^{(2)}(\omega)\{\sin\varphi + \sin(2\omega t + \varphi)\},$$

und dann durch einen Tiefpass gegeben, welcher die Anteile mit der Frequenz 2ω eliminiert. Somit ist das Ausgangssignal eines phasenempfindlichen Detektors proportional zu

$$\chi^{(1)}(\omega)\cos\varphi + \chi^{(2)}\sin\varphi.$$

Wählt man $\varphi = 0$, so erhält man den Realteil $\chi^{(1)}$, während die Wahl $\varphi = \pi/2$ den Imaginärteil $\chi^{(2)}$ ergibt.

4.3 Kausalität, Analytizität und Realisierbarkeit linearer Systeme[#]

Im vorangegangenen Abschn. 4.2 haben wir normierte zeitinvariante Systeme diskutiert ohne die Kausalitätsbedingung zu berücksichtigen. In kausalen Systemen erfüllt die Antwortfunktion $\Phi : \mathbb{R} \to \mathbb{R}$ die Kausalitätsbedingung:

$$\Phi(t) = 0 \quad \text{für} \quad t < 0,$$

so dass die komplexe Suszeptibilität durch

$$\chi(\omega) = \int_0^\infty e^{i\omega t}\Phi(t)\,dt, \qquad \omega \in \mathbb{R},$$

gegeben ist. Die Tatsache, dass sich für ein kausales lineares System der Integrationsbereich nur über eine Halbachse erstreckt, hat die höchst bemerkenswerte Folge, dass die Funktion $\chi : \mathbb{R} \to \mathbb{C}$ analytisch fortgesetzt werden kann.[2] Um dies zu zeigen, definieren wir zunächst eine Funktion $X : \mathbb{C} \to \mathbb{C}$ durch

$$X(z) := \int_0^\infty e^{izt}\Phi(t)\,dt = \int_0^\infty e^{-pt}e^{i\omega t}\Phi(t)\,dt,$$

wobei wir $z = \omega + ip \in \mathbb{C}$ mit $\omega \in \mathbb{R}$ und $p > 0$ gesetzt haben. Voraussetzungsgemäss existiert dieses Integral für $p = 0$ (allenfalls lediglich als verallgemeinerte Funktion). Für $p > 0$ ist $t \mapsto \exp(-pt)$ eine fallende Funktion von t, $0 < t < \infty$, so dass die Funktion $z \mapsto X(z)$ und alle ihre Ableitungen für alle $z \in \mathbb{C}$ mit $\text{Im}(z) > 0$ existieren. Das heisst, dass $z \mapsto X(z)$ eine in der oberen komplexen

---

[2] Als erste Einführung in die komplexe Analysis sei empfohlen: P. Henrici, R. Jeltsch, *Komplexe Analysis für Ingenieure*, Bd. 1 und 2, Uni-Taschenbücher 627 und 628; Birkhäuser, 1985.

z-Halbebene $\{z \mid z = \omega + \mathrm{i}p,\, \omega \in \mathbb{R},\, p > 0\}$ *analytische Funktion* ist. Für $p \to +0$ erhält man

$$\chi(\omega) = \lim_{p \to +0} X(\omega + \mathrm{i}p), \quad \omega \in \mathbb{R}.$$

Die reellwertige Funktion $H : \mathbb{R}^+ \to \mathbb{R}$,

$$H(p) := X(\mathrm{i}p) = \int_0^\infty \mathrm{e}^{-pt} \Phi(t)\, \mathrm{d}t, \quad p > 0$$

ist die Laplacetransformierte der Antwortfunktion Φ und heisst bei den Elektroingenieuren die *Übertragungsfunktion* (Englisch: *transfer function*).

Die Tatsache, dass die komplexe Suszeptibilität χ eines *kausalen* linearen Systems gleich dem Randwert einer in der oberen z-Halbebene *analytischen* Funktion X ist, hat in der Praxis weitreichende Folgen. Beispielsweise ist die Theorie der Analyse und der Synthese kausaler linearer Netzwerke hauptsächlich deshalb so hoch entwickelt, da dank den Kausalitätsbeziehungen die machtvollen Hilfsmittel der Funktionentheorie eingesetzt werden können.

Als für uns wichtigstes Beispiel für das Wechselspiel zwischen Kausalität und Analytizität zeigen wir, dass der Realteil $\chi^{(1)}$ und der Imaginärteil $\chi^{(2)}$ der komplexen Suszeptibilität $\chi = \chi^{(1)} + \mathrm{i}\chi^{(2)}$ von einander abhängig sind. Dazu muss man noch etwas darüber wissen, wie sich die Funktion $z \mapsto X(z)$ für $|z| \to \infty$ verhält. Wir beschränken uns hier auf den einfachsten Fall *quadratisch integrierbarer* linearer Systeme,[3] charakterisiert durch

$$\int_{-\infty}^\infty \Phi^2(t)\, \mathrm{d}t < \infty,$$

oder durch die dazu äquivalente Bedingung

$$\int_{-\infty}^\infty |\chi(\omega)|^2\, \mathrm{d}\omega < \infty.$$

Aus der Definition von χ

$$\chi(\omega) := \int_{-\infty}^\infty \Phi(t)\mathrm{e}^{\mathrm{i}\omega t}\, \mathrm{d}t$$

---

[3] Diese recht einschränkende Forderung ist keineswegs notwendig. Für eine einfache Diskussion allgemeiner Fälle vergleiche man etwa P. Roman, *Advanced Quantum Theory*, Addison-Wesley, Reading, MA, 1965; pp. 265–272; sowie: J. S. Toll, Causality and the dispersion relation: Logical foundations, Phys. Rev. **104**, 1760–1770 (1956).

und der Umkehrung

$$\Phi(t) = \frac{1}{2\pi} \int\limits_{-\infty}^{\infty} \chi(t)\mathrm{e}^{-\mathrm{i}\omega t}\, \mathrm{d}\omega$$

folgt für eine kausale Antwortfunktion Φ, $\Phi(t) = 0$ für $t < 0$:

$$\chi^{(1)}(\omega) := \mathrm{Re}\{\chi(\omega)\} = \int\limits_{0}^{\infty} \Phi(t)\cos(\omega t)\, \mathrm{d}t,$$

$$\chi^{(2)}(\omega) := \mathrm{Im}\{\chi(\omega)\} = \int\limits_{0}^{\infty} \Phi(t)\sin(\omega t)\, \mathrm{d}t.$$

Damit folgt, dass $\omega \mapsto \chi^{(1)}(\omega)$ eine gerade und $\omega \mapsto \chi^{(2)}(\omega)$ eine ungerade Funktion ist, so dass

$$\Phi(t) = \frac{1}{2\pi} \int\limits_{-\infty}^{\infty} \left\{ \chi^{(1)}(\omega) + \mathrm{i}\chi^{(2)}(\omega) \right\} \left\{ \cos(\omega t) - \mathrm{i}\sin(\omega t) \right\} \mathrm{d}\omega$$

$$= \frac{1}{\pi} \int\limits_{0}^{\infty} \chi^{(1)}(\omega)\cos(\omega t)\, \mathrm{d}\omega + \frac{1}{\pi} \int\limits_{0}^{\infty} \chi^{(2)}(\omega)\sin(\omega t)\, \mathrm{d}\omega.$$

Für $t < 0$ ist $\Phi(t) = 0$, d. h. es gilt

$$\int\limits_{0}^{\infty} \chi^{(1)}(\omega)\cos(\omega t)\, \mathrm{d}\omega = \int\limits_{0}^{\infty} \chi^{(2)}(\omega)\sin(\omega t)\, \mathrm{d}\omega \quad \text{für} \quad t > 0.$$

Somit gilt für ein kausales lineares System:

$$\Phi(t) = \frac{2}{\pi} \int\limits_{0}^{\infty} \chi^{(1)}(\omega)\cos(\omega t)\, \mathrm{d}\omega = \frac{2}{\pi} \int\limits_{0}^{\infty} \chi^{(2)}(\omega)\sin(\omega t)\, \mathrm{d}\omega$$

Setzt man diesen Ausdruck in den vorher aufgeschriebenen Gleichungen für $\chi^{(1)}$ und $\chi^{(2)}$ ein, so erhält man Beziehungen, welche Real- und Imaginärteil von χ verknüpfen:

$$\chi^{(1)}(\omega) = \frac{2}{\pi} \int\limits_0^\infty \mathrm{d}t \, \cos(\omega t) \int\limits_0^\infty \mathrm{d}\omega' \chi^{(2)}(\omega') \sin(\omega' t)$$

$$\chi^{(2)}(\omega) = \frac{2}{\pi} \int\limits_0^\infty \mathrm{d}t \, \sin(\omega t) \int\limits_0^\infty \mathrm{d}\omega' \chi^{(1)}(\omega') \cos(\omega' t)$$

Beispiel

Es sei $\Phi(t) = \vartheta(t)\mathrm{e}^{-\gamma t}$, $t \in \mathbb{R}$, $\gamma > 0$. Dann ist

$$\chi(\omega) = \int\limits_0^\infty \mathrm{e}^{\mathrm{i}\omega t}\mathrm{e}^{-\gamma t} \, \mathrm{d}t = \frac{1}{\gamma - \mathrm{i}\omega},$$

und mithin

$$\chi^{(1)}(\omega) = \frac{\gamma}{\gamma^2 + \omega^2}, \quad \chi^{(2)}(\omega) = \frac{\omega}{\gamma^2 + \omega^2}.$$

Wegen

$$\int\limits_0^\infty \frac{\omega'^2}{\gamma^2 + \omega'^2} \sin(\omega' t) \, \mathrm{d}\omega' = \frac{\pi}{2}\mathrm{e}^{-\gamma t}, \quad t \geq 0,$$

$$\int\limits_0^\infty \frac{\gamma}{\gamma^2 + \omega'^2} \cos(\omega' t) \, \mathrm{d}\omega' = \frac{\pi}{2}\mathrm{e}^{-\gamma t}, \quad t \geq 0,$$

folgt damit wie behauptet

$$\frac{2}{\pi} \int\limits_0^\infty \mathrm{d}t \, \cos(\omega t) \int\limits_0^\infty \mathrm{d}\omega' \chi^{(2)}(\omega') \sin(\omega' t) = \int\limits_0^\infty \mathrm{d}t \, \cos(\omega t)\mathrm{e}^{-\gamma t} = \frac{\gamma}{\gamma^2 + \omega^2} = \chi^{(1)}(\omega),$$

$$\frac{2}{\pi} \int\limits_0^\infty \mathrm{d}t \, \sin(\omega t) \int\limits_0^\infty \mathrm{d}\omega' \chi^{(1)}(\omega') \cos(\omega' t) = \int\limits_0^\infty \mathrm{d}t \, \sin(\omega t)\mathrm{e}^{-\gamma t} = \frac{\omega}{\gamma^2 + \omega^2} = \chi^{(2)}(\omega).$$

Die eben hergeleitete Beziehung zwischen Real- und Imaginärteil von χ kann auch als sogenannte Hilberttransformation geschrieben werden. Dazu müssen wir ein Integral der Form

$$\int\limits_0^\infty \mathrm{d}t \, \cos(at) \sin(bt), \qquad a \in \mathbb{R}, \quad b \in \mathbb{R},$$

berechnen. Dieses Integral ist im Sinne der Theorie der verallgemeinerten Funktionen zu verstehen, beispielsweise als

$$\int_0^\infty \cos(at)\sin(bt)\,\mathrm{d}t := \lim_{\varepsilon\to+0}\int_0^\infty \mathrm{e}^{-\varepsilon t}\cos(at)\sin(bt)\,\mathrm{d}t$$

$$= \tfrac{1}{2}\lim_{\varepsilon\to+0}\mathrm{e}^{-\varepsilon t}\sin\{(a+b)t\}\,\mathrm{d}t - \tfrac{1}{2}\lim_{\varepsilon\to+0}\int_0^\infty \mathrm{e}^{-\varepsilon t}\sin\{(a-b)t\}\,\mathrm{d}t$$

$$= \tfrac{1}{2}\lim_{\varepsilon\to+0}\left\{\frac{a+b}{\varepsilon^2+(a+b)^2} - \frac{a-b}{\varepsilon^2+(a-b)^2}\right\}.$$

Damit folgt

$$\chi^{(1)}(\omega) = \frac{1}{\pi}\lim_{\varepsilon\to+0}\int_0^\infty \mathrm{d}\omega'\left\{\frac{\omega+\omega'}{\varepsilon^2+(\omega+\omega')^2} - \frac{\omega-\omega'}{\varepsilon^2+(\omega-\omega')^2}\right\}\chi^{(2)}(\omega')$$

$$= -\frac{1}{\pi}\lim_{\varepsilon\to+0}\int_{-\infty}^\infty \frac{\omega-\omega'}{\varepsilon^2+(\omega-\omega')^2}\chi^{(2)}(\omega').$$

Mit

$$\lim_{\varepsilon\to+0}\frac{\omega-\omega'}{\varepsilon^2+(\omega-\omega')^2} = \frac{\mathcal{P}}{\omega-\omega'}$$

ergibt sich

$$\chi^{(1)}(\omega) = -\frac{1}{\pi}\fint_{-\infty}^\infty \frac{1}{\omega-\omega'}\,\chi^{(2)}(\omega')\,\mathrm{d}\omega',$$

und analog

$$\chi^{(2)}(\omega) = +\frac{1}{\pi}\fint_{-\infty}^\infty \frac{1}{\omega-\omega'}\,\chi^{(1)}(\omega')\,\mathrm{d}\omega'.$$

Dabei induziert das Symbol $\mathcal{P}$ („principal value"), dass bei der Auswertung von Integralen der Cauchysche Hauptwert $\fint$ zu nehmen ist. Dieser ist definiert durch

$$\fint_{-\infty}^\infty \frac{f(x)}{y-x}\,\mathrm{d}x := \lim_{\varepsilon\to+0}\left\{\int_{-\infty}^{y-\varepsilon}\frac{f(x)}{y-x}\,\mathrm{d}x + \int_{y+\varepsilon}^\infty \frac{f(x)}{y-x}\,\mathrm{d}x\right\}.$$

Die Funktion

$$y \mapsto \frac{1}{\pi} \int_{-\infty}^{\infty} \frac{f(x)}{y - x}\, dx, \quad y \in \mathbb{R},$$

heisst die *Hilberttransformierte* der Funktion $x \mapsto f(x)$. Somit haben wir gefunden, dass Real- und Imaginärteil der Suszeptibilität kausaler linearer Systeme Hilberttransformierte voneinander sind:

Dispersionsrelationen für quadratintegrable kausale lineare Systeme

$$\chi^{(1)}(\omega) = -\frac{1}{\pi} \int_{-\infty}^{\infty} \frac{\chi^{(2)}(\omega')}{\omega - \omega'}, \quad \omega \in \mathbb{R},$$

$$\chi^{(2)}(\omega) = +\frac{1}{\pi} \int_{-\infty}^{\infty} \frac{\chi^{(1)}(\omega')}{\omega - \omega'}, \quad \omega \in \mathbb{R}.$$

Die Funktionalbeziehungen zwischen Realteil und Imaginärteil der Suszeptibilität wurden erstmals von H. A. Kramers (1927) und von R. Kronig (1926) für den Spezialfall des Brechungsindexes hergeleitet und heissen daher auch die *Kramers–Kronig-Relationen*. In der klassischen Optik versteht man unter der *Absorption* von Licht die Verminderung der Energie einer Lichtwelle bei deren Ausbreitung in einem Medium. Als *Dispersion* des Lichts bezeichnet man die Abhängigkeit des Brechungsindexes von der Frequenz des Lichtes. *Die Dispersionsrelationen* von Kramers und Kronig zeigen, dass Absorption und Dispersion in kausalen Systemen keine voneinander unabhängigen Effekte sind. In Analogie zu diesem Beispiel aus der Optik bezeichnet man den Realteil $\chi^{(1)}$ der analytischen Funktion χ häufig als den Dispersionsanteil, und den Imaginärteil $\chi^{(2)}$ als den Absorptionsanteil der komplexen Suszeptibilität χ.

Eine mathematisch strenge Fassung der eben diskutierten Dispersionsrelationen gibt das folgende Theorem von Titchmarsh[4]:

---

[4] E.C. Titchmarsh, *Theory of Fourier Integrals*, Clarendon Press, Oxford, 1948; pp. 119–128.

Theorem von Titchmarsh

Es sei $\Phi : \mathbb{R} \to \mathbb{R}$ eine quadratisch integrierbare Funktion

$$\int\limits_{-\infty}^{\infty} \Phi^2(t)\,\mathrm{d}t < \infty,$$

und $\chi : \mathbb{R} \to \mathbb{C}$ die Fouriertransformierte von Φ

$$\chi(\omega) = \int\limits_{-\infty}^{\infty} \mathrm{e}^{\mathrm{i}\omega t}\,\Phi(t)\,\mathrm{d}t, \quad \omega \in \mathbb{R},$$

mit $\chi = \chi^{(1)} + \mathrm{i}\chi^{(2)}$, wobei $\chi^{(1)}$ der Realteil und $\chi^{(2)}$ der Imaginärteil von χ ist.

Dann sind folgende vier Aussagen zueinander äquivalent:

(i) Φ ist kausal, d. h. $\Phi(t) = 0$ für $t < 0$.

(ii) $\chi^{(2)}$ ist die Hilberttransformierte von $\chi^{(1)}$,

$$\chi^{(2)}(\omega) = \frac{1}{\pi} \fint\limits_{-\infty}^{\infty} \frac{\chi^{(1)}(\omega')}{\omega - \omega'}\,\mathrm{d}\omega', \quad \omega \in \mathbb{R}.$$

(iii) $-\chi^{(1)}$ ist die Hilberttransformierte von $\chi^{(2)}$,

$$\chi^{(1)}(\omega) = -\frac{1}{\pi} \fint\limits_{-\infty}^{\infty} \frac{\chi^{(2)}(\omega')}{\omega - \omega'}\,\mathrm{d}\omega', \quad \omega \in \mathbb{R}.$$

(iv) Die Funktion $\chi : \mathbb{R} \to \mathbb{C}$ ist der Randwert einer analytischen Funktion $X : \mathbb{C} \to \mathbb{C}$

$$\chi(\omega) = \lim_{p \to +0} X(\omega + \mathrm{i}p), \quad \omega \in \mathbb{R},$$

wobei die Funktion $z \mapsto X(z)$ in der oberen offenen z-Halbebene $\{z \mid z = \omega + \mathrm{i}p,\, \omega \in \mathbb{R},\, p > 0\}$ analytisch ist und folgende Eigenschaft besitzt:

$$\int\limits_{-\infty}^{\infty} |X(\omega + \mathrm{i}p)|^2\,\mathrm{d}\omega < \text{const für jedes } p > 0.$$

Weiterführende Literatur zur Hilberttransformation
A. Papoulis, *The Fourier Integral and its Application*, McGraw Hill, New York, NY 1962, Chap. 10.2.
R. Deutsch, *System Analysis Techniques*, Prentice-Hall, Englewood Cliffs, NJ, 1969, chapt. 4.4/4.5.
P. Henrici, *Applied and Computational Complex Analysis*, Vol. 3, Wiley, New York, NY 1986; § 14.11.

Weiterführende Literatur über Kausalitätsrelationen
H. M. Nussenzveig, *Causality and Dispersion Relations*, Academic Press, New York, NY 1972.
Die amüsante und lehrreiche Geschichte eines Erfinders, der das Kausalitätsprinzip vergass, findet sich in der Festschrift für Viktor Weisskopf *Preludes in Theoretical Physics*, ed. by A. De-Shalit, H. Feshbach, L. van Hove; North-Holland, Amsterdam, 1966; pp. 154–165: *Causality and dispersion relations*, by R. Hagedorn.

Oft sind Real- und Imaginärteil von χ experimentell nicht bequem direkt zugänglich (etwa in Streuexperimenten), wohl hingegen die Amplitude und die Phase von χ. Die *Amplitudencharakteristik* $\omega \mapsto \varphi(\omega)$ eines zeitinvarianten linearen Systems ist definiert durch

$$A(\omega) := |\chi(\omega)| = \sqrt{\{\chi^{(1)}\}^2 + \{\chi^{(2)}\}^2}, \quad \omega \in \mathbb{R},$$

und die *Phasencharakteristik* $\omega \mapsto \varphi(\omega)$ durch

$$\varphi(\omega) := \tan^{-1}\left\{ \frac{\chi^{(2)}(\omega)}{\chi^{(1)}(\omega)} \right\}, \quad \omega \in \mathbb{R},$$

so dass

$$\chi(\omega) = A(\omega)e^{i\varphi(\omega)}.$$

Da für kausale Systeme zwischen Real- und Imaginärteil ein ein-eindeutiger Zusammenhang besteht, so ist zu vermuten, dass zwischen Phase und Amplitude ebenfalls Beziehungen bestehen. Bevor wir uns diesem Problem zuwenden, müssen wir die Frage beantworten, unter welchen Bedingungen eine vorgegebene positive Funktion $\omega \mapsto A(\omega) \geq 0$ überhaupt die Amplitudencharakteristik eines *kausalen* linearen Systems sein kann. Da in einem kausalen System die Amplitudenfunktion gleich dem Absolutwert des Randwerts einer analytischen Funktion sein muss, ist durchaus nicht jede Amplitudencharakteristik kausal realisierbar. Ein berühmtes Beispiel aus der Netzwerktheorie ist die Gausssche Filterkurve: die Funktion $\omega \mapsto \exp(-\omega^2)$ ist als Amplitudencharakteristik kausal nicht realisierbar. Für quadratisch integrierbare lineare Systeme haben im Jahre 1934 die Mathematiker

R. Paley und N. Wiener ein wichtiges und leicht anwendbares, notwendiges und hinreichendes Kriterium angegeben.[5]

Paley–Wiener-Realisierbarkeitskriterium

Eine positive, quadratisch integrierbare Funktion $\omega \mapsto A(\omega)$,

$$A(\omega) \geq 0, \quad \omega \in \mathbb{R}, \quad \int_{-\infty}^{\infty} A^2(\omega)\, d\omega < \infty,$$

kann dann und nur dann die Amplitudencharakteristik eines kausalen, zeitinvarianten linearen Systems sein, wenn

$$\int_{-\infty}^{\infty} \frac{|\ln A(\omega)|}{1 + \omega^2}\, d\omega < \infty.$$

Beispiele für die Anwendung des Paley–Wiener-Kriteriums
Idealer Tiefpass. Ein lineares System mit der Amplitudencharakteristik

$$\omega \mapsto A_{\mathrm{id}}(\omega) := \begin{cases} 1 & \text{für } |\omega| < \Omega \\ 0 & \text{für } |\omega| > \Omega \end{cases}$$

heisst ein idealer Tiefpass. Wegen $|\ln 0| = \infty$ ist

$$\int_{-\infty}^{\infty} \frac{|\ln A_{\mathrm{id}}(\omega)|}{1 + \omega^2}\, d\omega = \infty,$$

so dass ein idealer Tiefpass kausal *nicht* realisierbar ist.
Gauss-Filter. Ein lineares System mit der Amplitudencharakteristik

$$\omega \mapsto A_{\mathrm{G}}(\omega) := \exp(-\omega^2)$$

heisst ein Gauss-Filter. Wegen

$$\int_{-\infty}^{\infty} \frac{|\ln A_{\mathrm{G}}(\omega)|}{1 + \omega^2}\, d\omega = \int_{-\infty}^{\infty} \frac{\omega^2}{1 + \omega^2}\, d\omega = \infty$$

ist ein Gauss-Filter kausal *nicht* realisierbar.
Butterworth-Filter. Ein lineares System mit der Amplitudencharakteristik

$$\omega \mapsto A_n(\omega) := \frac{1}{\sqrt{1 + (\omega T)^{2n}}}, \quad n = 1, 2, 3, \ldots, T > 0,$$

---

[5] R. E. A. C. Paley and N. Wiener, *Fourier Transforms in the Complex Domain*, American Mathematical Society Colloquium Publications, Vol. 19; Providence, RI, 1934.

heisst ein Butterworth-Tiefpass n-ter Ordnung. Wegen

$$\int_{-\infty}^{\infty} \frac{|\ln A_n(\omega)|}{1+\omega^2}\, d\omega = \frac{1}{2} \int_{-\infty}^{\infty} \frac{\ln\{1+(\omega T)^{2n}\}}{1+\omega^2}\, d\omega < \infty$$

sind Butterworth-Filter beliebiger Ordnung kausal realisierbar.

Erfüllt eine positive Funktion $\omega \mapsto A(\omega)$ das Paley–Wiener-Kriterium, dann existiert mindestens eine Phasenfunktion $\omega \mapsto \varphi(\omega)$, derart dass $A(\omega)\exp\{i\varphi(\omega)\}$ die komplexe Suszeptibilität eines kausalen linearen Systems ist. Eine mit einer kausalen Amplitudencharakteristik verträgliche Phasenfunktion ist aber weder beliebig wählbar noch eindeutig bestimmt. Dass $\omega \mapsto \varphi(\omega)$ nicht beliebig wählbar ist, folgt aus den Dispersionsrelationen für $\mathrm{Re}\{\chi\}$ und $\mathrm{Im}\{\chi\}$, denn es ist beispielsweise unmöglich, eine nichtkonstante Amplitudencharakteristik bei konstanter Phase zu haben. Andererseits gibt es kausale lineare Systeme, die lediglich die Phase drehen, also konstante Amplitudencharakteristik haben. Solche linearen Systeme heissen in der Elektrotechnik *Allpässe*. Ein kausales, zeitinvariantes lineares System mit der komplexen Suszeptibilität χ_A ist also genau dann ein Allpass, wenn

$$|\chi_A(\omega)| = \mathrm{const} \text{ für alle } \omega \in \mathbb{R},$$

so dass

$$\chi_A(\omega) = \mathrm{const} \cdot e^{i\varphi_A(\omega)}.$$

Einfachstes Beispiel eines Allpasses
Ein System mit der Antwortfunktion $\Phi(t) = \delta(t-\tau)$ ist für $\tau > 0$ kausal und heisst eine Verzögerungsleitung mit der Laufzeit τ. Die dazugehörige Suszeptibilität ist $\chi(\omega) = \exp(i\omega\tau)$, so dass wegen $|\chi(\omega)| = 1$ jede Verzögerungsleitung ein Allpass ist. Die Phasencharakteristik einer Verzögerungsleitung ist durch $\varphi(\omega) = \omega\tau$ und die Laufzeitcharakteristik durch $\tau(\omega) := d\varphi(\omega)/d\omega$ gegeben.

Ist $\omega \mapsto \chi_1(\omega)$ die komplexe Suszeptibilität eines kausalen linearen Systems, dann ist die Serieschaltung dieses Systems mit einem Allpass der Suszeptibilität χ_A,

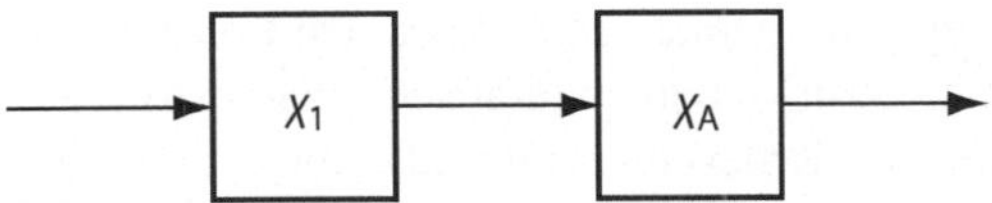

ebenfalls ein kausales lineares System mit Suszeptibilität χ_2,

$$\chi_2(\omega) = \chi_1(\omega)\chi_A(\omega), \quad \omega \in \mathbb{R},$$

und derselben Amplitudencharakteristik $\omega \mapsto |\chi_2(\omega)| = |\chi_1(\omega)|$. Somit kann die Amplitudencharakteristik eines kausalen linearen Systems die Phasencharakteristik nicht eindeutig festlegen. Jedoch gibt es kausale lineare Systeme, welche keine lediglich phasendrehende Komponente enthalten und bei denen die Amplituden- und Phasencharakteristik in einer ein-eindeutigen Beziehung stehen. Solche Systeme sind *minimal* in dem Sinne, dass es nicht möglich ist, von ihnen einen kausalen Allpass abzuspalten. Allpassfreie Systeme heissen im Elektronikerjargon „minimum phase systems" und es gilt der wichtige Satz, dass jedes kausale, zeitinvariante lineare System mit der Suszeptibilität χ durch eine Serieschaltung eines „minimum phase systems" mit der Suszeptibilität χ_M und eines Allpasses mit der Suszeptibilität χ_A realisierbar ist

$$\chi(\omega) = \chi_M(\omega)\chi_A(\omega), \quad \omega \in \mathbb{R}.$$

In der Ingenieurliteratur wird der wichtige Faktorisierungssatz $\chi = \chi_A\chi_M$ meist in einer mathematisch recht unbefriedigenden Weise dargestellt. Glücklicherweise haben die Mathematiker (wieder einmal!) die notwendigen Hilfsmittel auf Grund ganz anderer Motivierungen längst bereitgestellt. Vom Standpunkt der hierbei relevanten *Theorie der analytischen Funktionen* stellt sich der oben skizzierte Sachverhalt wie folgt dar: Die Suszeptibilität $\omega \mapsto \chi(\omega) \in \mathbb{C}$, $\omega \in \mathbb{R}$, eines quadratisch integrierbaren, kausalen, zeitinvarianten linearen Systems ist gleich dem Randwert einer Funktion $z \mapsto X(z) \in \mathbb{C}$, $z \in \mathbb{C}$, der Hardy-Klasse $\mathcal{H}^{2+}$,

$$\chi(\omega) = \lim_{p \to +0} X(\omega + ip), \quad \omega \in \mathbb{R}, \quad X \in \mathcal{H}^{2+}.$$

Dabei ist die Hardy-Klasse $\mathcal{H}^{2+}$ definiert als die Familie aller analytischen Funktionen $z \mapsto X(z)$, welche in der offenen oberen z-Halbebene $\{z \mid z = \omega + ip, \omega \in \mathbb{R}, p > 0\}$ analytisch sind und die Bedingung

$$\int\limits_{-\infty}^{\infty} |\chi(\omega + ip)|^2 \, d\omega < C_X \text{ für jedes } p > 0$$

erfüllen, wobei C_X eine von p unabhängige positive Konstante ist.[6] Das Problem ist nun, eine vorgegebene positive und quadratisch integrierbare Funktion $\omega \mapsto A(\omega)$, welche das Paley–Wiener-Kriterium erfüllt, als Absolutquadrat einer Funktion aus $\mathcal{H}^{2+}$ darzustellen. Das heisst, falls

---

[6] Ein klassisches Lehrbuch über Hardy-Funktionen ist: K. Hoffmann, *Banach Spaces of Analytic Functions*, Prentice Hall, Englewood Cliffs, NJ, 1962. Eine sehr schöne, aber für Anfänger wohl nicht ganz einfache Darstellung findet sich in: H. Dyra und H. P. McKean, *Gaussian Processes, Function Theory, and the Inverse Spectral Problem*, Academic Press, New York, NY, 1976. Einfacher und als Ergänzung zu empfehlen ist: H. Dym und H. P. McKean, *Fourier Series and Integrals*, Academic Press, New York, NY, 1972.

$$A(\omega) \geq 0 \text{ für alle } \omega \in \mathbb{R}, \quad \int_{-\infty}^{\infty} A^2(\omega)\,\mathrm{d}\omega < \infty, \quad \int_{-\infty}^{\infty} \frac{|\ln A(\omega)|}{1 + \omega^2}\,\mathrm{d}\omega < \infty,$$

suche man sämtliche Funktionen $X \in \mathcal{H}^{2+}$, so dass

$$A(\omega) = \lim_{p \to +0} |X(\omega + \mathrm{i}p)|^2.$$

Die allgemeinste Lösung dieses Problems ist durch den berühmten Faktorisierungssatz für Funktionen der Hardy-Klasse $\mathcal{H}^{2+}$ gegeben: Jede Funktion $X \in \mathcal{H}^{2+}$ ist das Produkt einer sogenannten *inneren Funktion* $X_\mathrm{A} \in \mathcal{H}^{2+}$ und einer sogenannten *äusseren Funktion* $X_\mathrm{M} \in \mathcal{H}^{2+}$,

$$X(z) = X_\mathrm{M}(z)X_\mathrm{A}(z),$$

wobei diese Darstellung bis auf einen konstanten Faktor vom Betrag 1 eindeutig ist. Dabei heisst eine Funktion $X_\mathrm{A} \in \mathcal{H}^{2+}$ *inner*, falls gilt

$$|X_\mathrm{A}(z)| \leq 1 \text{ für alle } z \in \mathbb{C} \text{ mit } \mathrm{Im}(z) > 0,$$

und

$$|X_\mathrm{A}(\omega)| = 1 \text{ für alle } \omega \in \mathbb{R}.$$

Bemerkenswerterweise ist die äussere Funktion X_M durch den Absolutbetrag von X auf der reellen Achse eindeutig gegeben:

$$X_\mathrm{M}(z) = \exp\left\{ \frac{1}{\pi \mathrm{i}} \int_{-\infty}^{\infty} \frac{1 + z\lambda}{\lambda - z} \frac{1}{1 + \lambda^2} \ln |X(\lambda)|\,\mathrm{d}\lambda \right\}, \quad \mathrm{Im}(z) > 0.$$

In unserem Problem ist $|X(\lambda)| = A(\lambda)$, $\lambda \in \mathbb{R}$. Da die Amplitudencharakteristik eine gerade Funktion ist

$$A(\lambda) = A(-\lambda) \text{ für alle } \lambda \in \mathbb{R},$$

können wir den Ausdruck für X_M noch etwas vereinfachen. Wegen

$$\frac{1 + z\lambda}{\lambda - z} \frac{1}{1 + \lambda^2} = \frac{1}{\lambda - z} - \frac{\lambda}{1 + \lambda^2}$$

folgt

$$X_{\mathrm{M}}(z) = \exp\left\{ \frac{1}{\pi\mathrm{i}} \int_{-\infty}^{\infty} \frac{1}{\lambda - z} \ln A(\lambda)\,\mathrm{d}\lambda \right\}, \quad \mathrm{Im}(z) > 0$$

und damit

$$X_{\mathrm{M}}(\omega) := \lim_{p\to+0} X_{\mathrm{M}}(\omega + \mathrm{i}p) = \lim_{p\to+0} \exp\left\{ \frac{1}{\pi} \int_{-\infty}^{\infty} \frac{1}{p - \mathrm{i}(\omega - \lambda)} \ln A(\lambda)\,\mathrm{d}\lambda \right\}.$$

Es gilt

$$\lim_{p\to+0} \frac{1}{p - \mathrm{i}(\omega - \lambda)} = \lim_{p\to+0} \frac{p}{p^2 + (\omega - \lambda)^2} + \mathrm{i}\lim_{p\to+0} \frac{\omega - \lambda}{p^2 + (\omega - \lambda)^2}$$

$$= \pi\delta(\omega - \lambda) + \mathrm{i}\frac{\mathcal{P}}{\omega - \lambda},$$

wobei das Symbol $\mathcal{P}$ indiziert, dass man bei der Auswertung von Integralen den Cauchyschen Hauptwert zu nehmen hat. Damit folgt:

$$X_{\mathrm{M}}(\omega) = \exp\left\{ \ln A(\omega) + \frac{\mathrm{i}}{\pi} \int_{-\infty}^{\infty} \frac{\ln A(\lambda)}{\omega - \lambda}\,\mathrm{d}\lambda \right\} = A(\omega)\exp\{\mathrm{i}\varphi_{\mathrm{M}}(\omega)\},$$

mit Phasencharakteristik $\omega \mapsto \varphi_{\mathrm{M}}(\omega)$, gegeben durch

$$\varphi_{\mathrm{M}}(\omega) = \frac{1}{\pi} \int_{-\infty}^{\infty} \frac{\ln A(\omega')}{\omega - \omega'}\,\mathrm{d}\omega'$$

Die Funktion

$$\omega \mapsto \chi_{\mathrm{M}}(\omega) := A(\omega)\mathrm{e}^{\mathrm{i}\varphi_{\mathrm{M}}(\omega)}, \quad \omega \in \mathbb{R},$$

ist per Konstruktion Randwert einer in der oberen komplexen Halbebene analytischen Funktion und damit die Suszeptibilität eines kausalen, zeitinvarianten linearen Systems. Dieses System ist durch die Vorgabe einer kausal realisierbaren Amplitudencharakteristik $\omega \mapsto A(\omega)$ *eindeutig* charakterisiert. Jedes andere kausale lineare System mit derselben Amplitudencharakteristik kann durch die Ankopplung eines weiteren kausalen linearen Systems mit reiner Allpasscharakteristik realisiert werden. Da ein kausaler Allpass notwendigerweise zusätzliche positive Laufzeiten bedingt, ist das durch χ_M beschriebene kausale System durch eine *minimale Laufzeitcharakteristik* $\omega \mapsto \tau_M(\omega)$ ausgezeichnet. Das heisst, von allen kausalen linearen Systemen mit der Suszeptibilität $\omega \mapsto A(\omega)\exp\{i\varphi(\omega)\}$ hat das System mit der Suszeptibilität $\omega \mapsto A(\omega)\exp\{i\varphi_M(\omega)\}$ die kleinste Laufzeit

$$\tau_M(\omega) \leq \tau(\omega) \quad \text{für alle } \omega \in \mathbb{R},$$

wobei $\tau(\omega) = d\varphi(\omega)/d\omega$, $\tau_M(\omega) = d\varphi_M(\omega)/d\omega$. Cum grano salis sind in kausalen linearen Systemen die Phase und der Logarithmus der Amplitude durch eine Hilberttransformation verknüpft, wobei allerdings zu beachten ist, dass $\omega \mapsto \ln A(\omega)$ im allgemeinen nicht quadratisch integrierbar ist. Die Beziehungen zwischen Phase und Amplitude von „minimum phase systems" werden in der Ingenieurliteratur häufig als *Bode-Relationen*[7] bezeichnet, gehen aber in Wahrheit aber auf Arbeiten von Norbert Wiener und Y.W. Lee zurück.[8]

Da quadratintegrable Amplitudenfunktionen die Bedingung

$$A(\omega) \to 0 \quad \text{für } |\omega| \to \infty$$

erfüllen, gilt

$$\ln A(\omega) \to -\infty \quad \text{für } |\omega| \to \infty,$$

was die praktische Berechnung von φ_M durch die angegebene Hilberttransformation schwierig gestaltet. Einfacher ist es, direkt die Laufzeitcharakteristik $\omega \mapsto \tau_M(\omega) = d\varphi_M(\omega)/d\omega$ zu berechnen:

$$\tau_M(\omega) = \frac{d}{d\omega}\frac{1}{\pi}\int_{-\infty}^{\infty}\frac{\ln A(\omega')}{\omega-\omega'}\,d\omega' = \frac{1}{\pi}\int_{-\infty}^{\infty}\frac{d\ln A(\omega')}{d\omega'}\frac{d\omega'}{\omega-\omega'}$$

Beispiel einer Realisierung mit minimaler Laufzeit
Ein Butterworth-Tiefpass erster Ordnung ist definiert als ein lineares System mit der Amplitudencharakteristik

---

[7] Die sogenannten Bodediagramme erlauben, den Zusammenhang von Phasen und Amplitudencharakteristik graphisch zu erfassen, und haben in der Netzwerkanalyse grosse praktische Bedeutung. Vgl. dazu: H. W. Bode, *Network Analysis and Feedback Amplifier Design*, van Nostrand, New York, NY 1945.

[8] Vgl. etwa: Y. W. Lee, Synthesis of electric networks by means of the Fourier transforms of Laguerre Functions, J. Math. Phys. **11**, 83–113 (1932)

$$\omega \mapsto A(\omega) := \frac{1}{\sqrt{1 + (\omega T)^2}}, \quad T > 0.$$

Da diese Amplitudencharakteristik das Paley–Wiener-Kriterium erfüllt, sind Filter mit diesem Amplitudenverhalten kausal realisierbar. Die Laufzeitcharakteristik $\omega \mapsto \tau_{\mathrm{M}}(\omega)$ des zu $\omega \mapsto A(\omega)$ gehörigen „minimum phase system" berechnet sich aus

$$\tau_{\mathrm{M}}(\omega) = \frac{1}{\pi} \fint_{-\infty}^{\infty} \frac{\mathrm{d}\ln A(\omega')}{\mathrm{d}\omega'} \frac{\mathrm{d}\omega'}{\omega - \omega'} = -\frac{1}{2\pi} \fint_{-\infty}^{\infty} \frac{\mathrm{d}\ln\{1 + (\omega'T)^2\}}{\mathrm{d}\omega'} \frac{\mathrm{d}\omega'}{\omega - \omega'}$$

$$= -\frac{T^2}{\pi} \fint_{-\infty}^{\infty} \frac{\omega'}{1 + (\omega'T)^2} \frac{\mathrm{d}\omega'}{\omega - \omega'} = \frac{T}{1 + (\omega T)^2}.$$

Die Phasencharakteristik $\omega \mapsto \varphi_{\mathrm{M}}(\omega)$ ist dann durch

$$\varphi_{\mathrm{M}}(\omega) - \varphi_{\mathrm{M}}(0) = \int_0^{\omega} \tau_{\mathrm{M}}(\omega')\,\mathrm{d}\omega' = T \int_0^{\omega} \frac{1}{1 + (\omega'T)^2}\,\mathrm{d}\omega' = \tan^{-1}(\omega T)$$

gegeben und mit der üblichen Konvention $\varphi_{\mathrm{M}}(0) = 0$ gilt dann

$$\varphi_{\mathrm{M}}(\omega) = \tan^{-1}(\omega T).$$

Die dazu gehörige Suszeptibilität χ_{M} ergibt sich damit zu

$$\chi_{\mathrm{M}}(\omega) := A(\omega)\mathrm{e}^{\mathrm{i}\varphi_{\mathrm{M}}(\omega)} = A(\omega)\{\cos\varphi_{\mathrm{M}} + \mathrm{i}\sin\varphi_{\mathrm{M}}\}$$

$$= A(\omega)\left\{\frac{1}{\sqrt{1 + \tan^2\varphi_{\mathrm{M}}}} + \mathrm{i}\frac{\tan\varphi_{\mathrm{M}}}{\sqrt{1 + \tan^2\varphi_{\mathrm{M}}}}\right\}$$

$$= \frac{1}{\sqrt{1 + (\omega T)^2}} \frac{1 + \mathrm{i}\omega T}{\sqrt{1 + (\omega T)^2}} = \frac{1}{1 - \mathrm{i}\omega T}.$$

Die zu χ_{M} gehörige Antwortfunktion Φ_{M} ergibt sich wiederum durch die Fouriertransformation

$$\Phi_{\mathrm{M}}(t) = \frac{1}{2\pi} \int_{-\infty}^{\infty} \chi_{\mathrm{M}}(\omega)\mathrm{e}^{-\mathrm{i}\omega t}\,\mathrm{d}\omega = \frac{1}{2\pi} \int_{-\infty}^{\infty} \frac{1}{1 - \mathrm{i}\omega T}\mathrm{e}^{-\mathrm{i}\omega t}\,\mathrm{d}\omega = \frac{1}{T}\mathrm{e}^{-t/T}\vartheta(t).$$

Wie erwartet ist $\Phi_{\mathrm{M}}(t) = 0$ für $t < 0$, d. h. das aus der vorgegebenen Amplitudencharakteristik $\omega \mapsto A(\omega)$ konstruierte lineare System minimaler Laufzeit ist in der Tat kausal.

Eine äussere Funktion $X_{\mathrm{M}} \in \mathcal{H}^{2+}$ hat keine Nullstellen in der oberen komplexen Halbebene, so dass alle Nullstellen der Funktion $z \mapsto X(z) = X_{\mathrm{M}}(z)X_{\mathrm{A}}(z)$ von der inneren Funktion $X_{\mathrm{A}} \in \mathcal{H}^{2+}$ herrühren. Gemäss der Theorie der inneren Hardy-Funktionen kann die Allpassfunktion X_{A} in eindeutiger Weise in vier Faktoren aufgeteilt werden

$$X_{\mathrm{A}}(z) = X_0 X_1(z) X_2(z) X_3(z).$$

Dabei ist X_0 eine Konstante vom Betrag 1,

$$X_0 \in \mathbb{C}, \qquad |X_0| = 1,$$

und X_1 ist eine Exponentialfunktion

$$X_1(z) = \mathrm{e}^{ikz} \text{ mit } k \geq 0,$$

so dass

$$|X_1(z)| \leq 1 \text{ für } \mathrm{Im}(z) \geq 0.$$

Der Faktor X_3 ist ein hochgradig singulärer Anteil, den wir hier nicht weiter diskutieren, da er in der Praxis nie realisiert werden kann. Das heisst, in allen Ingenieuranwendungen darf man unbesehen

$$X_3(z) \equiv 1$$

setzen. Der Faktor X_2 ist ein sogenanntes *Blaschkeprodukt* und ist durch die Nullstellen z_n von $z \mapsto X(z)$ in der z-Halbebene $\mathrm{Im}(z) > 0$ charakterisiert,

$$X(z_n) = 0 \text{ mit } \mathrm{Im}(z_n) > 0,$$

und hat die allgemeine Form

$$X_2(z) = \prod_n \frac{z - z_n}{z - z_n^*} \text{ mit } \mathrm{Im}(z_n) > 0,$$

wobei das Produkt sich über alle Nullstellen von $z \mapsto X(z)$ erstreckt.

Die Allpass-Suszeptibilität χ_A ist der Randwert von X_A,

$$\chi_A(\omega) := \lim_{p \to +0} X_A(\omega + ip), \quad \omega \in \mathbb{R},$$

so dass, wenn wir den irrelevanten singulären Faktor weglassen, gilt

$$\chi_A(\omega) = X_0 \mathrm{e}^{ik\omega} \prod_n \frac{\omega - z_n}{\omega - z_N^*}.$$

Wie für einen Allpass notwendig ist $|\chi_A(\omega)| = 1$ für alle $\omega \in \mathbb{R}$. Da jede komplexe Suszeptibilität die Fouriertransformierte einer *reellen* Funktion ist, ergibt sich $\chi_A(\omega) = \chi_A(-\omega)^*$. Mit

$$\chi_A(-\omega)^* = X_0^* \mathrm{e}^{ik\omega} \prod_n \frac{\omega + z_n^*}{\omega + z_n}$$

folgt damit, dass $X_0 = 1$ sowie dass mit z_n notwendigerweise auch $-z_n^*$ eine Nullstelle ist. Somit treten Nullstellen, die nicht rein imaginär sind, notwendigerweise in Paaren auf, welche symmetrisch zur imaginären Achse liegen. Damit haben wir eine volle Übersicht über die zulässigen Allpassfunktionen:

$$\chi_A(\omega) = e^{ik\omega} \prod_n \frac{\omega - z_n}{\omega - z_n^*}, \quad \omega \in \mathbb{R}$$

$$k \geq 0, \quad \text{Im}(z_n) > 0$$

$$\chi_A(\omega) = \chi_A(-\omega)^*, \quad |\chi(\omega)| = 1$$

Der Exponentialfaktor beschreibt dabei eine reine Verzögerung mit der frequenzunabhängigen Verzögerungszeit k, während der Blaschkefaktor frequenzabhängige Allpässe beschreibt.

Beispiel: Der einfachste frequenzabhängige Allpass

Der einfachste frequenzabhängige Allpass besitzt nur *eine* Nullstelle z_1, welche wegen $\chi_A(\omega) = \chi_A(-\omega)^*$ notwendigerweise rein imaginär sein muss,

$$z_1 = \frac{i}{T} \text{ mit } T > 0.$$

Damit folgt für den Blaschkefaktor

$$X_A(z) := \frac{z - z_1}{z - z_1^*} = \frac{1 + izT}{1 - izT},$$

und damit für die Suszeptibilität

$$\chi_A(\omega) = \frac{1 + i\omega T}{1 - i\omega T}, \quad \omega \in \mathbb{R}.$$

Die dazugehörige Phase φ_A ist gegeben durch $\chi_A(\omega) = \exp\{i\varphi_A(\omega)\}$, oder

$$\varphi_A(\omega) = \tan^{-1}\left\{\frac{\text{Im }\chi_A(\omega)}{\text{Re }\chi_A(\omega)}\right\} = \tan^{-1}\left\{\frac{2\omega T}{1 - \omega^2 T^2}\right\}.$$

Damit folgt für die Laufzeitcharakteristik $\omega \mapsto \tau_A(\omega)$:

$$\tau_A(\omega) = \frac{d\varphi_A(\omega)}{d\omega} = \frac{2T}{1 + \omega^2 T^2} > 0 \text{ für alle } \omega \in \mathbb{R}.$$

Beispiel für eine nicht-minimale Realisierung

Wir betrachten noch einmal die Amplitudenfunktion

$$\omega \mapsto A(\omega) := \frac{1}{\sqrt{1 + (\omega T_1)^2}}, \quad T_1 > 0$$

eines Butterworth-Tiefpasses erster Ordnung. In einem vorangegangenen Beispiel haben wir die dazugehörige minimale Realisierung mit

$$\chi_{\mathrm{M}}(\omega) = \frac{1}{1 - i\omega T_1} \quad \text{und} \quad \Phi_{\mathrm{M}}(t) = \frac{1}{T_1} e^{-t/T_1}\vartheta(t)$$

gefunden. Verknüpfen wir diese minimale Realisierung durch Serieschaltung mit einem 1-Nullstellen-Allpass mit

$$\chi_{\mathrm{A}}(\omega) = \frac{1 + i\omega T_2}{1 - i\omega T_2}, \quad T_2 > 0,$$

so realisiert

$$\chi(\omega) := \chi_{\mathrm{M}}(\omega)\chi_{\mathrm{A}}(\omega) = \frac{1}{1 - i\omega T_1} \cdot \frac{1 + i\omega T_2}{1 - i\omega T_2}, \quad \omega \in \mathbb{R},$$

immer noch die vorgegebene Amplitudenfunktion $\omega \mapsto A(\omega)$,

$$A(\omega) = |\chi_{\mathrm{M}}(\omega)| = |\chi(\omega)|, \quad \omega \in \mathbb{R}.$$

Die dazugehörige Übertragungsfunktion $p \mapsto H(p)$ erhält man aus $\omega \mapsto \chi(\omega)$ durch die Substitution $\omega \mapsto ip$, so dass

$$H(p) = \frac{1 - pT_2}{(1 + pT_1)(1 + pT_2)}, \quad p > 0.$$

Die Übertragungsfunktion H ist die Laplacetransformierte der Antwortfunktion Φ,

$$H(p) = \int_0^\infty e^{-pt}\,\Phi(t)\,dt, \quad p > 0.$$

Mit Hilfe der inversen Laplacetransformation findet man

$$\Phi(t) = \frac{1}{T_1}\left\{\frac{T_1 + T_2}{T_1 - T_2}\,e^{-t/T_1} + \frac{2T_1}{T_2 - T_1}\,e^{-t/T_2}\right\}\vartheta(t)$$

oder

$$\Phi(t) = \frac{T_1 + T_2}{T_1 - T_2}\,\Phi_{\mathrm{M}}(t) + \frac{2}{T_2 - T_1}\,e^{-t/T_2}\vartheta(t),$$

was sich für $T_2 \to 0$ auf die Antwortfunktion Φ_{M} der minimalen Realisierung reduziert. Im allgemeinen aber sind Φ und Φ_{M} verschieden, obwohl sie zu derselben Amplitudencharakteristik $\omega \mapsto A(\omega)$ Anlass geben.

Die eben konstruierte nichtminimale Realisierung hat die Laufzeitcharakteristik

$$\omega \mapsto \tau(\omega) = \tau_{\mathrm{M}}(\omega) + \frac{2T_2}{1 + (\omega T_2)^2} \geq \tau_{\mathrm{M}}(\omega)$$

wobei

$$\tau_{\mathrm{M}}(\omega) = \frac{T_1}{1 + (\omega T_1)^2}$$

die Laufzeit der minimalen Realisierung ist.

Ausblick: Kausalität, Irreversibilität und Voraussagbarkeit[##]

Die in diesem Kapitel erwähnten mathematischen Hilfsmittel – in einer Halbebene reguläre analytische Funktionen, Hilberttransformation, Paley–Wiener-Kriterium, Blaschkeprodukte – spielen in einem weit breiteren Kontext eine grundsätzlich und technologisch wichtige Rolle. Es bestehen faszinierende Zusammenhänge zwischen Analyzität, Kausalität, Irreversibilität und Voraussagbarkeit.

Beispielsweise hat Josef Meixner eine umfassende Theorie linearer positiver Systeme aufgestellt und damit einen neuen Zugang zum Verständnis irreversibler thermodynamischer Systeme eröffnet. Überraschenderweise tritt in diesem Kontext das Paley–Wiener-Kriterium als Irreversibilitätskriterium auf. Vgl. dazu:

> J. Meixner, Linear Passive Systems, in: *Statistical Mechanics of Equilibrium and Non-equilibrium*, ed. by J. Meixner, North-Holland, Amsterdam, 1965, pp. 52–68.
> H. König und J. Tobergte, Reversibilität und Irreversibilität von linearen dissipativen Systemen, J. Reine Angew. Plath. **212**, 104–108 (1963).

In einem scheinbar ganz anderen Kontext spielt wiederum das Paley–Wiener-Kriterium eine ganz entscheidende Rolle: nämlich in der linearen Voraussagetheorie stochastischer Prozesse. Diese Theorie wurde unabhängig voneinander 1941 von dem russischen Mathematiker A. Kolmogorov, und 1942 von dem amerikanischen Mathematiker Norbert Wiener entwickelt. Wieners Arbeit wurde als kriegswichtig betrachtet (Voraussage der Position von Flugzeugen für die Flugabwehr) und erschien daher zunächst als nicht allgemein zugänglicher „Classified Report". In dieser Voraussagetheorie ist der springende Punkt, präzise zwischen rein deterministischen und vollständig nichtdeterministischen stochastischen Prozessen zu unterscheiden. Das Paley–Wiener-Kriterium charakterisiert die vollständig nichtdeterministischen Prozesse (vgl. Cramér und Leadbetter, Chap. 7.9, oder Rozanov, Chap. 3.2) und das Faktorisierungstheorem für Hardyfunktionen erlaubt die explizite Konstruktion der besten linearen Prediktoren. Vgl. dazu:

> N. Wiener, *Extrapolation, Interpolation and Smoothing of Stationary Time Series*, Wiley, New York, NY 1949 (first published as Classified Report in February 1942).
> H. Cramér, M. R. Leadbetter, *Stationary and Related Stochastic Processes*, Wiley, New York, NY 1967.
> Yu. A. Rozanov, *Stationary Random Processes*, Holden-Day, San Francisco, CA, 1967 (Russian original: Moscow, 1963).
> I. A. Ibragimov, Y. A. Rozanov, *Gaussian Random Processes*, Springer, New York, NY 1978 (Russian original: Nauka, 1970).
> H. Dym, H. P. McKean, *Gaussian Processes, Function Theory, and the Inverse Spectral Problem*, Academic Press, New York, NY 1976.
> H. Dym, H. P. McKean, Extrapolation and Interpolation of Stationary Gaussian Processes, Ann. Math. Stat. **41**, 1817–1844 (1970).
> T. Kailath, A view of three decades of linear filtering theory, IEEE Trans. Inf. Theory **IT-20**, 145–181 (1974).

Die gemeinsame mathematische Struktur der erwähnten Probleme ist keineswegs zufällig: Vollständig nichtdeterministische Gausssche stochastische Prozesse können immer realisiert werden als Ausgang eines *kausalen* linearen Filters mit Gaussschem weissen Rauschen als Eingang. Weisses Rauschen ist ein sogenannter K-Prozess und damit maximal zufällig und in einem mathematisch wohldefinierten Sinne in keiner Weise voraussagbar. Das Meixnersche Kriterium besagt, dass ein lineares thermisches System genau dann *irreversibel* ist, wenn die im System auftretenden Fluktuationen durch *vollständig nichtdeterministische* Gausssche Prozesse beschrieben werden. Es bestehen also engste Zusammenhänge zwischen Kausalität, Irreversibilität und Voraussagbarkeit.

4.4 Beispiele und Übungsaufgaben zu Abschn. 4.3

Wir geben einige Beispiele praktisch wichtiger zeitinvarianter, kausaler und linearer elektrischer Vierpole. Dem Anfänger sei empfohlen, die behaupteten Beziehungen zu verifizieren.

Verzögerungsleitung

Eine ideale Verzögerungsleitung

ist durch die Beziehung

$$x(t) = y(t - \tau), \quad \tau > 0,$$

charakterisiert, wobei τ die *Verzögerungszeit* ist.

Antwortfunktion: $\quad t \mapsto \Phi(t) = \delta(t - \tau), t \in \mathbb{R}$

Kausalität: $\quad \Phi(t) = 0$ für $t < 0$

komplexe Suszeptibilität: $\chi(\omega) = \exp(i\omega\tau),\, \omega \in \mathbb{R}$

reelle Suszeptibilität: $\quad \chi^{(1)}(\omega) = \cos(\omega\tau)$
$\qquad\qquad\qquad\qquad\;\; \chi^{(2)}(\omega) = \sin(\omega\tau)$

Zum Beweis der Kramers–Kronig-Relationen zwischen $\chi^{(1)}$ und $\chi^{(2)}$ benütze man die Tatsache, dass $\sin(\omega\tau)$ und $\cos(\omega\tau)$ Hilbert-Transformationspaare sind:

$$\frac{1}{\pi} \fint_{-\infty}^{\infty} \frac{\sin(\tau\omega')}{\omega - \omega'}\, d\omega' = -\cos(\tau\omega), \quad \tau > 0,$$

$$\frac{1}{\pi} \fint_{-\infty}^{\infty} \frac{\cos(\tau\omega')}{\omega - \omega'}\, d\omega' = +\sin(\tau\omega), \quad \tau > 0.$$

Für $\tau < 0$ hätte das System prophetische Fähigkeiten und wäre nicht kausal. Jeder Signaltransfer braucht Zeit, so dass eine Leitung mit verschwindender Verzögerungszeit unphysikalisch ist. In der Tat werden die angegebenen Beziehungen für $\tau = 0$ singulär. Für $\tau > 0$ – aber nicht für $\tau = 0$ – ist $\chi(\omega)$ der Randwert der in der Halbebene $\{p - i\omega \mid p > 0, \omega \in \mathbb{R}\}$ analytischen Funktion

$$(p - i\omega) \mapsto H(p - i\omega) = e^{-(p-i\omega)\tau},$$

$$\chi(\omega) = \lim_{p \to +0} H(p - i\omega).$$

Für $\tau = 0$ ist $\chi^{(1)} \equiv 1$ und $\chi^{(2)} \equiv 0$, so dass die Kausalitätsrelationen von Kramers und Kronig nicht mehr gelten.

Eine Verzögerungsleitung ist ein Allpass, d. h. es ist $A \equiv 1$, mit einer frequenzunabhängigen Laufzeitcharakteristik, d. h. es ist $d\tau/d\omega \equiv 0$, denn es gilt:

Amplitudencharakteristik: $\omega \mapsto A(\omega) = 1$ für alle $\omega \in \mathbb{R}$,

Phasencharakteristik: $\omega \mapsto \varphi(\omega) = \omega\tau,\, \omega \in \mathbb{R}$,

Laufzeitcharakteristik: $\omega \mapsto \tau(\omega) := d\varphi(\omega)/d\omega = \tau$ für alle $\omega \in \mathbb{R}$.

Der einfachste RC-Allpass

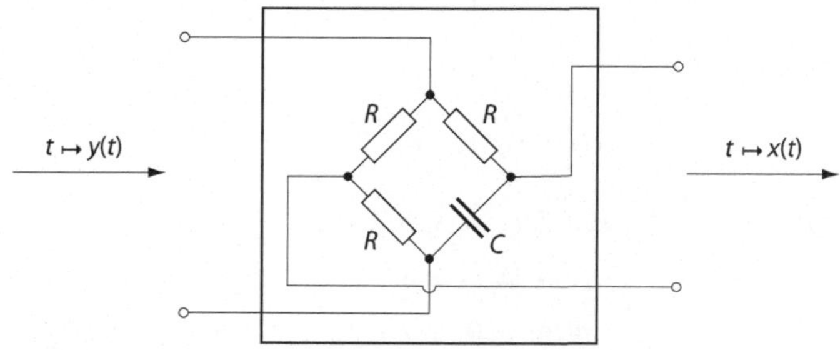

Übertragungsfunktion: $\qquad H(p) = \tfrac{1}{2}\,\dfrac{1 - pT}{1 + pT} \quad$ mit $\quad T := RC$

komplexe Suszeptibilität: $\qquad \chi(\omega) = \tfrac{1}{2}\,\dfrac{1 + i\omega T}{1 - i\omega T}$

reelle Suszeptibilitäten: $\qquad \chi^{(1)}(\omega) = \tfrac{1}{2}\,\dfrac{1 - \omega^2 T^2}{1 + \omega^2 T^2}$

$$\chi^{(2)}(\omega) = \dfrac{\omega T}{1 + \omega^2 T^2}$$

Amplitudencharakteristik: $\qquad A(\omega) = 1$ für alle $\omega \in \mathbb{R}$

Phasencharakteristik: $\qquad \varphi(\omega) := \tan^{-1}\dfrac{\chi^{(2)}(\omega)}{\chi^{(1)}(\omega)}$

$$= \tan^{-1}\left(\dfrac{2\omega T}{1 - \omega^2 T^2}\right) = 2\tan^{-1}(\omega T)$$

Laufzeitcharakteristik: $\qquad \tau(\omega) := d\varphi(\omega)/d\omega = \dfrac{2T}{1 + \omega^2 T^2}$

Die Antwortfunktion $t \mapsto \Phi(t)$ kann man aus der komplexen Suszeptibilität χ berechnen:

$$\Phi(t) = \frac{1}{2\pi} \int_{-\infty}^{\infty} \mathrm{e}^{-\mathrm{i}\omega t}\, \chi(\omega)\, \mathrm{d}\omega = \frac{1}{4\pi} \int_{-\infty}^{\infty} \mathrm{e}^{-\mathrm{i}\omega t}\, \frac{1 + \mathrm{i}\omega T}{1 - \mathrm{i}\omega T}\, \mathrm{d}\omega$$

$$= \tfrac{1}{2} \left\{ 1 - T \frac{\partial}{\partial t} \right\} \frac{1}{2\pi} \int_{-\infty}^{\infty} \mathrm{e}^{-\mathrm{i}\omega t}\, \frac{1}{1 - \mathrm{i}\omega T}\, \mathrm{d}\omega$$

$$= \tfrac{1}{2} \left\{ 1 - T \frac{\partial}{\partial t} \right\} \frac{1}{T} \mathrm{e}^{-t/T} \vartheta(t)$$

$$= \frac{1}{2T} \left\{ 2\vartheta(t)\mathrm{e}^{-t/T} - \delta(t) \right\}.$$

Die Antwort auf den Eingang $t \mapsto \vartheta(t) = \int_{-\infty}^{t} \delta(s)\, \mathrm{d}s$ ist die Sprungantwort $t \mapsto \varphi(t)$:

$$\varphi(t) = \int_{-\infty}^{t} \Phi(s)\, \mathrm{d}s = \tfrac{1}{2}\vartheta(t) \left\{ 1 - 2\mathrm{e}^{-t/T} \right\}$$

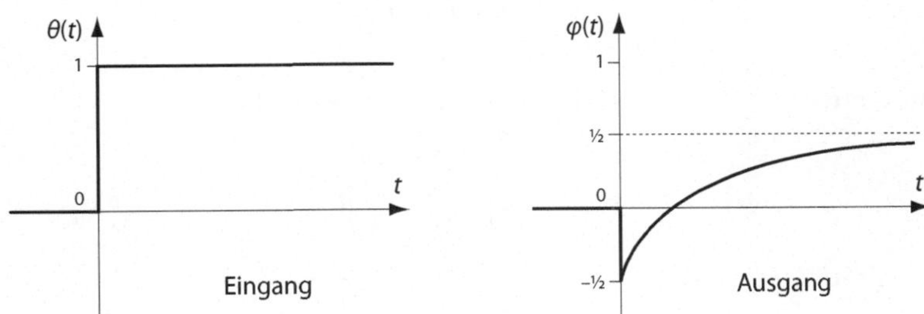

Sprungantwort eines 1-Pol-Allpasses

Der einfachste RC-Tiefpass

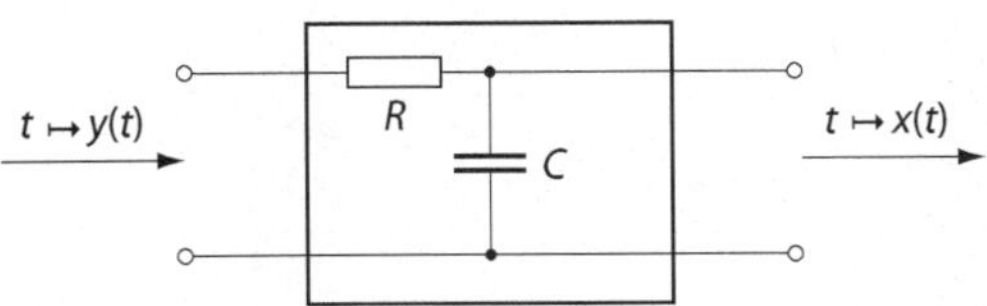

Übertragungsfunktion: $H(p) = \dfrac{1}{1 + pT}$ mit $T := RC > 0$

komplexe Suszeptibilität: $\chi(\omega) = \dfrac{1}{1 - \mathrm{i}\omega T}, \quad \omega \in \mathbb{R}$

reelle Suszeptibilitäten: $\chi^{(1)}(\omega) = \dfrac{1}{1 + \omega^2 T^2}$

$$\chi^{(2)}(\omega) = \frac{\omega T}{1 + \omega^2 T^2}$$

Zum Beweis der Kramers–Kronig-Relationen benutze man die folgenden Hilbert-Transformations-Paare:

$$\frac{1}{\pi} \int_{-\infty}^{\infty} \frac{1}{1 + (\omega'T)^2} \frac{d\omega'}{\omega - \omega'} = +\frac{T\omega}{1 + (\omega T)^2},$$

$$\frac{1}{\pi} \int_{-\infty}^{\infty} \frac{\omega'T}{1 + (\omega'T)^2} \frac{d\omega'}{\omega - \omega'} = -\frac{1}{1 + (\omega T)^2}.$$

Amplitudencharakteristik: $A(\omega) = \dfrac{1}{\sqrt{1 + (\omega T)^2}}, \ \omega \in \mathbb{R},$

Phasencharakteristik: $\varphi(\omega) = \tan^{-1}(\omega T), \ \omega \in \mathbb{R},$

Laufzeitcharakteristik: $\tau(\omega) = \dfrac{T}{1 + (\omega T)^2}$

Impulsantwort:
$$\Phi(t) = \frac{1}{2\pi} \int_{-\infty}^{\infty} e^{-i\omega t} \chi(\omega) \, d\omega$$

$$= \frac{1}{2\pi} \int_{-\infty}^{\infty} e^{-i\omega t} \frac{1}{1 - i\omega T}$$

$$= \frac{1}{T} \vartheta(t) e^{-t/T}, \ t \in \mathbb{R}$$

Sprungantwort:
$$\varphi(t) = \int_{-\infty}^{t} \Phi(s) \, ds = \frac{1}{T} \int_{0}^{t} e^{-s/T} \, ds$$

$$= \vartheta(t) \left\{ 1 - e^{-t/T} \right\}, \ t \in \mathbb{R}$$

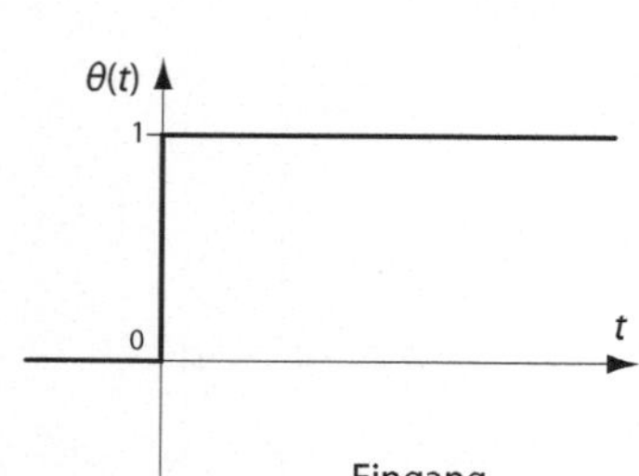

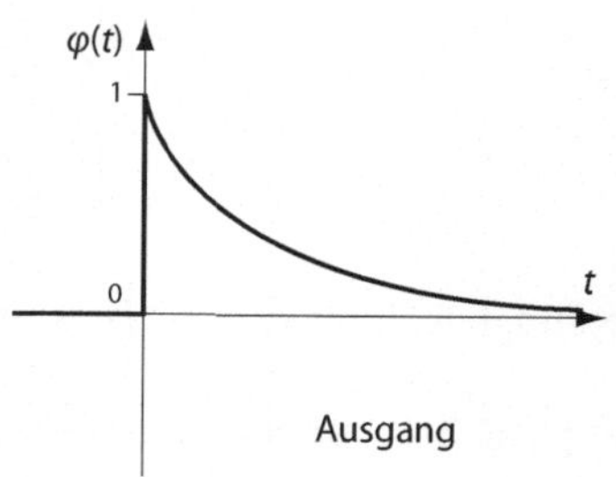

Sprungantwort eines 1-Pol-Tiefpasses

Gausssche Filter

Es soll durch ein explizites Modell gezeigt werden, dass die Amplitudencharakteristik $\omega \mapsto \exp\{-\frac{1}{2}\omega^2/\Omega^2\}$ nicht realisierbar ist, dass aber diese Charakteristik beliebig genau durch einfache RC-Tiefpässe approximiert werden kann. Dazu betrachten wir eine ideale Serieschaltung von n einfachen RC-Tiefpässen:

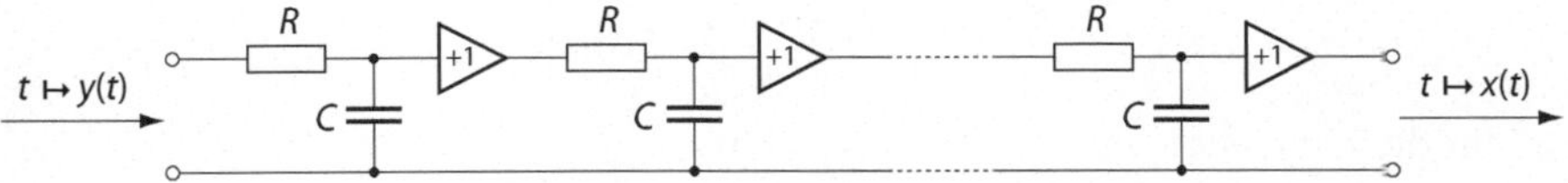

Filterkette zur Approximation der Gaussfunktion

Die Übertragungsfunktion eines einzelnen RC-Tiefpasses ist durch $p \mapsto (1 + pRC)^{-1}$ gegeben, diejenige der idealen Serieschaltung von n solchen Tiefpässen durch

$$H_n(p) = \left(\frac{1}{1 + pRC}\right)^n, \quad n = 1, 2, \ldots,$$

so dass die komplexe Suszeptibilität $\chi_n(\omega) = H_n(-i\omega)$ gegeben ist durch

$$\chi_n(\omega) = (1 - i\omega RC)^{-n}.$$

Wir werden hauptsächlich die Situation $n \gg 1$ diskutieren, so dass es bequem ist, eine Abschneidefrequenz Ω so zu definieren, dass sie approximativ von n unabhängig ist. Dazu setzen wir

$$RC := \frac{1}{\Omega\sqrt{n}}.$$

Mit dieser Setzung gilt

$$\chi_n(\omega) = \left(1 - i\frac{\omega}{\Omega\sqrt{n}}\right)^{-n},$$

und damit für die Amplitudenfunktion $\omega \mapsto A_n(\omega) := |\chi_n(\omega)|$

$$A_n(\omega) = \left(1 + \frac{\omega^2}{n\Omega^2}\right)^{-n/2}.$$

Für tiefe Frequenzen, $\omega \ll \Omega$, ist $A_n(\omega) \approx 1$, und bei der Grenzfrequenz $\omega = \Omega$ gilt für alle $n = 1, 2, 3, \ldots$

$$0{,}7071\ldots = \frac{1}{\sqrt{2}} = A_1(\Omega) \geq A_n(\omega) \geq A_\infty(\Omega) = \frac{1}{\sqrt{e}} = 0{,}6065\ldots.$$

Mit

$$\chi_n(\omega) = A_n(\omega)\mathrm{e}^{\mathrm{i}\varphi_n(\omega)} = \left(1 - \mathrm{i}\frac{\omega}{\Omega\sqrt{n}}\right)^{-n}$$

folgt für die Phasencharakteristik $\omega \to \varphi_n(\omega)$

$$\varphi_n(\omega) = n\tan^{-1}\left(\frac{\omega}{\Omega\sqrt{n}}\right)$$

und für die Laufzeitcharakteristik $\omega \mapsto \tau_n(\omega)$

$$\tau_n(\omega) := \frac{\partial\varphi_n(\omega)}{\partial\omega} = n\frac{\Omega\sqrt{n}}{\omega^2 + n\Omega^2}.$$

Die Laufzeit bei extrem tiefen Frequenzen bezeichnen wir mit τ_n

$$\tau_n := \tau_n(0) = \frac{\sqrt{n}}{\Omega},$$

so dass

$$\tau_n(\omega) = \frac{\Omega^2}{\Omega^2 + \omega^2/n}\,\tau_n.$$

Die Beziehung

$$\lim_{n\to\infty}\left(1 + \frac{x}{n}\right)^n = \mathrm{e}^x, \quad x \in \mathbb{R},$$

impliziert, dass im Grenzfall einer langen Kette von RC-Tiefpässen die Amplitudenfunktion gegen eine Gaussfunktion strebt,

$$\lim_{n\to\infty} A_n(\omega) = \exp\{-\tfrac{1}{2}\omega^2/\Omega^2\}, \quad \omega \in \mathbb{R}.$$

Allerdings divergieren dabei sowohl die Phase als auch die Laufzeit,

$$\tau_n = \sqrt{n}/\Omega \to \infty \text{ für } n \to \infty.$$

Da es sich beim vorliegenden System um ein „minimum phase network" handelt, besteht ein eindeutiger Zusammenhang zwischen der Amplitudenfunktion und der Phasenfunktion. Das heisst: ein Gaussfilter hat unendliche Laufzeit und ist deshalb physikalisch nicht realisierbar. Jedoch ist ein Gaussfilter beliebig genau approximierbar. Für grosse, aber nicht unendliche Kettenzahl n gilt approximativ

$$A_n(\omega) \approx \exp\{-\tfrac{1}{2}\omega^2/\Omega^2\} \quad \text{für } \omega \ll \Omega\sqrt{n},$$
$$\varphi_n(\omega) \approx n\frac{\omega}{\Omega\sqrt{n}} = \omega\tau_n \quad \text{für } \omega \ll \Omega\sqrt{n},$$

so dass

$$\chi_n(\omega) = A_n(\omega)e^{i\varphi_n(\omega)} \approx e^{-\frac{1}{2}\omega^2/\Omega^2}e^{i\omega\tau_n}.$$

In dieser Näherung gilt für die Impulsantwort $t \mapsto \Phi_n(t)$

$$\Phi_n(t) = \frac{1}{2\pi}\int\limits_{-\infty}^{\infty} e^{-i\omega t}\chi_n(\omega)\,d\omega \approx \frac{1}{2\pi}\int\limits_{-\infty}^{\infty} e^{-i\omega(t-\tau_n)}e^{-\frac{1}{2}\omega^2/\Omega^2}\,d\omega$$

$$= \frac{1}{\pi}\int\limits_{0}^{\infty} \cos\{\omega(t-\tau_n)\}e^{-\frac{1}{2}\omega^2/\Omega^2}\,d\omega = \frac{\Omega}{\sqrt{2\pi}}e^{-(t-\tau_n)^2\Omega^2/2}.$$

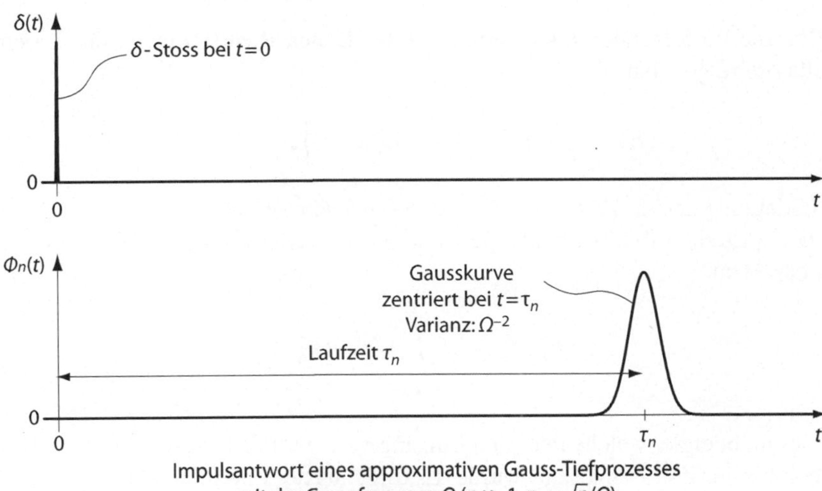

Impulsantwort eines approximativen Gauss-Tiefprozesses
mit der Grenzfrequenz Ω ($n \gg 1$, $\tau_n = \sqrt{n}/\Omega$)

4.5 Der Lorentzoszillator als lineares System

Der Lorentzoszillator ist ein abstraktes Übertragungssystem

wobei das Ausgangssignal $t \mapsto x(t)$ mit dem Eingangssignal $t \mapsto y(t)$ über die lineare Differentialgleichung

$$\ddot{x}(t) + 2\gamma\dot{x}(t) + \omega_0^2 x(t) = y(t), \quad t \in \mathbb{R},$$

verknüpft ist. Wir nehmen an, dass die Parameter $\omega_0 > 0$ und $\gamma > 0$ zeitunabhängige Konstanten sind, so dass der Lorentzoszillator ein zeitinvariantes lineares Übertragungssystem ist. Die Auswertung der Antwortfunktion wird zeigen, dass es sich um ein kausales System handelt. Diese Situation ist typisch für Systeme, die durch eine Differentialgleichung charakterisiert sind.

Die Energiebilanz eines Lorentzoszillators erhält man, indem man beide Seiten seiner Differentialgleichung mit $\dot{x}(t)$ multipliziert und über t integriert:

$$\int_{-\infty}^{t} \dot{x}(\tau)\{\ddot{x}(\tau) + 2\gamma\dot{x}(\tau) + \omega_0^2 x(\tau)\}\, \mathrm{d}\tau = \int_{-\infty}^{t} \dot{x}(\tau)y(\tau)\, \mathrm{d}\tau$$

$$= \int_{-\infty}^{t} \frac{\mathrm{d}}{\mathrm{d}\tau}\left\{\tfrac{1}{2}\dot{x}^2(\tau) + \tfrac{1}{2}\omega_0^2 x^2(\tau)\right\}\, \mathrm{d}\tau + 2\gamma \int_{-\infty}^{t} \dot{x}^2(\tau)\, \mathrm{d}\tau.$$

Wie die im folgenden diskutierten physikalischen Realisierungen des Lorentzoszillators zeigen, hat

$$E(t) := \kappa\left\{\tfrac{1}{2}\dot{x}^2(t) + \tfrac{1}{2}\omega_0^2 x^2(t)\right\}, \quad \kappa > 0,$$

die Bedeutung der zur Zeit t im Oszillator *gespeicherten Energie*, wobei κ eine, sich aus der speziellen Realisierung ergebende positive Konstante ist. Weiter repräsentiert der Term

$$E_{\mathrm{in}}(t) := \kappa \int_{-\infty}^{t} \dot{x}(\tau)y(\tau)\, \mathrm{d}\tau$$

die Gesamtenergie, welche über den Eingang $t \mapsto y(t)$ dem System in der Vergangenheit bis zur Zeit t zugeführt wurde. Es folgt aus der Energiebilanz

$$E_{\mathrm{in}}(t) = E(t) + 2\kappa\gamma \int_{-\infty}^{t} \dot{x}^2(\tau)\, \mathrm{d}\tau$$

dass der Term

$$2\kappa\gamma \int_{-\infty}^{t} \dot{x}^2(\tau)\, \mathrm{d}\tau$$

die vom System an die Umgebung abgegebene Energie sein muss. Ein Lorentzoszillator mit $\gamma \neq 0$ ist also ein *offenes* System, und wir sprechen von einer *Energiedissipation* und nennen $\gamma > 0$ die *Dämpfungskonstante* des Lorentzoszillators. Der dissipative Charakter eines Lorentzoszillators mit positiver Dämpfungskonstante bedingt, dass für jeden beliebigen Eingang $t \mapsto y(t)$ die Beziehung

$$\int\limits_{-\infty}^{t} y(\tau)\dot{x}(\tau)\,d\tau > 0 \ \text{für alle } t \in \mathbb{R}$$

gelten muss. Diese Ungleichung heisst die *Passivitätsbedingung*. Ein System, das diese Beziehung erfüllt, heisst *passiv*. Ein passives System kann zwar Energie an die Umgebung abgeben, aber der Umgebung keine Energie entziehen (Unmöglichkeit eines Perpetuum mobile zweiter Art!).

Erste Realisierung: Mechanischer Oszillator
Gegeben sei ein eindimensionales mechanisches System, bestehend aus einer einseitig eingespannten linearen Feder (mit Kraftkonstante f), die mit einer Kugel (Masse m, Radius R) belastet sei. Die Bewegung der Kugel sei durch ein Ölbad (Viskosität η) gedämpft, wobei wir Stokessche Reibung annehmen wollen. Weiter wirke auf die Kugel eine zeitabhängige externe Kraft $t \mapsto K_{\text{ext}}(t)$.

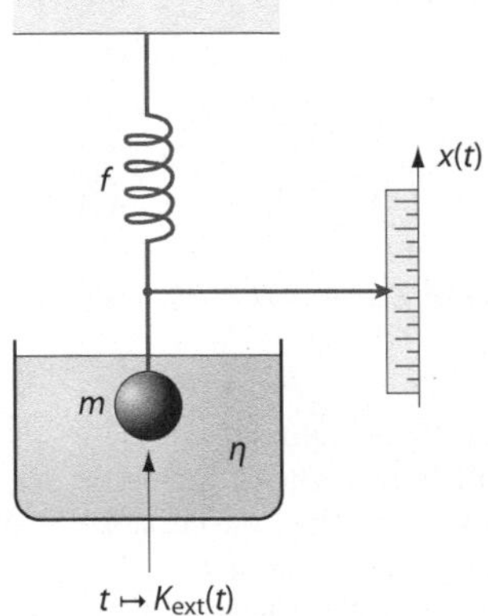

Damit ist das Problem im Rahmen der üblichen Idealisierungen im Sinne der Newtonschen Mechanik vollständig spezifiziert. Newtons zweites Axiom besagt, dass die Auslenkung $x(t)$ der Differentialgleichung

$$m\ddot{x}(t) = K(t)$$

genügt, wobei die gesamte Kraft K durch $K = K_{\text{F}}+K_{\text{D}}+K_{\text{ext}}$ gegeben ist. Dabei ist K_{F} die rücktreibende Kraft der Feder, für eine lineare Feder ist K_{F} proportional zur Auslenkung x aus der Ruhelage $x = 0$, $K_{\text{F}}(t) = -f x(t)$. Bei Stokesscher Reibung ist die Dämpfungskraft K_{D} geschwindigkeitsproportional, $K_{\text{D}}(t) = -d\dot{x}(t)$, wobei die Dämpfungskonstante d durch die Stokessche Beziehung $d = 6\pi\eta R$ gegeben ist. Damit folgt

$$m\ddot{x}(t) + d\dot{x}(t) + f x(t) = K_{\text{ext}}(t), \quad t \in \mathbb{R}.$$

Mit

$$y(t) := K_{\text{ext}}(t)/m$$
$$\gamma := \tfrac{1}{2}d/m = 3\pi\eta R/m$$
$$\omega_0 := +\sqrt{f/m}$$

erhalten wir damit die Standardformulierung für den Lorentzoszillator

$$\ddot{x}(t) + 2\gamma x(t) + \omega_0^2 x(t) = y(t).$$

Die von der externen Kraft $t \to K_{\text{ext}}$ am System geleistete Arbeit ist gegeben durch

$$E_{\text{in}}(t) = \int\limits_{-\infty}^{t} K_{\text{ext}}(\tau) \frac{dx(\tau)}{d\tau}\, d\tau = m \int\limits_{-\infty}^{t} y(\tau)\dot{x}(\tau)\, d\tau.$$

Zum Zeitpunkt t ist die in der Feder gespeicherte kinetische Energie $E_{\text{K}}(t) = \frac{1}{2}m\dot{x}^2(t)$, und die gespeicherte potentielle Energie $E_{\text{P}}(t) = \frac{1}{2}m\omega_0^2 x^2(t)$, so dass die gesamte im Oszillator gespeicherte Energie gleich

$$E(t) := E_{\text{K}}(t) + E_{\text{P}}(t) = m\{\tfrac{1}{2}\dot{x}^2(t) + \tfrac{1}{2}\omega_0^2 x^2(t)\}$$

ist. Somit ist gemäss der in der Einleitung erwähnten Energiebilanz (mit $\kappa = m$)

$$E_{\text{in}}(t) = E(t) + 2\gamma m \int\limits_{-\infty}^{t} \dot{x}^2(\tau)\, d\tau,$$

so dass

$$2\gamma m \int\limits_{-\infty}^{t} \dot{x}^2(\tau)\, d\tau = d \int\limits_{-\infty}^{t} \dot{x}^2(\tau)\, d\tau$$

die durch die Dämpfungskraft $K_{\text{D}} = -d\dot{x}$ als Wärme an die Umgebung dissipierte Energie ist.

Zweite Realisierung: *LCR*-Schwingkreis

Wir betrachten einen Parallelschwingkreis, bestehend aus einer idealen Spule mit der Selbstinduktion L, einem idealen Kondensator mit der Kapazität C und einem Ohmschen Widerstand R. Der Ausgang sei die resultierende Spannung $t \mapsto V(t)$ am Schwingkreis, welcher mit einem Eingangsstrom $t \mapsto J(t)$ getrieben wird:

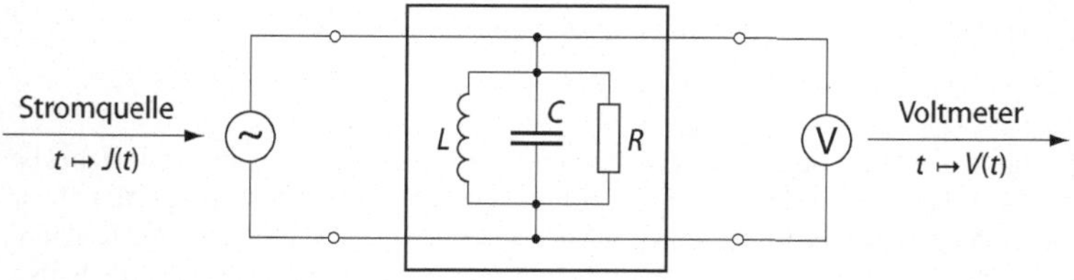

Es sei $J = J_R + J_L + J_C$, wobei J_R, J_L, J_C der durch den Widerstand, die Spule resp. den Kondensator fliessende Strom ist. Es gilt

$$V(t) = RJ_R(t),$$

$$V(t) = L dJ_L(t)/dt,$$

$$dV(t)/dt = C^{-1}J_C(t),$$

so dass

$$C\ddot{V}(t) + \frac{1}{R}\dot{V}(t) + \frac{1}{L}V(t) = \dot{J}(t).$$

Mit den neuen Bezeichnungen

$$x(t) := \int_{-\infty}^{t} V(\tau)\,\mathrm{d}\tau,$$

$$y(t) := C^{-1}J(t),$$

$$2\gamma := (RC)^{-1},$$

$$\omega_0 := (LC)^{-1/2},$$

ergibt sich die Standardform der Differentialgleichung des Lorentzoszillators

$$\ddot{x}(t) + 2\gamma\dot{x}(t) + \omega_0^2 x(t) = y(t).$$

Die Energie, welche der Strom in einem elektrischen Netzwerk pro Zeiteinheit in Wärme umsetzt, heisst „momentane Wirkleistung" N_R und ist gegeben durch

$$N_R(t) = J_R(t)V(t) = \frac{1}{R}V^2(t).$$

Die momentane Wirkleistung ist nicht identisch mit der momentanen von der Stromquelle aufgebrachten Leistung N_{in},

$$\begin{aligned}
N_{\mathrm{in}}(t) &= J(t)V(t) = J_R(t)V(t) + J_L(t)V(t) + J_C(t)V(t) \\
&= N_R(t) + L\dot{J}_L(t)J_L(t) + C\dot{V}_C(t)V_C(t) \\
&= N_R(t) + N_L(t) + N_C(t).
\end{aligned}$$

denn die Leistung

$$N_L(t) = \frac{\mathrm{d}}{\mathrm{d}t}\{\tfrac{1}{2}LJ_L^2(t)\} = \frac{1}{L}\frac{\mathrm{d}}{\mathrm{d}t}\{\tfrac{1}{2}x^2(t)\}$$

dient der Vergrösserung der magnetischen Feldenergie $\tfrac{1}{2}LJ_L^2$ in der Spule, und die Leistung

$$N_C(t) = \frac{\mathrm{d}}{\mathrm{d}t}\{\tfrac{1}{2}CV_C(t)\} = C\frac{\mathrm{d}}{\mathrm{d}t}\{\tfrac{1}{2}\dot{x}^2(t)\}$$

dient zur Vergrösserung der elektrischen Feldenergie $\tfrac{1}{2}CV_2^2$ in dem Kondensator. Somit ist die bis zur Zeit t im Netzwerk gespeicherte Energie $E(t)$

$$\begin{aligned}
E(t) &= \int_{-\infty}^{t} \{N_L(\tau) + N_C(\tau)\}\,\mathrm{d}\tau \\
&= \frac{1}{2L}x^2(t) + \tfrac{1}{2}C\dot{x}^2(t) = C\{\tfrac{1}{2}\dot{x}^2(t) + \tfrac{1}{2}\omega_0^2 x^2(t)\}.
\end{aligned}$$

Die im ohmschen Widerstand dissipierte Energie ist gegeben durch

$$E_R(t) = \int_{-\infty}^{t} N_R(\tau)\,\mathrm{d}\tau = \frac{1}{R}\int_{-\infty}^{t} V^2(\tau)\,\mathrm{d}\tau = \frac{1}{R}\int_{-\infty}^{t} \dot{x}^2(\tau)\,\mathrm{d}\tau,$$

so dass die Energiebilanz lautet

$$E_{\mathrm{in}}(t) = E(t) + E_R(t) = C\left\{ \tfrac{1}{2}\dot{x}^2(t) + \tfrac{1}{2}\omega_0^2 x^2(t) + 2\gamma \int\limits_{-\infty}^{t} \dot{x}^2(\tau)\mathrm{d}\tau \right\},$$

in Übereinstimmung mit den eingangs gemachten Bemerkungen (wobei nun $\kappa = C$).

Um das Antwortverhalten eines Lorentzoszillators zu untersuchen, betrachten wir zunächst den einfachen Fall einer oszillatorischen Anregung $y(t) \mapsto \exp(-\mathrm{i}\omega t)$, wobei $\omega \in \mathbb{R}$ eine vom Experimentator fest gewählte Kreisfrequenz ist,

$$\ddot{x}(t) + 2\gamma\dot{x}(t) + \omega_0^2 x(t) = \mathrm{e}^{-\mathrm{i}\omega t}, \quad t \in \mathbb{R}.$$

Die stationäre Lösung ist offensichtlich von der Form

$$x(t) = \chi(\omega)\mathrm{e}^{-\mathrm{i}\omega t}, \quad t \in \mathbb{R}.$$

Eingesetzt in die Differentialgleichung ergibt dieser Ansatz

$$\{-\omega^2 - 2\mathrm{i}\gamma\omega + \omega_0^2\}\chi(\omega) = 1.$$

Somit ist die komplexe Suszeptibilität $\chi : \mathbb{R} \to \mathbb{C}$ gegeben durch

$$\chi(\omega) = \frac{-1}{\omega^2 - \omega_0^2 + 2\mathrm{i}\gamma\omega} = \frac{-1}{(\omega - \Omega + \mathrm{i}\gamma)(\omega + \Omega + \mathrm{i}\gamma)}$$

mit

$$\Omega = \sqrt{\omega_0^2 - \gamma^2} \in \mathbb{C}.$$

Eine physikalisch realisierbare oszillatorische Eingangsfunktion ist reellwertig, etwa

$$t \mapsto y(t) = \cos(\omega t) = \mathrm{Re}\{\exp(-\mathrm{i}\omega t)\}, \quad \omega > 0.$$

Mit dem Superpositionsgesetz folgt damit für die Antwort $t \mapsto x(t)$

$$\begin{aligned} x(t) &= \mathrm{Re}\{\chi(\omega)\exp(-\mathrm{i}\omega t)\} \\ &= A(\omega)\cos\{\omega t - \varphi(\omega)\}, \end{aligned}$$

wobei die Amplitudenfunktion $\omega \mapsto A(\omega)$ durch $\omega \mapsto |\chi(\omega)|$ und die Phasenfunktion $\omega \mapsto \varphi(\omega)$ durch $\omega \mapsto \tan^{-1}\{\operatorname{Im}\chi(\omega)/\operatorname{Re}\chi(\omega)\}$ gegeben ist:

$$A(\omega) = \frac{1}{\sqrt{(\omega^2 - \omega_0^2)^2 + 4\gamma^2\omega^2}}$$

$$\varphi(\omega) = -\tan^{-1}\left\{\frac{2\gamma\omega}{\omega^2 - \omega_0^2}\right\}$$

Die physikalische Bedeutung der Amplitudenfunktion A kann leicht aus der Energiebilanz

$$E_{\text{in}}(t) = E(t) + 2\kappa\gamma \int_{-\infty}^{t} \dot{x}^2(\tau)\,\mathrm{d}\tau$$

ersehen werden, wobei $E(t)$ die zur Zeit t im Oszillator gespeicherte Energie ist

$$E(t) = \frac{\kappa}{2}\{\dot{x}^2(t) + \omega_0^2 x^2(t)\}.$$

Mit $x(t) = A\cos\{\omega t - \varphi(\omega)\}$ und $\dot{x}(t) = -\omega A\sin\{\omega t - \varphi(\omega)\}$ folgt für die momentane Blindleistung N_{B}

$$N_{\text{B}} := \frac{\mathrm{d}E(t)}{\mathrm{d}t} = -\kappa(\omega^2 + \omega_0^2)A^2(\omega)\cos\{\omega t - \varphi(\omega)\}\sin\{\omega t - \varphi(\omega)\},$$

und für die momentane Wirkleistung N_{W}

$$N_{\text{W}}(t) := \frac{\mathrm{d}}{\mathrm{d}t}2\kappa\gamma \int_{-\infty}^{t} \dot{x}^2(\tau)\,\mathrm{d}\tau = 2\kappa\gamma\dot{x}^2(t) = 2\kappa\gamma\omega^2 A^2(\omega)\sin^2\{\omega t - \varphi(\omega)\},$$

so dass die gesamte vom Stimulus aufgebrachte momentane Leistung N durch

$$N(t) = N_{\text{B}}(t) + N_{\text{W}}(t)$$

gegeben ist. Die im Zeitmittel dem Oszillator zugeführte Leistung $\bar{N}$ ergibt sich durch Mittelung über die Periode $T = 2\pi/\omega$,

$$\bar{N} := \frac{1}{T}\int_{0}^{T} N(t)\,\mathrm{d}t, \quad T = 2\pi/\omega.$$

Mit

$$\overline{sin^2(\omega t)} = \overline{cos^2(\omega t)} = \tfrac{1}{2},$$
$$\overline{\sin(\omega t)\cos(\omega t)} = 0,$$

folgt, dass der Zeitmittelwert der Blindleistung verschwindet, $\bar{N}_{\mathrm{B}} = 0$, und somit $\bar{N}$ gleich dem Zeitmittelwert der Wirkleistung ist, $\bar{N} = \bar{N}_{\mathrm{W}}$, so dass

$$\bar{N} = \kappa\gamma\omega^2 A^2(\omega).$$

Dieses Resultat erlaubt auch eine physikalische Interpretation der reellen Suszeptibilitäten $\chi^{(1)}(\omega) = \mathrm{Re}\{\chi(\omega)\}$ und $\chi^{(2)}(\omega) = \mathrm{Im}\{\chi(\omega)\}$,

$$\chi^{(1)}(\omega) = -\frac{\omega^2 - \omega_0^2}{(\omega^2 - \omega_0^2)^2 + 4\gamma^2\omega^2},$$

$$\chi^{(2)}(\omega) = -\frac{2\gamma\omega}{(\omega^2 - \omega_0^2)^2 + 4\gamma^2\omega^2}.$$

Mit $\chi^{(2)}(\omega) = 2\gamma\omega A^2(\omega)$ folgt

$$\bar{N} = \frac{\kappa}{2}\omega\chi^{(2)}(\omega)$$

Das heisst, dass im eingeschwungenen Zustand die durch den Stimulus dem System zugeführte Leistung im Zeitmittel durch den Imaginärteil $\chi^{(2)}$ der komplexen Suszeptibilität bestimmt ist. Daher nennt man die experimentell direkt messbare Funktion $\omega \mapsto \chi^{(2)}(\omega)$ häufig auch ein *Absorptionssignal*. Während der Imaginärteil $\chi^{(2)}$ ein Mass für das Zeitmittel der Wirkleistung ist, hängt der Realteil $\chi^{(1)}$ mit dem Zeitmittel der Blindleistung zusammen. Daher nennt man die ebenfalls experimentell direkt messbare Funktion $\omega \mapsto \chi^{(1)}(\omega)$ auch ein *Dispersionssignal*.

Die *Antwortfunktion* $t \mapsto \Phi(t)$ ist die inverse Fouriertransformierte der komplexen Suszeptibilität $\omega \mapsto \chi(\omega)$. Somit gilt für den Lorentzoszillator

$$\Phi(t) = -\frac{1}{2\pi}\int_{-\infty}^{\infty} \mathrm{e}^{-\mathrm{i}\omega t}\frac{1}{(\omega - \Omega + \mathrm{i}\gamma)(\omega + \Omega + \mathrm{i}\gamma)}\,\mathrm{d}\omega, \quad t \in \mathbb{R}.$$

Aus Integraltabellen findet man

$$\Phi(t) = e^{-\gamma t}\frac{\sin(\Omega t)}{\Omega} \text{ für } t \geq 0$$

$$\Phi(t) = 0 \text{ für } t \leq 0$$

wobei

$$\Omega := \sqrt{\omega_0^2 - \gamma^2} \in \mathbb{C}.$$

Da $\Phi(t) = 0$ für $t < 0$, folgt, dass der Lorentzoszillator ein *kausales* System ist. Somit lautet die Antwort $t \mapsto x(t)$ eines Lorentzoszillators auf einen beliebigen Stimulus $t \mapsto y(t)$:

$$x(t) = \int_0^\infty e^{-\gamma s}\frac{\sin(\Omega s)}{\Omega} y(t - s)\, ds.$$

Aufgabe: Direkte Berechnung der Impulsantwort
Die Berechnung der Impulsantwort als inverser Fouriertransformierten erfordert die Auswertung eines Integrals durch komplexe Integration mit Hilfe des Residuensatzes. Hat man keine Kenntnisse der komplexen Analysis, ist es einfacher, die Impulsantwort direkt aus der Differentialgleichung herzuleiten:

$$\ddot{x}(t) + 2\gamma\dot{x}(t) + \omega_0^2 x(t) = \delta(t), \quad t \in \mathbb{R}.$$

Hinweis: Beachte, dass die rechte Seite dieser Differentialgleichung für alle $t > 0$ verschwindet. Für $t > 0$ mache man den Ansatz $e^{\alpha t}$ und bestimme die Konstante α aus der Differentialgleichung $\ddot{x} + 2\gamma\dot{x} + \omega_0^2 x = 0$. Konstruiere daraus eine Lösung, welche die Anfangsbedingung $x(0) = 0$ erfüllt.

Die *Impulsantwort* eines Lorentzoszillators ist

$$\Phi(t) = \frac{1}{\Omega}\sin(\Omega t)e^{-\gamma t} \quad \text{mit} \quad \Omega = \sqrt{\omega_0^2 - \gamma^2}.$$

Für $\omega_0 > \gamma$ erhalten wir eine exponentiell gedämpfte Oszillation

$$t \mapsto e^{-\gamma t}\frac{\sin\sqrt{\omega_0^2 - \gamma^2}\, t}{\sqrt{\omega_0^2 - \gamma^2}}.$$

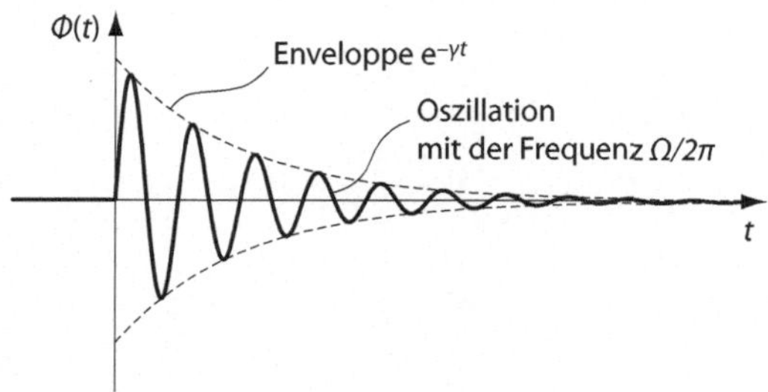

Situation für $\omega_0 \gg 2\gamma$:
Gedämpfte Oszillation mit Kreisfrequenz Ω und exponentieller Dämpfung

Für $\omega_0 < \gamma$ ist die Impulsantwort nichtoszillatorisch

$$t \mapsto e^{-\gamma t}\ \frac{\sinh\sqrt{\gamma^2 - \omega_0^2}\,t}{\sqrt{\gamma^2 - \omega_0^2}}.$$

Am Übergangspunkt $\omega_0 = \gamma$ zwischen oszillatorischer und nichtoszillatorischer Impulsantwort ist $\Omega = 0$. Die Taylorentwicklung von $\sin(\Omega t)/\Omega$ ergibt

$$\Phi(t) = t\exp(-\gamma t).$$

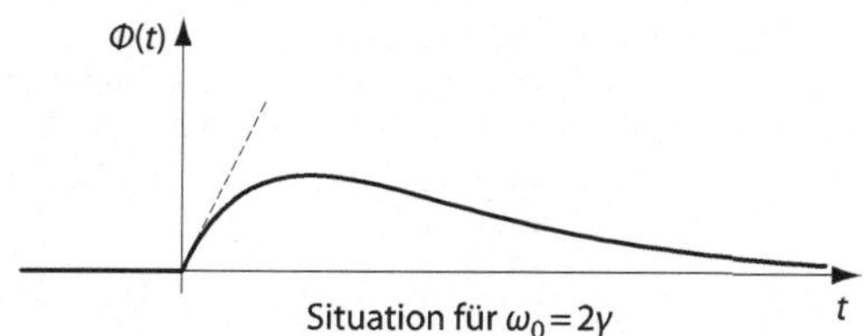

Der dimensionslose Faktor

$$Q := \tfrac{1}{2}\omega_0/\gamma$$

heisst der Gütefaktor Q des Lorentzoszillators. Beispielsweise gilt für einen RLC-Kreis $\omega_0 = (LC)^{-1/2}$, $2\gamma = (RC)^{-1}$, so dass

$$Q = R\omega_0 C = R/(\omega_0 L) = R\sqrt{C/L}.$$

Für $Q > \tfrac{1}{2}$ ist die Antwortfunktion $t \mapsto \Phi(t)$ oszillatorisch, für $Q \le \tfrac{1}{2}$ aperiodisch. Falls $Q \gg 1$, spricht man von einem Oszillator *hoher Güte*.

Beispiele
RLC-Kreise in einem UKW-Empfänger: $Q = 100\ldots 300$
Quarzresonator: $Q = 50\,000\ldots 10\,000\,000$
Kernresonanz: bis $Q = 10^9$
Moderne Oszillatoren für die Zeit- und Frequenzmessung: $Q = 10^{10}\ldots 10^{14}$.

Für Oszillatoren hoher Güte ist die Dämpfungskonstante γ viel kleiner als die Resonanzfrequenz ω_0, $\gamma \ll \omega_0$ so dass für Frequenzen ω in der Nähe der Resonanzfrequenz ω_0 folgende Näherungen eine brauchbare vereinfachte Beschreibung erlauben:

$$\omega^2 - \omega_0^2 = (\omega + \omega_0)(\omega - \omega_0) \approx 2\omega_0(\omega - \omega_0) \left.\begin{array}{l} \\ \\ \end{array}\right\} \text{gültig für } Q \gg 1$$
$$\gamma\omega \approx \gamma\omega_0 \qquad\qquad \text{und } |\omega - \omega_0| \ll \gamma.$$

Es folgt

$$\omega^2 - \omega_0^2 + 2i\gamma\omega \approx 2\omega_0(\omega - \omega_0 + i\gamma),$$

und damit:

Näherungen für $|\omega - \omega_0| \ll \gamma$ und $\omega \approx \omega_0$

$$\chi(\omega) = \frac{-1}{2\omega_0} \frac{1}{\omega - \omega_0 + i\gamma}$$

$$\chi^{(1)}(\omega) = \frac{-1}{2\omega_0} \frac{\omega - \omega_0}{(\omega - \omega_0)^2 + \gamma^2}$$

$$\chi^{(2)}(\omega) = \frac{1}{2\omega_0} \frac{\gamma}{(\omega - \omega_0)^2 + \gamma^2}$$

$$A(\omega) = \frac{1}{2\omega_0} \frac{1}{\sqrt{(\omega - \omega)^2 + \gamma^2}}$$

$$\varphi(\omega) = -\tan^{-1}\frac{\gamma}{\omega - \omega_0}$$

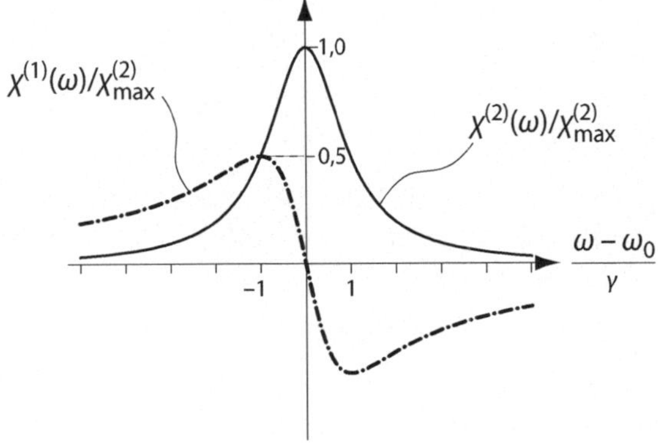

Die Leistungsaufnahme $\bar{N}$ eines Lorentzoszillators ist gegeben durch

$$\bar{N}(\omega) = \frac{\kappa}{2}\omega\chi^{(2)}(\omega),$$

so dass für einen Oszillator hoher Güte ($|\omega - \omega_0| \ll \gamma,\ \omega \approx \omega_0$) gilt

$$\bar{N}(\omega) \approx \frac{\kappa}{4}\frac{\gamma}{(\omega - \omega_0)^2 + \gamma^2}.$$

In der Spektroskopie tritt die Funktion $\omega \mapsto \bar{N}(\omega)$ eines Lorentzoszillators hoher Güte häufig als (idealisierte) Linienform auf. Es ist daher bequem, eine normierte Lorentzkurve einzuführen:

Normierte Lorentzkurve $\omega \mapsto L(\omega)$

$$L(\omega) := \frac{1}{\pi}\frac{\gamma}{\omega^2 + \gamma^2}, \quad \omega \in \mathbb{R}$$

$$\int_{-\infty}^{\infty} L(\omega)\,d\omega = 1$$

Maximum von $\omega \mapsto L(\omega)$ bei $\omega = 0$: $L(0) = \dfrac{1}{\pi\gamma}$

halbes Maximum bei $\omega = \pm\gamma$: $L(\gamma) = L(-\gamma) = \frac{1}{2}L(0)$

Somit ist γ die *halbe Halbwertsbreite* der Lorentzkurve. Die ganze Halbwertsbreite 2γ heisst auch „half width", „line width", Linienbreite, „half-power bandwidth", 3dB-Linienbreite. Die letzte Bezeichnung erklärt sich aus der Leistungsaufnahme

$$\bar{N}(\omega) = \kappa\frac{\pi}{4}L(\omega - \omega_0),$$

und der Tatsache, dass 3 Dezibel die halbe Leistung kennzeichnet. Da die Impulsantwort eines Lorentzoszillators gemäss $t \mapsto \exp(-\gamma t)$ relaxiert, heisst

$$T := \gamma^{-1}$$

auch die *Relaxationszeit* des Lorentzoszillators.

4.6 Die lineare Antwort von thermischen Quantensystemen

Wir betrachten ein offenes quantenmechanisches System in thermischem Kontakt
mit einem „Wärmebad" der Temperatur $T = 1/k\beta$. Ohne äussere Störung durch den
Experimentator sei die Dynamik des Systems durch die Karplus–Schwingersche
Bewegungsgleichung für den Dichteoperator $D(t)$ gegeben,

$$\dot{\hat{D}}(t) = \frac{1}{i\hbar}[\hat{H}_0, \hat{D}(t)] - \Gamma\{\hat{D}(t) - \hat{D}_\beta\},$$

wobei $\Gamma < 0$ eine reziproke Relaxationszeit und $\hat{D}_\beta$ der kanonische Dichteoperator
zum Hamiltonoperator $\hat{H}_0$ und der Temperatur $T = 1/k\beta$ ist,

$$\hat{D}_\beta = \frac{\exp(-\beta\hat{H}_0)}{\mathrm{Sp}\{\exp(-\beta\hat{H}_0)\}}.$$

Nun nehmen wir an, dass der Experimentator dieses System durch eine externe Kraft (i.a. durch externe elektromagnetische Felder) *schwach* störe, so dass der
Hamiltonoperator $\hat{H}$ des Systems zeitabhängig wird und durch

$$\hat{H}(t) = \hat{H}_0 + \hat{V}(t)$$

dargestellt werden könne. Dabei nehmen wir an, dass das System in der fernen Vergangenheit im thermischen Gleichgewichtszustand gewesen sei, d. h. dass

$$\hat{D}(-\infty) = \hat{D}_\beta.$$

Dazu ist natürlich notwendig, dass die externe Störung $\hat{V}$ in der fernen Vergangenheit ausgeschaltet war,

$$\hat{V}(-\infty) = \hat{0}.$$

Die Bewegungsgleichung des gestörten Systems sei durch folgende modifizierte
Karplus–Schwingersche Bewegungsgleichung gegeben

$$\dot{\hat{D}}(t) = \frac{1}{i\hbar}[\hat{H}_0 + \hat{V}(t), \hat{D}(t)] - \Gamma\{\hat{D}(t) - \hat{D}_\beta\}.$$

Da $\hat{V}(t)$ die Bedeutung einer *schwachen* externen Störung hat, entwickeln wir
den Dichteoperator $\hat{D}$ nach Potenzen dieser kleinen Störung,

$$\hat{D}(t) = \hat{D}^{(0)}(t) + \hat{D}^{(1)}(t) + \hat{D}^{(2)}(t) + \cdots,$$

wobei $\hat{D}^{(n)}$ von n-ter Ordnung in $\hat{V}$ ist. Mit $\hat{D}(-\infty) = \hat{D}_\beta$ und $\hat{V}(-\infty) = 0$ folgt,
dass

$$\hat{D}^{(0)}(-\infty) = \hat{D}_\beta, \quad \hat{D}^{(n)}(-\infty) = 0 \text{ für } n > 0.$$

Setzt man diesen Ansatz in die modifizierte Karplus–Schwinger-Bewegungsglei-chung ein, so erhält man

$$\hat{D}^{(0)}(t) + \hat{D}^{(1)}(t) + \cdots = \frac{1}{i\hbar}[\hat{H}_0 + \hat{V}(t), \hat{D}^{(0)}(t) + \hat{D}^{(1)}(t) + \cdots]$$
$$- \Gamma\{\hat{D}^{(0)}(t) + \hat{D}^{(1)}(t) + \cdots - \hat{D}_\beta\},$$

und damit durch Vergleich gleicher Ordnungen in $\hat{V}$:

$$\dot{\hat{D}}^{(0)}(t) = \frac{1}{i\hbar}[\hat{H}_0, \hat{D}^{(0)}(t)] - \Gamma\{\hat{D}^{(0)}(t) - \hat{D}_\beta\}$$
$$\dot{\hat{D}}^{(1)}(t) = \frac{1}{i\hbar}[\hat{H}_0, \hat{D}^{(1)}(t)] + \frac{1}{i\hbar}[\hat{V}(t), \hat{D}^{(0)}(t)] - \Gamma\hat{D}^{(1)}(t)$$

usw.

Man beachte, dass es weder schwierig noch besonders mühsam ist, die höheren Näherungen $\hat{D}^{(2)}$, $\hat{D}^{(3)}$ zu berechnen. Wir verzichten darauf, da wir uns auf die *lineare* Antwort konzentrieren wollen.

Die Differentialgleichung für $t \mapsto \hat{D}^{(0)}(t)$ kann sofort integriert werden:

$$\hat{D}^{(0)} = e^{-i(t-t_0)\hat{H}_0/\hbar}\hat{D}^{(0)}(t_0)e^{+i(t-t_0)\hat{H}_0/\hbar}e^{-\Gamma(t-t_0)} + \left\{1 - e^{-\Gamma(t-t_0)}\right\}\hat{D}_\beta.$$

Wählen wir als Anfangszeit t_0 die ferne Vergangenheit $t_0 \rightarrow -\infty$, so gilt

$$\lim_{t_0 \rightarrow -\infty} \hat{D}^{(0)}(t) = \hat{D}_\beta \quad \text{für alle } t \in \mathbb{R}.$$

Dieses Resultat war natürlich zu erwarten, lässt doch die ungestörte Karplus–Schwinger-Zeitevolution den kanonischen Dichteoperator $\hat{D}_\beta$ invariant.

Zur Lösung der Differentialgleichung für $t \mapsto \hat{D}^{(1)}(t)$ erinnern wir uns an die einfache Differentialgleichung

$$\dot{x}(t) + ax(t) = b(t)$$

für eine Zahlenfunktion $t \mapsto x(t)$. Deren Lösung lautet bekanntlich

$$x(t) = e^{-a(t-t_0)}x(t_0) + \int_{t_0}^{t} e^{-a(t-s)}b(s)\,\mathrm{d}s,$$

wobei $x(t_0)$ der Anfangswert zur Zeit t_0 ist (Beweis durch Differenzieren nach t). In Analogie erwarten wir für die Operatorendifferentialgleichung für $\hat{D}^{(1)}$ die Lösung

$$\hat{D}^{(1)}(t) = e^{-\Gamma(t-t_0)} e^{-i(t-t_0)\hat{H}_0/\hbar} \hat{D}^{(1)}(t_0) e^{+i(t-t_0)\hat{H}_0/\hbar}$$

$$+ \frac{1}{i\hbar} \int_{t_0}^{t} e^{-\Gamma(t-s)} e^{-i(t-s)\hat{H}_0/\hbar} [\hat{V}(s), \hat{D}^{(0)}(s)] e^{i(t-s)\hat{H}/\hbar} \, ds.$$

Durch Differenzieren nach t bestätigt man leicht die Richtigkeit dieser Vermutung. Wählt man als Anfangszeit t_0 die ferne Vergangenheit, $t_0 = -\infty$, so verschwindet der erste Term und man erhält wegen $\hat{D}^{(0)}(s) = \hat{D}_\beta$ für alle $s \in \mathbb{R}$:

$$\hat{D}^{(1)}(t) = \frac{1}{i\hbar} \int_{-\infty}^{t} e^{-\Gamma(t-s)} e^{-i(t-s)\hat{H}_0/\hbar} [\hat{V}(s), \hat{D}_\beta] e^{+i(t-s)\hat{H}_0/\hbar} \, ds,$$

oder nach der Substitution $\tau = t - s$

$$\hat{D}^{(1)}(t) = \frac{1}{i\hbar} \int_{0}^{\infty} e^{-\Gamma\tau} e^{-i\tau\hat{H}_0/\hbar} [\hat{V}(t-\tau), \hat{D}_\beta] e^{i\tau\hat{H}_0/\hbar} \, d\tau$$

Der Erwartungswert $a(t)$ einer Observablen $\hat{A}$ zur Zeit t ist gegeben durch

$$a(t) = \mathrm{Sp}\{\hat{D}(t)\hat{A}\}$$
$$= \mathrm{Sp}\left\{\hat{D}^{(0)}(t)\hat{A}\right\} + \mathrm{Sp}\left\{\hat{D}^{(1)}(t)\hat{A}\right\} + \cdots.$$

Im folgenden werden wir den Erwartungswert einer Observablen $\hat{A}$ bezüglich des kanonischen Ensembles mit der Temperatur $(k\beta)^{-1}$ mit $\langle\hat{A}\rangle_\beta$ bezeichnen,

$$\langle\hat{A}\rangle_\beta := \mathrm{Sp}\{\hat{D}_\beta\hat{A}\},$$

wobei

$$\hat{D}_\beta := Z_\beta^{-1} \exp(-\beta\hat{H}_0), \quad Z_\beta := \mathrm{Sp}\{\exp(-\beta\hat{H}_0)\}.$$

Wir schreiben

$$a(t) = a^{(0)}(t) + a^{(1)}(t) + \cdots,$$

mit

$$a^{(n)}(t) := \mathrm{Sp}\left\{\hat{D}^{(n)}(t)\hat{A}\right\}, \quad n = 0, 1, \ldots.$$

Da $\hat{D}^{(0)}(t) = \hat{D}_\beta$ zeitunabhängig ist, folgt, dass $a^{(0)}$ auch nicht von der Zeit abhängt,

$$a^{(0)} = \langle \hat{A} \rangle_\beta.$$

Von grösserem Interesse als dieser Gleichgewichtserwartungswert ist die lineare Antwort $a^{(1)}$

$$a^{(1)}(t) = \frac{1}{i\hbar} \int\limits_0^\infty e^{-\Gamma\tau}\, \mathrm{Sp}\left\{ e^{-i\tau\hat{H}_0/\hbar}[\hat{V}(t-\tau), \hat{D}_\beta] e^{i\tau\hat{H}_0/\hbar}\hat{A} \right\}\, d\tau.$$

Wegen der zyklischen Invarianz der Spur folgt

$$a^{(1)}(t) = \frac{1}{i\hbar} \int\limits_0^\infty e^{-\Gamma\tau}\, \mathrm{Sp}\left\{ \hat{D}_\beta[e^{i\tau\hat{H}_0/\hbar}\hat{A}e^{-i\tau\hat{H}_0/\hbar}, \hat{V}(t-\tau)] \right\}\, d\tau$$

$$= \frac{1}{i\hbar} \int\limits_0^\infty e^{-\Gamma\tau}\, \langle [e^{i\tau\hat{H}_0/\hbar}\hat{A}e^{-i\tau\hat{H}_0/\hbar}, \hat{V}(t-\tau)] \rangle_\beta\, d\tau.$$

Somit haben wir folgendes wichtige Resultat erhalten:

Lineare Antwort thermischer Quantensysteme

Stört man ein thermisches Quantensystem durch einen zeitabhängigen Störoperator $t \mapsto \hat{V}(t)$, dann ist die lineare Antwort einer Observablen $\hat{A}$ gegeben durch

$$a^{(1)}(t) = \frac{1}{i\hbar} \int\limits_0^\infty e^{-\Gamma\tau}\, \langle [e^{i\tau\hat{H}_0/\hbar}\hat{A}e^{-i\tau\hat{H}_0/\hbar}, \hat{V}(t-\tau)] \rangle_\beta\, d\tau.$$

Dabei wurde angenommen, dass in der fernen Vergangenheit das System sich im thermischen Gleichgewichtszustand befand und die äussere Störung abgeschaltet war. Die Abkürzung $\langle \cdots \rangle_\beta$ steht für den Erwartungswert bezüglich des thermischen Gleichgewichtszustandes des ungestörten Systems,

$$\langle \hat{X} \rangle_\beta := \frac{\mathrm{Sp}\{\hat{X}\exp(-\beta\hat{H}_0)\}}{\mathrm{Sp}\{\exp(-\beta\hat{H}_0)\}}.$$

Im allgemeinen erlaubt der Störoperator $\hat{V}(t)$ die Darstellung

$$\hat{V}(t) = -\sum_{j=1}^{m} b_j(t)\hat{B}_j \quad \text{für alle } t \in \mathbb{R}.$$

Dabei ist $\hat{B}_j$ ein zeit*un*abhängiger selbstadjungierter Operator und $t \mapsto b_j(t)$ eine reellwertige Funktion der Zeit t. Damit erhalten wir ein Übertragungssystem mit den m Eingängen $b_1, b_2, \ldots, b_m$. Ohne Einschränkung der Allgemeinheit können wir uns aber auf den Fall $m = 1$ spezialisieren und erhalten dann folgendes Resultat:

Lineares quantenmechanisches Übertragungssystem

Störoperator $\qquad\qquad \hat{V}(t) = -b(t)\hat{B}$ mit $\hat{B} = \hat{B}^*$

Stimulus $\qquad\qquad\quad t \mapsto b(t) \in \mathbb{R}$

Observable $\qquad\qquad\;\, \hat{A} = \hat{A}^*$

lineare Antwort $\qquad\; t \mapsto a^{(1)}(t) \in \mathbb{R}$

$$a^{(1)}(t) = \int\limits_{0}^{\infty} \Phi_{AB}(\tau)b(t-\tau)\,\mathrm{d}\tau$$

wobei die Antwortfunktion $t \mapsto \Phi_{AB}(t) \in \mathbb{R}$ gegeben ist durch

$$\Phi_{AB}(t) := \frac{\mathrm{i}}{\hbar}\langle[\hat{A}(t),\hat{B}]\rangle_\beta \mathrm{e}^{-\Gamma t}, \quad t \geq 0.$$

Dabei ist $t \mapsto \hat{A}(t)$ definiert durch

$$\hat{A}(t) := \mathrm{e}^{\mathrm{i}t\hat{H}_0/\hbar}\,\hat{A}\,\mathrm{e}^{-\mathrm{i}t\hat{H}_0/\hbar}.$$

Dieses System ist *linear*, da nur der lineare Anteil $a^{(1)}$ der Antwort berücksichtigt wurde, *zeitinvariant*, da der ungestörte Hamiltonoperator $\hat{H}_0$ als zeitunabhängig vorausgesetzt wurde, und *kausal*, da die Dynamik durch eine Differentialgleichung spezifiziert wurde.

Aufgabe

Man beweise, dass $t \mapsto \Phi_{AB}$ eine reellwertige Funktion ist.
Hinweis: $\hat{A}$ und $\hat{B}$ sind selbstadjungiert, damit sind auch $\hat{A}(t)$ und $\mathrm{i}[\hat{A}(t),\hat{B}]$ selbstadjungiert.

Die Verallgemeinerung dieser quantenmechanischen Antworttheorie auf lineare Übertragungssysteme mit m Eingangskanälen und n Ausgangskanälen ist trivial. Dazu betrachtet man einen Störoperator der Form

$$\hat{V}(t) = -\sum_{k=1}^{m} b_k(t)\hat{B}_k \quad \text{mit} \quad \hat{B}_k = \hat{B}_k^*, \quad b_k(t) \in \mathbb{R},$$

und n Observable $\hat{A}_1, \ldots, \hat{A}_n$. Die n Ausgangsfunktionen sind dann gegeben durch

$$t \mapsto a_j^{(1)}(t) := \mathrm{Sp}\{\hat{D}^{(1)}(t)A_j\}.$$

Mit dem Superpositionsprinzip folgt

$$a_j^{(1)} = \sum_{k=1}^{m} \int_0^\infty \Phi_{jk}(s)b_k(t-s)\,\mathrm{d}s, \quad j = 1, \ldots, n,$$

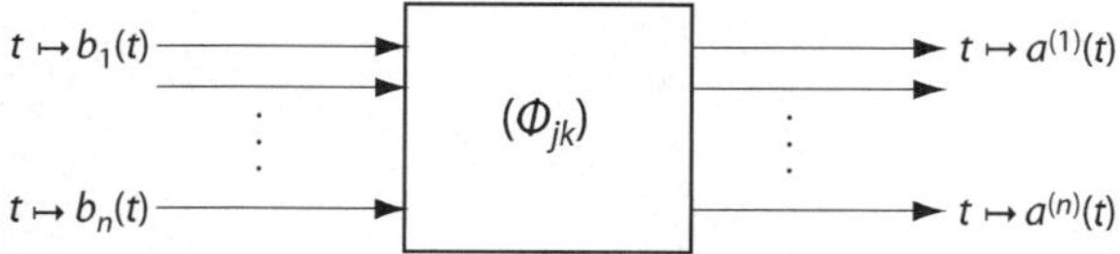

wobei die Antwortfunktion Φ_{jk} durch

$$\Phi_{jk} = \frac{\mathrm{i}}{\hbar}\langle[A_j(t), B_k]\rangle_\beta \mathrm{e}^{-\Gamma t}$$

gegeben ist.

Weiterführende Literatur
  E. Fick und G. Sauermann, *Quantenstatistik dynamischer Prozesse*, Bd. 1 „Generelle Aspekte", Bd. 2 „Antwort- und Relaxationstheorie", Harri Deutsch, Thun, 1983 resp. 1986.

MATLAB-Übungen

Aufgabe 4.1: Man erstelle ein MATLAB-mfile, das für die Impulse-Response $\Phi(t) = \vartheta(t), \mathrm{e}^{-\gamma t}, t \in \mathbb{R}$ ($t \mapsto \vartheta(t)$ ist die Heaviside-Funktion), die komplexe Suszeptibilität, die Amplitudencharakteristik und die Phasencharakteristik bestimmt. *Hinweis:* Der MATLAB-Befehl `laplace.m` aus der Symbolic-Math-Toolbox ist hilfreich.

Aufgabe 4.2: Man erstelle ein MATLAB-mfile, das für die Impulseantwort des Lorentzoszillators

$$\Phi(t) = \vartheta(t), \ e^{-\gamma t}\, \frac{\sin(\Omega t)}{\Omega}, \quad t \in \mathbb{R},$$

die komplexe Suszeptibilität, die Amplitudencharakteristik und die Phasencharakteristik bestimmt.

Aufgabe 4.3: Man zeichne für den Lorentzoszillator mit unterschiedlichen Parameterwerten ($\gamma \ll \Omega, \gamma = \Omega, \gamma \gg \Omega$) die Amplitudencharakteristik und bestimme die Resonanzfrequenz.

Aufgabe 4.4: Wie verändert sich für den Fall $\Omega = 5\,\mathrm{Hz}$ und ansteigendem γ ($\gamma = 1; 1,1; 1,2; \ldots, 5\,\mathrm{Hz}$) die Resonanzfrequenz? Man zeichne eine illustrative Abbildung.

Aufgabe 4.5: Man bestimme mit Hilfe der MATLAB-Funktion conv.m den Output einer oszillatorischen Anregung $\vartheta(t)\sin(\omega_1 t)$ und vergleiche das Ergebnis mit dem Resultat von Aufgabe 4.2.

Aufgabe 4.6: Man bestimme die Phasenraumdarstellung des Lorentzoszillators, d. h. die Dynamik im zweidimensionalen Raum von Ort $x = x(t)$ und Geschwindigkeit $\dot{x} = \dot{x}(t)$. Die Phasenraumdarstellung hat die Form

$$\dot{z}(t) = F\, z(t) + G\, y(t)$$
$$x(t) = H\, z(t),$$

wobei

$$z(t) = \begin{pmatrix} x(t) \\ \dot{x}(t) \end{pmatrix}$$

der Zustandsvektor ist. Hier ist $y = y(t)$ der Input und $x = x(t)$ der Output des Systems. Man finde die drei Matrizen F, G und H des Systems. Was sind die Eigenwerte und Eigenvektoren von F?

Aufgabe 4.7: Die Phasenraumdarstellung wird auch als Kalman-Zustandsraumdarstellung bezeichnet. Die Dynamik $z = z(t)$ ist gegeben durch

$$z(t) = \exp\{F \times (t - t_0)\}\, z_0 + \int_{t_0}^{t} \exp\{F \times (t - s)\}\, G\, y(s)\mathrm{d}s.$$

Dabei ist

$$z_0 = \begin{pmatrix} x(0) \\ \dot{x}(0) \end{pmatrix}$$

die Anfangsbedingung und die Exponentialfunktion für Matrizen A definiert durch die Potenzreihe

$$\exp(A) = 1 + \frac{A}{1!} + \frac{A^2}{2!} + \cdots + \frac{A^n}{n!} + \cdots$$

Der MATLAB-Befehl `expm.m` implementiert diese Potenzreihe und lässt sich auch auf symbolische mathematische Ausdrücke anwenden. Man stelle $\exp(F \times t)$ explizit (für beliebige Parameter ω_0 und γ des Lorentzoszillators und beliebige Zeiten t dar und bestimme mittels des MATLAB-Befehls `conv.m` die Lösung $z = z(t)$ für eine oszillatorische Anregung. Man stelle das Resultat in einer passenden Abbildung dar und vergleiche mit dem Ergebnis von Aufgabe 4.2.

Kapitel 5
Erstes Beispiel: Ein einfaches Kernresonanzexperiment

5.1 Spezifizierung der Messapparatur

Wir betrachten folgendes Experiment:

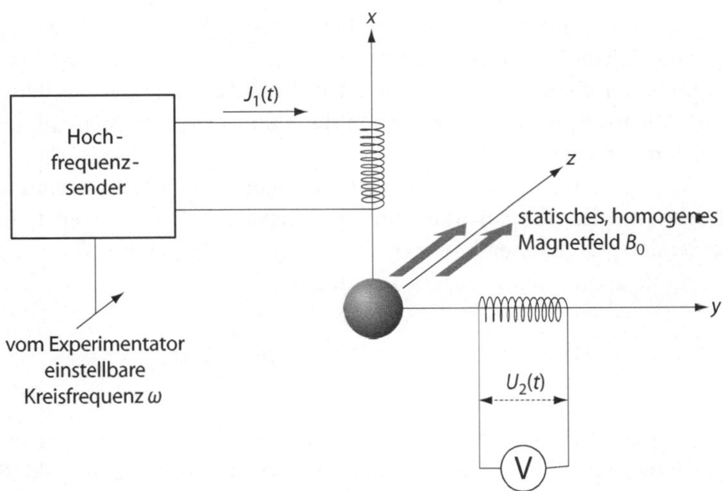

1. Eine Probe mit Radius R, bestehend aus N nicht wechselwirkenden Teilchen mit Spin $\frac{1}{2}$ und gyromagnetischem Verhältnis γ (z. B. ein Atomkern in einer Molekel). Die Voraussetzung Spin $\frac{1}{2}$ wurde nur gemacht, um einfache Ausdrücke für das kanonische Ensemble zu erhalten. Alle Überlegungen gelten in genau analoger Weise für beliebigen Spin.

2. Die Probe befinde sich in einem starken, zeit*un*abhängigen *homogenen Magnetfeld B_0* in z-Richtung.

3. Um die Probe sei längs der x-Richtung eine *Senderspule* mit n_1 Windungen und Länge l_1 angebracht, welche durch einen Hochfrequenzsender mit dem schwachen Strom

A. Amann, U. Müller-Herold, *Offene Quantensysteme*, Springer-Lehrbuch,
DOI 10.1007/978-3-642-05187-6_5, © Springer-Verlag Berlin Heidelberg 2011

$$J_1(t) = J_1(0)\cos(\omega t)$$

gespeist wird.

4. Weiter sei um die Probe längs der y-Richtung eine Empfängerspule mit n_2 Windungen, Länge l_2 und Radius R_2 angebracht. Der Experimentator messe über geeignete Verstärker die an dieser Empfängerspule induzierte Spannung $U_2(t)$.

Systemtheoretisch betrachtet besteht dieses Experiment einfach in der Messung der Antwort $t \mapsto U_2(t)$ auf die Anregung $t \mapsto J_1(t)$:

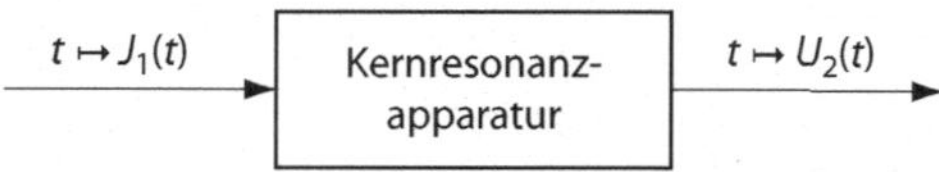

Falls der Eingangsstrom J_1 genügend klein ist, dürfen wir eine lineare Abhängigkeit der Antwort U_2 von J_1 erwarten, so dass die lineare Antworttheorie zuständig ist. Es wäre jedoch unvernünftig wenn auch theoretisch erlaubt, das Antwortverhalten $J_1 \rightarrow U_2$ vollumfänglich aus der Quantenmechanik herzuleiten. Man kann die klassische Behandlung weitertreiben und man soll sie soweit treiben wie irgendwie möglich. Beispielsweise ist eine quantenmechanische Beschreibung der in einer Kernresonanz-Apparatur verwendeten Bauteile wie Spulen nicht nur unsinnig, sondern auch praktisch nicht möglich.

Durch die ingenieurmässige Spezifizierung einer Messapparatur sind automatisch der relevante Hamiltonoperator und die relevanten Observablen fixiert. Der durch die Senderspule fliessende Strom J_1 erzeugt ein Magnetfeld $\boldsymbol{B}_1$, welches im Innern der Spule approximativ gegeben ist durch

$$\boldsymbol{B}_1 = (B_1, 0, 0) \text{ mit } B_1(t) \approx \mu_0 \frac{n_1}{l_1} J_1(t),$$

wobei $\mu_0 = 4\pi \cdot 10^{-7}\,\mathrm{Hm}^{-1}$ die Permeabilität des Vakuums ist. Da die Energie eines magnetischen Dipols mit Dipolmoment $\boldsymbol{\mu}$ in einem Magnetfeld $\boldsymbol{B}$ durch $-\boldsymbol{B}\boldsymbol{\mu}$ gegeben ist, lautet der relevante Spin-Hamiltonoperator $\hat{H}$ für einen einzelnen Atomkern

$$\hat{H}(t) = -\boldsymbol{B}(t)\hat{\boldsymbol{\mu}}(t),$$

wobei der Dipolmomentoperator $\hat{\boldsymbol{\mu}}$ mit dem Spinoperator $\boldsymbol{S}$ des Kerns über die Beziehung

$$\hat{\boldsymbol{\mu}} = \gamma \hat{\boldsymbol{S}},$$

verknüpft ist und γ das gyromagnetische Verhältnis des Kerns ist. Das Magnetfeld $\boldsymbol{B}(t)$ ist das zur Zeit t am Ort des Kernes wirksame Magnetfeld. Der Einfachheit zuliebe vernachlässigen wir in unserer Diskussion die magnetischen Wechselwirkungen mit den anderen Atomkernen der Probe. Die magnetischen Reaktionsfelder der Elektronen – die „chemische Verschiebung", den „chemical shift" der magnetisierten Probe, das sog. Onsagersche Reaktionsfeld – berücksichtigen wir global durch einen Abschirmfaktor σ, welcher das von aussen angelegte Magnetfeld B_0 leicht reduziert zu einem lokalen Feld B_0'

$$B_0' = (1 - \sigma)B_0.$$

Praktisch gilt immer $\sigma \ll 1$. Damit erhalten wir

$$\boldsymbol{B}(t) = \boldsymbol{B}_1(t)\boldsymbol{e}_1 + B_0'\boldsymbol{e}_3,$$

wobei $\boldsymbol{e}_1$, $\boldsymbol{e}_2$, $\boldsymbol{e}_3$ zueinander orthogonale Einheitsvektoren des $\mathbb{R}^3$ sind.

In einem Kernresonanzexperiment misst man die durch die zeitabhängige makroskopische Magnetisierung $\boldsymbol{M}$ der Probe in der Empfängerspule induzierte Spannung U_2. Das magnetische Dipolmoment $\boldsymbol{m}$ der Probe ist gegeben durch

$$\boldsymbol{m}(t) = \int\limits_{\text{Probe}} \boldsymbol{M}(\boldsymbol{r}, t)\,\mathrm{d}^3 r.$$

Für eine homogen magnetisierte kugelförmige Probe mit Radius R,

$$\boldsymbol{M}(\boldsymbol{r}, t) = \boldsymbol{M}(t) \ \text{für} \ |\boldsymbol{r}| \leq R$$
$$\boldsymbol{M}(\boldsymbol{r}, t) = \quad 0 \quad \text{für} \ |\boldsymbol{r}| > R$$

gilt somit

$$\boldsymbol{m}(t) = \frac{4\pi}{3} R^3 \boldsymbol{M}(t).$$

Das durch eine homogen magnetisierte Kugel mit Dipolmoment $\boldsymbol{m}$ erzeugte Magnetfeld ist gemäss der Magnetostatik gegeben durch[1]

$$\boldsymbol{B}^m(\boldsymbol{r}, t) = \frac{2}{3}\mu_0 \boldsymbol{M}(t) = \frac{\mu_0}{2\pi} R^{-3}\boldsymbol{m}(t) \quad \text{für} \quad |\boldsymbol{r}| = r \leq R,$$
$$\boldsymbol{B}^m(\boldsymbol{r}, t) = \frac{\mu_0}{4\pi}\left\{ 3\boldsymbol{r}\,\frac{\boldsymbol{m}(t) \cdot \boldsymbol{r}}{r^5} - \frac{\boldsymbol{m}(t)}{r^3} \right\} \quad \text{für} \quad |\boldsymbol{r}| = r \geq R.$$

Durchfliesst das Magnetfeld $\boldsymbol{B}^m$ eine geschlossene Schlaufe, so ist der magnetische Fluss Φ durch diese Schlaufe

$$\Phi(t) = \int\limits_{F} \boldsymbol{B}^m(\boldsymbol{r}, t) \cdot \mathrm{d}\boldsymbol{f},$$

---

[1] Vgl. etwa J. A. Stratton, *Electromagnetic Theory*, McGraw-Hill, New York, NY, 1941, p. 244

wobei F eine durch die Schlaufe begrenzte Fläche und $\mathrm{d}f$ der auf dieser Fläche senkrecht stehende Einheitsvektor ist. Gemäss dem Induktionsgesetz von Faraday ist die in einer Drahtschlaufe induzierte Spannung $-\partial\Phi(t)/\partial t$. Somit wird in einer in der y-Richtung orientierten Spule mit Querschnittsfläche F und n_2 Windungen die in puncto Vorzeichen von der Windungsrichtung der Spule abhängige Spannung

$$U_2(t) = n_2\frac{\partial}{\partial t}\int_F B_2^m(\boldsymbol{r}, t)\,\mathrm{d}f$$

induziert. Für eine direkt über die kugelförmige Probe des Radius R gewickelte Spule ist $F \approx \pi R^2$, und falls die Spule hinreichend kurz ist, gilt $B_2^m \approx (\mu_0/2\pi)R^{-3}m_2$, so dass

$$U_2(t) \approx n_2 \cdot (\mu_0/2\pi)R^{-3} \cdot \dot{m}_2 \cdot \pi R^2$$

oder

$$U_2(t) \approx \tfrac{1}{2}\mu_0 n_2 \frac{1}{R}\dot{m}_2(t).$$

Die verschiedenen Abschätzungen absorbieren wir in einen „filling factor" η ($\eta < 1$), wobei der genaue Wert von η von der experimentellen Anordnung abhängt und uns hier nicht weiter interessieren muss. Damit erhalten wir

$$U_2(t) = \tfrac{1}{2}\mu_0 \eta n_2 \frac{1}{R}\dot{m}_2(t).$$

Wir hatten angenommen, dass die Probe N gleichartige Kernspins $\frac{1}{2}$ mit gyromagnetischem Verhältnis γ enthält und dass diese sich gegenseitig nicht beeinflussen. Damit ist der makroskopische Dipolmomentvektor $\boldsymbol{m}$ durch den quantenmechanischen Erwartungswert der Dipolmomentoperatoren $\hat{\boldsymbol{\mu}}$ der Kernspins gegeben,

$$\boldsymbol{m}(t) = N\,\mathrm{Sp}\{\hat{D}(t)\hat{\boldsymbol{\mu}}\},$$

$$\hat{\boldsymbol{\mu}} = \gamma\hat{\boldsymbol{S}},$$

wobei $\hat{D}(t)$ der Dichteoperator des Systems zur Zeit t und $\hat{\boldsymbol{S}}$ der Spinoperator ist. Somit ist $\hat{S}_2$ die für unser Experiment relevante Observable. Mit der früheren Notation (vgl. Abschn. 4.6) ist damit

$$\begin{aligned}\text{die Observable} \quad & \hat{A} = \hat{S}_2,\\ \text{die lineare Antwort} \quad & a^{(1)}(t) = \mathrm{Sp}\{\hat{D}^{(1)}(t)\hat{S}_2\}.\end{aligned}$$

Die vom Experimentator direkt gemessene Ausgangsspannung ist damit

$$U_2(t) = N\gamma c_2 \frac{\mathrm{d}}{\mathrm{d}t} a^{(1)}(t)$$

worin

$$c_2 = \frac{\mu_0}{2R}\eta n_2$$

eine rein apparative Konstante ist.

Für den Hamiltonoperator $\hat{H}(t) = \hat{H}_0 + \hat{V}(t)$ des Systems hatten wir bereits gefunden

$$\hat{H}_0 = -\Omega\hat{S}_3 \text{ mit } \Omega := \gamma B_0' = \gamma(1-\sigma)B_0$$
$$\hat{V}(t) = -b(t)\hat{B} \text{ mit } \hat{B} = \hat{S}_1$$

und

$$b(t) := \gamma B_1(t) = \gamma c_1 J_1(t),$$

wobei wir die gleichfalls rein apparative Konstante c_1 abgeschätzt hatten zu

$$c_1 \approx \mu_0 \frac{n_1}{l_1}.$$

Die lineare Antwort $b \to a^{(1)}$ ist gemäss der allgemeinen quantenmechanischen Antworttheorie (Abschn. 4.6) gegeben durch

$$a^{(1)}(t) = \int_0^\infty \Phi_{21}(\tau)b(t-\tau)\,\mathrm{d}\tau,$$

mit Antwortfunktion Φ_{21}

$$\Phi_{21} = \frac{\mathrm{i}}{\hbar}\langle[\hat{S}_2(t), \hat{S}_1]\rangle_\beta \mathrm{e}^{-\Gamma t}\vartheta(t), \quad t \in \mathbb{R}.$$

Damit folgt für die dem Experimentator direkt zugängliche Antwort $J_1 \mapsto U_2$:

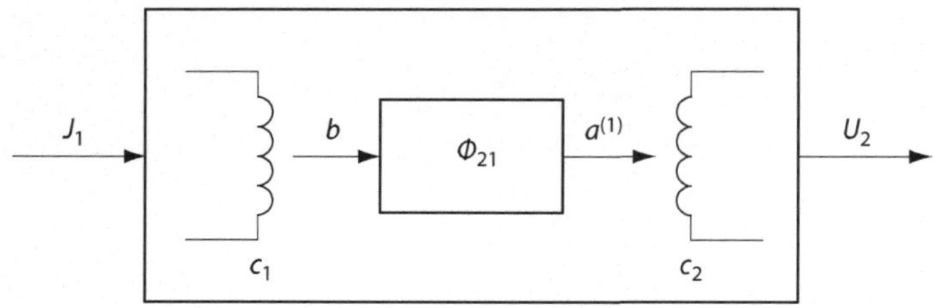

$$U_2(t) = N\gamma^2 c_1 c_2 \frac{\mathrm{d}}{\mathrm{d}t} \int\limits_0^\infty \Phi_{21}(\tau) J_1(t - \tau) \,\mathrm{d}\tau.$$

5.2 Berechnung der quantenmechanischen Antwortfunktionen

Ohne grössere Mühe können wir gleich alle neun Antwortfunktionen $t \mapsto \Phi_{jk}(t)$, $j, k = 1, 2, 3$, eines Spin-$\frac{1}{2}$-Systems berechnen,

$$\Phi_{jk} := \frac{\mathrm{i}}{\hbar} \langle [\hat{S}_j(t), \hat{S}_k] \rangle_\beta \, \mathrm{e}^{-\Gamma t} \vartheta(t),$$

wobei

$$\hat{S}_j(t) := \mathrm{e}^{\mathrm{i}t\hat{H}_0/\hbar} \hat{S}_j \mathrm{e}^{-\mathrm{i}t\hat{H}_0/\hbar},$$
$$\hat{H}_0 = -\Omega \hat{S}_3.$$

Mit der üblichen Matrixdarstellung der Spin-$\frac{1}{2}$-Operatoren

$$\hat{S}_1 = \frac{\hbar}{2} \begin{pmatrix} 0 & 1 \\ 1 & 0 \end{pmatrix}, \quad \hat{S}_2 = \frac{\hbar}{2} \begin{pmatrix} 0 & -\mathrm{i} \\ \mathrm{i} & 0 \end{pmatrix}, \quad \hat{S}_3 = \frac{\hbar}{2} \begin{pmatrix} 1 & 0 \\ 0 & -1 \end{pmatrix}$$

folgt

$$\exp(\pm\mathrm{i}t\hat{H}_0/\hbar) = \begin{pmatrix} \exp(\mp\mathrm{i}t\Omega/2) & 0 \\ 0 & \exp(\pm\mathrm{i}t\Omega/2) \end{pmatrix},$$

und damit durch Multiplikation der entsprechenden (2×2)-Matrizen:

$$\hat{S}_1(t) = \hat{S}_1 \cos(\Omega t) + \hat{S}_2 \sin(\Omega t),$$
$$\hat{S}_2(t) = \hat{S}_2 \cos(\Omega t) - \hat{S}_1 \sin(\Omega t),$$
$$\hat{S}_3(t) = \hat{S}_3.$$

Aufgabe[#]
Diese Beziehungen gelten für einen beliebigen Drehimpuls. Beweise, dass aus
$[\hat{J}_1, \hat{J}_2] = \mathrm{i}\hbar \hat{J}_3$ (und zyklisch) folgt

$$\hat{J}_1(t) := \mathrm{e}^{-\mathrm{i}\Omega t \hat{J}_3/\hbar}\,\hat{J}_1 \mathrm{e}^{+\mathrm{i}\Omega t \hat{J}_3/\hbar} = \hat{J}_1 \cos(\Omega t) + \hat{J}_2 \sin(\Omega t).$$

Hinweis: Löse die Differentialgleichung $\mathrm{d}\hat{J}_1(t)/\mathrm{d}t = -\mathrm{i}(\Omega/\hbar)[\hat{J}_3, \hat{J}_1(t)]$ und beachte die Anfangsbedingung $\hat{J}_1(0) = \hat{J}_1$.

Mit den Vertauschungsrelationen

$$[\hat{S}_1, \hat{S}_2] = \mathrm{i}\hbar \hat{S}_3, \quad [\hat{S}_2, \hat{S}_3] = \mathrm{i}\hbar \hat{S}_1, \quad [\hat{S}_3, \hat{S}_1] = \mathrm{i}\hbar \hat{S}_2,$$

folgt sofort

$$[\hat{S}_1(t), \hat{S}_1] = -\mathrm{i}\hbar \hat{S}_3 \sin(\Omega t)$$

$$[\hat{S}_1(t), \hat{S}_2] = +\mathrm{i}\hbar \hat{S}_3 \cos(\Omega t)$$

$$[\hat{S}_1(t), \hat{S}_3] = -\mathrm{i}\hbar \hat{S}_2 \cos(\Omega t) + \mathrm{i}\hbar \hat{S}_1 \sin(\Omega t)$$

$$[\hat{S}_2(t), \hat{S}_1] = -\mathrm{i}\hbar \hat{S}_3 \cos(\Omega t)$$

$$[\hat{S}_2(t), \hat{S}_2] = -\mathrm{i}\hbar \hat{S}_3 \sin(\Omega t)$$

$$[\hat{S}_2(t), \hat{S}_3] = +\mathrm{i}\hbar \hat{S}_1 \cos(\Omega t) + \mathrm{i}\hbar \hat{S}_2 \sin(\Omega t)$$

$$[\hat{S}_3(t), \hat{S}_1] = +\mathrm{i}\hbar \hat{S}_2$$

$$[\hat{S}_3(t), \hat{S}_2] = -\mathrm{i}\hbar \hat{S}_1$$

$$[\hat{S}_3(t), \hat{S}_3] = 0$$

Zur Berechnung der Erwartungswerte $\langle \hat{X} \rangle_\beta := \mathrm{Sp}\{\hat{D}_\beta \hat{X}\}$ benötigen wir noch den
kanonischen Dichteoperator

$$\hat{D}_\beta = Z_\beta^{-1}\,\mathrm{Sp}\{\exp(-\beta \hat{H}_0)\} = Z_\beta^{-1}\,\mathrm{Sp}\{\exp(\beta\Omega \hat{S}_3)\}.$$

Für beliebigen Spin ist $\langle \hat{S}_1 \rangle_\beta = \langle \hat{S}_2 \rangle_\beta = 0$, denn

$$\langle \hat{S}_1 \rangle_\beta = \frac{1}{Z_\beta}\left\{ \mathrm{e}^{\beta\Omega \hat{S}_3}\,\hat{S}_1 \right\} = \frac{1}{\mathrm{i}\hbar Z_\beta}\,\mathrm{Sp}\left\{ \mathrm{e}^{\beta\Omega \hat{S}_3}[\hat{S}_2, \hat{S}_3] \right\}$$

$$= \frac{1}{\mathrm{i}\hbar Z_\beta}\,\mathrm{Sp}\left\{ [\hat{S}_3, \mathrm{e}^{\beta\Omega \hat{S}_3}]\hat{S}_2 \right\} = 0.$$

Gemäss Abschn. 2.7 gilt für Spin $\frac{1}{2}$[2]

$$D_\beta = \begin{pmatrix} p_1 & 0 \\ 0 & p_2 \end{pmatrix},$$

$$p_1 = \frac{1}{1 + \exp(-\beta\hbar\Omega)} = \frac{\exp(+\beta\hbar\Omega/2)}{2\cosh(\beta\hbar\Omega/2)},$$

$$p_2 = \frac{1}{1 + \exp(+\beta\hbar\Omega)} = \frac{\exp(-\beta\hbar\Omega/2)}{2\cosh(\beta\hbar\Omega/2)},$$

so dass

$$\langle\hat{S}_1\rangle_\beta := \mathrm{Sp}\{\hat{D}_\beta\hat{S}_1\} = 0$$

$$\langle\hat{S}_2\rangle_\beta := \mathrm{Sp}\{\hat{D}_\beta\hat{S}_2\} = 0$$

$$\langle\hat{S}_3\rangle_\beta := \mathrm{Sp}\{\hat{D}_\beta\hat{S}_3\} = \frac{\hbar}{2}(p_1 - p_2) = \frac{\hbar}{2}\tanh(\beta\hbar\Omega/2).$$

Damit erhalten wir für die Antwortfunktionen $t \mapsto \Phi_{jk}(t)$, $j, k = 1, 2, 3$, die folgenden Resultate:

$$\Phi_{11}(t) = \Phi_{22}(t) = \frac{\hbar}{2}\tanh(\beta\hbar\Omega/2)\sin(\Omega t) \quad e^{-\Gamma t}\vartheta(t)$$

$$-\Phi_{12}(t) = \Phi_{21}(t) = \frac{\hbar}{2}\tanh(\beta\hbar\Omega/2)\cos(\Omega t) \quad e^{-\Gamma t}\vartheta(t)$$

$$\Phi_{j3}(t) = \Phi_{3j}(t) = 0 \quad \text{für } j = 1, 2, 3.$$

Die für unsere experimentelle Anordnung relevante Antwortfunktion ist Φ_{21}, die dazugehörige komplexe Suszeptibilität ist

$$\chi_{21}(\omega) = \int_0^\infty e^{i\omega t}\Phi_{21}(t)\,dt, \quad \omega \in \mathbb{R}.$$

---

[2] Beachte $2\sinh(x) = \exp(x) - \exp(-x)$, $2\cosh(x) = \exp(x) + \exp(-x)$,

$$\tanh(x) = \frac{\exp(x) - \exp(-x)}{\exp(x) + \exp(-x)} = \frac{\exp(2x) - 1}{\exp(2x) + 1}.$$

Dieses Integral ist elementar berechenbar:

$$\chi_{21}(\omega) = \frac{\hbar}{2}\tanh(\beta\hbar\Omega/2)\int_0^\infty e^{i\omega t}e^{-\Gamma t}\cos(\Omega t)\,dt$$

$$= \frac{\hbar}{2}\tanh(\beta\hbar\Omega/2)\,\tfrac{1}{2}\left\{\frac{1}{\Gamma - i(\omega+\Omega)} + \frac{1}{\Gamma - i(\omega-\Omega)}\right\}$$

d. h.

$$\chi_{21}(\omega) = \frac{\hbar}{4}\tanh(\beta\hbar\Omega/2)\left\{\frac{\Gamma + i(\omega+\Omega)}{\Gamma^2 + (\omega+\Omega)^2} + \frac{\Gamma + i(\omega-\Omega)}{\Gamma^2 + (\omega-\Omega)^2}\right\}.$$

5.3 Antwort auf eine oszillatorische Anregung

Wählen wir eine Cosinus-Anregung mit Kreisfrequenz $\omega > 0$

$$J_1(t) = J_1(0)\cos(\omega t), \quad \omega > 0,$$

dann ist die Eingangsfunktion $t \mapsto b(t)$ gegeben durch

$$b(t) = b(0)\cos(\omega t),$$

so dass die Ausgangsfunktion $t \mapsto a^{(1)}(t)$ durch

$$a^{(1)}(t) = b(0)\,\mathrm{Re}\left\{\chi_{21}(\omega)e^{-i\omega t}\right\}$$

$$= b(0)\chi_{21}^{(1)}\cos(\omega t) + b(0)\chi_{21}^{(2)}\sin(\omega t)$$

bestimmt ist, wobei

$$\chi_{21}^{(1)} = \frac{\hbar}{4}\tanh(\beta\hbar\Omega/2)\left\{\frac{\Gamma}{\Gamma^2 + (\omega+\Omega)^2} + \frac{\Gamma}{\Gamma^2 + (\omega-\Omega)^2}\right\},$$

$$\chi_{21}^{(2)} = \frac{\hbar}{4}\tanh(\beta\hbar\Omega/2)\left\{\frac{\omega+\Omega}{\Gamma^2 + (\omega+\Omega)^2} + \frac{\omega-\Omega}{\Gamma^2 + (\omega-\Omega)^2}\right\}.$$

(vgl. Abschn. 4.6). Die vom Experimentator bestimmte Frequenz ω ist immer positiv, während die Zeemanfrequenz Ω je nach dem Vorzeichen des gyromagnetischen Verhältnisses positiv oder negativ sein kann. In allen praktischen Anwendungen ist immer $\omega - |\Omega| \ll \omega$, so dass in der Praxis nur derjenige Term von wesentlicher Bedeutung ist, welcher ein Resonanzphänomen erlaubt. Das heisst, für $\Omega < 0$ ist nur der erste, für $\Omega > 0$ nur der zweite Term wichtig. Für beide Fälle können wir schreiben

$$\chi_{21}^{(1)} \approx \frac{\hbar}{4} \tanh(\beta\hbar\Omega/2) \frac{\Gamma}{\Gamma^2 + \Delta^2}$$

$$\chi_{21}^{(2)} \approx \frac{\hbar}{4} \tanh(\beta\hbar\Omega/2) \frac{\Delta}{\Gamma^2 + \Delta^2} \qquad \text{mit} \quad \Delta := \omega - |\Omega|$$

Gemäss dem Schlussresultat von Abschn. 5.1 ist die in der Empfängerspule induzierte Spannung U_2 gegeben durch:

$$U_2(t) = N J_1(0)\gamma^2 c_1 c_2 \frac{\mathrm{d}}{\mathrm{d}t}\left\{\chi_{21}^{(1)}(\omega)\cos(\omega t) + \chi_{21}^{(2)}(\omega)\sin(\omega t)\right\}$$

oder:

$$U_2(t) = c_1 c_2 N\omega J_1(0)\gamma^2 \left\{\chi_{21}^{(2)}(\omega)\cos(\omega t) - \chi_{21}^{(1)}(\omega)\sin(\omega t)\right\}$$

Der Experimentator eliminiert die rasch oszillierende Trägerfrequenz durch Verwendung eines phasenempfindlichen Detektors (vgl. Abschn. 4.2),

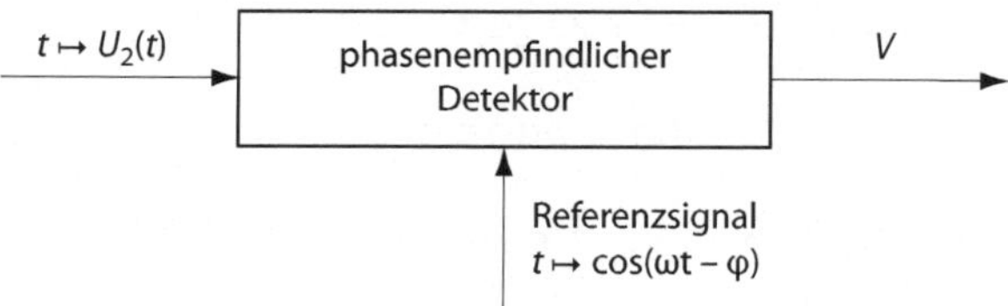

und misst die Ausgangsspannung V des Detektors in Funktion der Senderfrequenz ω

$$V(\omega) = c_1 c_2 N\omega J_1(0)\gamma^2 \left\{\chi_{21}^{(2)}(\omega)\cos(\varphi) - \chi_{21}^{(1)}(\omega)\sin(\varphi)\right\}.$$

Wählt man als Phase des Referenzsignals $\varphi = 270°$, so erhält man ein positives reines Absorptionssignal,

$$V(\omega) = \frac{\pi}{4} c_1 c_2 N\omega J_1(0) \tanh(\beta\hbar\Omega/2)\gamma^2\hbar\, L(\omega - |\Omega|),$$

wobei $x \mapsto L(x)$ die zentrierte und auf 1 normierte Lorentzkurve mit halber Halbwertsbreite Γ ist

$$L(x) = \frac{1}{\pi}\frac{\Gamma}{x^2 + \Gamma^2}, \qquad \int_{-\infty}^{\infty} L(x)\,\mathrm{d}x = 1.$$

Ändert man während des Experiments die Senderfrequenz ω langsam und misst die Ausgangsspannung des phasenempfindlichen Detektors (z. B. mit der Phase $\varphi = 270°$) in Funktion von ω, so kann man bis auf eine multiplikative Konstante das Absorptionssignal $\omega \mapsto L(\omega - |\Omega|)$, und damit die Zeemanfrequenz Ω und die Linienbreite 2Γ experimentell ermitteln. Die multiplikative Konstante bestimmt man durch Integration über ω

$$\int_{-\infty}^{\infty} V(\omega)\, d\omega \approx \frac{\pi}{4} c_1 c_2 N |\Omega| J_1(0) \tanh(\beta\hbar\Omega/2)\gamma^2\hbar \int_{-\infty}^{\infty} L(x)\, dx$$

$$= \frac{\pi}{4} c_1 c_2 N |\Omega| J_1(0) \tanh(\beta\hbar\Omega/2)\gamma^2\hbar.$$

Da die apparativen Konstanten c_1 und c_2 sowie die experimentell wählbaren Grössen $J_1(0)$ und β, die Naturkonstanten $\hbar$ und γ, sowie die Resonanzfrequenz Ω bekannt sind, *kann man aus dem Integral die Anzahl N der am Resonanzphänomen beteiligten Atomkerne ermitteln.* Praktisch umgeht man die mühselige Absolutmessung und begnügt sich mit der einfachen und viel genaueren Messung der *relativen* Anzahl der an zwei oder mehreren Resonanzphänomenen beteiligten Kerne.

Bemerkung: Hochtemperatur-Näherung
In allen praktischen Anwendungen der Kernresonanzspektroskopie ist die thermische Energie kT viel grösser als die Zeemanenergie $\hbar\Omega$. In diesen Fällen kann man die Hochtemperatur-Näherung

$$\tanh(\beta\hbar\Omega/2) \approx \tfrac{1}{2}\beta\hbar\Omega, \qquad \beta\hbar\Omega \ll 1.$$

benützen.

Ein quasistationär aufgenommenes Kernresonanz-Absorptionssignal ist in guter Näherung durch eine Lorentzkurve $\omega \mapsto L(\omega-|\Omega|)$ mit der halben Halbwertsbreite $\Delta\omega = \Gamma$ gegeben. Somit besteht ein interessanter Zusammenhang zwischen der halben Halbwertsbreite $\Delta\omega$ der stationären Antwort und der Relaxationszeit $\bar{T} = \Gamma^{-1}$ der Impulsantwort

$$\Delta\omega \cdot \bar{T} = 1.$$

Beispiele

- In einem Kernresonanzexperiment sei $\Omega/2\pi = 100\,\text{MHz}$ und $Q := \Omega/2\Gamma = 10^9$. Dann ist $\Delta\omega = \Gamma = \Omega/2Q \approx 0,3\,\text{Hz}$ und $\bar{T} = \Gamma^{-1} \approx 3\,\text{s}$.
- In einem typischen UV-Experiment sei $\lambda = 4000\,\text{Å}$ und $Q = 100$. Dann ist die Wellenzahl $\tilde{\nu} = 25\,000\,\text{cm}^1$, $\Omega/2\pi = c\tilde{\nu} = 7{,}5 \cdot 10^{14}\,\text{Hz}$, $T = 0{,}13\,\text{ps}$.

Bemerkung: Zusammenhang mit den Heisenbergschen Ungleichungen
Zeit t und Energie E sind kanonisch konjugierte Grössen, so dass man in der Quantenmechanik die Gültigkeit der Ungleichung $\Delta E \cdot \Delta t \geq \hbar/2$ erwartet. In der Tat gilt folgendes Resultat: Falls ein System in einem der beiden Energieniveaux E_1 oder E_2 vorliegen kann und durch eine Messung der Zustand bestimmt werden soll, dann

muss die Messzeit $\bar{T}$ die Ungleichung $|E_1 - E_2| \cdot \bar{T} \geq \hbar/2$ erfüllen. Mit der Kreisfrequenz $\omega_{12} := |E_1 - E_2|/\hbar$ folgt $\omega_{12}\bar{T} \geq \frac{1}{2}$. Die Ähnlichkeit dieser Relation mit dem Resultat $\Delta\omega \cdot \bar{T} = 1$ für den Lorentzoszillator ist nicht zufällig. Ganz allgemein besteht ein Zusammenhang zwischen der Linienbreite der stationären Antwort und der Zeit-Konstanten des Zerfalls eines nichtstationären Zustands. Allerdings ist die Gültigkeit der Beziehung $\bar{T} = 1/\Delta\omega$ auf den Lorentzoszillator beschränkt.

5.4 Blochsche Gleichungen

Unser Beispiel eines Kernresonanzexperiments mit einem einzelnen Kern ist so einfach, dass man sich weder auf die lineare Antwort noch auf Spin-$\frac{1}{2}$-Kerne zu beschränken braucht.

Der Einfachheit halber wählen wir wiederum die Karplus–Schwinger-Dynamik, d. h. die Zeitevolutionsgleichung

$$\frac{\mathrm{d}}{\mathrm{d}t}\hat{D}(t) = \frac{1}{\mathrm{i}\hbar}[\hat{H}(t), \hat{D}(t)] - \Gamma\{\hat{D}(t) - \hat{D}_\beta\}$$

für den Dichteoperator $\hat{D}(t)$. Als Hamiltonoperator $\hat{H}$ wählen wir

$$\hat{H}(t) = -\gamma \boldsymbol{B}(t) \cdot \hat{\boldsymbol{S}},$$

wobei $\hat{\boldsymbol{S}} = (\hat{S}_1, \hat{S}_2, \hat{S}_3)$ der Spindrehimpulsoperator für beliebigen Spin $\frac{1}{2}, 1, \frac{3}{2}, \ldots$ ist,

$$[\hat{S}_1, \hat{S}_2] = \mathrm{i}\hbar\hat{S}_3 \quad \text{und zyklisch.}$$

Das klassische Feld $\boldsymbol{B}(t) \in \mathbb{R}^3$ ist ein beliebiges zeitvariables äusseres Magnetfeld.

In der Kernresonanzspektroskopie misst man die Magnetisierung $\boldsymbol{M}$ der Probe, welche quantenstatistisch durch den Erwartungswert des Spinmagnetisierungsoperators $\gamma\hat{\boldsymbol{S}}$ ausgedrückt werden kann,

$$\boldsymbol{M}(t) = \gamma N \, \mathrm{Sp}\{\hat{D}(t)\hat{\boldsymbol{S}}\},$$

wobei γ das gyromagnetische Verhältnis der Kerne, und N die Anzahl (der wiederum als nichtwechselwirkend angenommenen) Kerne ist. Mit der Karplus–Schwinger-Gleichung für den Dichteoperator $\hat{D}$ erhalten wir:

$$\dot{M}_\nu(t) = \gamma N \, \mathrm{Sp}\{\dot{\hat{D}}(t)S_\nu\}$$

$$= \frac{\gamma N}{\mathrm{i}\hbar} \, \mathrm{Sp}\{[\hat{H}(t), \hat{D}(t)]\hat{S}_\nu\} - \gamma N \Gamma \, \mathrm{Sp}\{(\hat{D}(t) - \hat{D}_\beta)\hat{S}_\nu\}, \quad \nu = 1, 2, 3.$$

Unter Berücksichtigung der Invarianz der Spur unter zyklischen Vertauschungen findet man weiter:

$$\dot{M}_\nu(t) = \frac{\gamma N}{\mathrm{i}\hbar}\,\mathrm{Sp}\{\hat{D}(t)[\hat{S}_\nu, \hat{H}(t)]\} - \{\Gamma(M(t) - M_\beta)\}_\nu,$$

wobei

$$M_\beta := \gamma N\,\mathrm{Sp}\{\hat{D}_\beta \hat{S}\}.$$

Mit

$$[\hat{S}_1, \hat{H}(t)] = -\gamma \sum_{\mu=1}^{3} B_\mu(t)[\hat{S}_1, \hat{S}_\mu]$$

$$= -\mathrm{i}\gamma\hbar\{B_2(t)\hat{S}_3 - B_3(t)\hat{S}_2\} = -\mathrm{i}\gamma\hbar[B(t) \times \hat{S}]_1$$

folgt durch zyklisches Vertauschen

$$[\hat{S}, H(t)] = -\mathrm{i}\gamma\hbar B(t) \times \hat{S}$$

und damit

$$\dot{M}(t) = -\gamma^2 N\,\mathrm{Sp}\{\hat{D}(t)[B(t) \times \hat{S}]\} - \Gamma\{M(t) - M_\beta\},$$

oder

$$\dot{M}(t) = \gamma M(t) \times B(t) - \Gamma\{M(t) - M_\beta\}.$$

Diese Gleichungen für den Erwartungswert der Spinmagnetisierung sind *klassische* Differentialgleichungen, eine vereinfachte Form der sog. *Blochgleichungen*.[3] Es ist höchst bemerkenswert und keineswegs typisch für quantenmechanische Probleme, dass man aus den quantenmechanischen Bewegungsgleichungen direkt ein endliches System von Bewegungsgleichungen für die Erwartungswerte herleiten kann. Der Grund dafür ist, dass die drei Spinoperatoren $\hat{S}_1$, $\hat{S}_2$, $\hat{S}_3$ unter der Kommutatorbildung abgeschlossen sind. (Die Fachleute sagen: die Operatoren $\hat{S}_1$, $\hat{S}_2$, $\hat{S}_3$ bilden eine dreidimensionale Lie-algebra).

Bemerkung: Kommutator-Lie-Algebren$^\sharp$
Falls n Operatoren $\hat{X}_1, \hat{X}_2, \ldots, \hat{X}_n$ die Kommutatorrelation

$$[\hat{X}_\alpha, \hat{X}_\beta] = \sum_{\gamma=1}^{n} c_{\alpha\beta}^{\gamma} \hat{X}_\gamma, \qquad \alpha, \beta = 1, \ldots, n; \quad c_{\alpha\beta}^{\gamma} \in \mathbb{C},$$

---

[3] F. Bloch, Nuclear induction, Phys. Rev. **70**, 460–474, (1946)

erfüllen, spricht man von einer *n-dimensionalen Lie-Algebra* mit den Strukturkonstanten $c_{\alpha\beta}^{\gamma}$. Immer, wenn in einem quantenmechanischen Problem nur Operatoren aus einer endlichdimensionalen Lie-Algebra vorkommen, kann man das Problem auf relativ einfache Weise rein algebraisch lösen. Zum Leidwesen der Theoretiker gibt es nur wenige physikalisch relevante endlichdimensionale Lie-Algebren.

Ein weiteres einfaches Beispiel für eine dreidimensionale Lie-Algebra kennt jeder Student der Quantenmechanik: die Heisenberg-Lie-Algebra $\{\hat{P}, \hat{Q}, \hat{1}\}$, bestehend aus dem Impulsoperator $\hat{P}$, dem Ortsoperator $\hat{Q}$ und dem Einheitsoperator $\hat{1}$:

$$[\hat{Q}, \hat{P}] = i\hbar\hat{1}, \qquad [\hat{Q}, \hat{1}] = 0 \cdot \hat{1}, \qquad [\hat{P}, \hat{1}] = 0 \cdot \hat{1}.$$

Der quantenmechanische harmonische Oszillator ist genau deshalb ein exakt lösbares Problem, weil die dabei relevanten Operatoren $\hat{P}$, $\hat{Q}$, $\hat{H} := \hat{P}^2 + \hat{Q}^2$ und $\hat{1}$ eine vierdimensionale Lie-Algebra bilden.

$$[\hat{Q}, \hat{P}] = i\hbar\hat{1}$$

$$[\hat{H}, \hat{P}] = 2i\hbar\hat{Q}, \quad [\hat{H}, \hat{Q}] = -2i\hbar\hat{P}$$

$$[\hat{P}, \hat{1}] = [\hat{Q}, \hat{1}] = [\hat{H}, \hat{1}] = [\hat{1}, \hat{1}] = 0 \cdot \hat{1}.$$

Weiterführende Literatur: R. M. Wilcox, Exponential operators and parameter differentiation in quantum physics, J. Math. Phys. **8**, 962–982 (1967).

5.5 Die Blochgleichungen als dynamische Halbgruppe[#]

Gemäss Abschn. 3.6 hat die allgemeinste vollständig positive dynamische Halbgruppe für den Dichteoperator $\hat{D}$ auf einem endlich-dimensionalen Hilbertraum die Form

$$\frac{\partial}{\partial t}\hat{D}(t) = \frac{1}{i\hbar}[\hat{H}, \hat{D}(t)] + \sum_n \left\{ \hat{V}_n\hat{D}(t)\hat{V}_n^* - \tfrac{1}{2}\hat{V}_n^*\hat{V}_n\hat{D}(t) - \tfrac{1}{2}\hat{D}(t)\hat{V}_n^*\hat{V}_n \right\}, \quad t \geq 0,$$

wobei der Hamiltonoperator $\hat{H}$ ein selbstadjungierter Operator und die Lindbladoperatoren $\hat{V}_1$, $\hat{V}_2$, … beliebige Operatoren sind.

Der Erwartungswert $M(t)$ der Spinmagnetisierung ist gegeben durch

$$M(t) = \mathrm{Sp}\{\hat{D}(t) \cdot \gamma\hat{S}\},$$

wobei γ das gyromagnetische Verhältnis und $\hat{S} = (\hat{S}_1, \hat{S}_2, \hat{S}_3)$ der Spinoperator ist. Damit folgt

$$\dot{M}_\nu(t) = \gamma\,\mathrm{Sp}\{\dot{\hat{D}}(t)\hat{S}_\nu\}$$

$$= \frac{\gamma}{i\hbar}\,\mathrm{Sp}\{[\hat{H}, \hat{D}(t)]\hat{S}_\nu\}$$

$$+ \gamma\sum_n \mathrm{Sp}\left\{ \hat{V}_n\hat{D}(t)\hat{V}_n^*\hat{S}_\nu \right.$$

$$\left. -\tfrac{1}{2}\hat{V}_n^*\hat{V}_n\hat{D}(t)\hat{S}_\nu - \tfrac{1}{2}\hat{D}(t)\hat{V}_n^*\hat{V}_n\hat{S}_\nu \right\}, \quad \nu = 1, 2, 3.$$

Durch zyklisches Vertauschen unter der Spur und mit der Abkürzung

$$\langle \hat{X} \rangle_t := \mathrm{Sp}\{\hat{D}(t)\hat{X}\}$$

folgt

$$\dot{M}_\nu(t) = \frac{\gamma}{i\hbar} \langle [\hat{S}_\nu, \hat{H}] \rangle_t + \gamma \sum_n \langle \hat{V}_n^* \hat{S}_\nu \hat{V}_n - \tfrac{1}{2} \hat{S}_\nu \hat{V}_n^* \hat{V}_n - \tfrac{1}{2} \hat{V}_n^* \hat{V}_n \hat{S}_\nu \rangle_t, \quad \nu = 1, 2, 3.$$

Dies gilt es nun zu vergleichen mit der allgemeinen Form der Blochschen Gleichungen

$$\dot{M}(t) = \gamma M(t) \times B(t) - \mathcal{R}\{M(t) - M_\beta\},$$

wobei die Relaxationsmatrix $\mathcal{R}$ die Form

$$\mathcal{R} = \begin{pmatrix} 1/T_2 & 0 & 0 \\ 0 & 1/T_2 & 0 \\ 0 & 0 & 1/T_1 \end{pmatrix}$$

hat. Dabei heisst T_1 die *longitudinale* und T_2 die *transversale Relaxationszeit*. Für den Spezialfall $T_1 = T_2 = 1/\Gamma$ erhält man die in Abschn. 5.4 aus der Karplus–Schwinger-Bewegungsgleichung hergeleitete vereinfachte Form der Blochschen Gleichungen.

Mit Hilfe der Theorie der dynamischen Halbgruppen (vgl. Abschn. 3.6) kann man streng zeigen, dass für Spin $\tfrac{1}{2}$ und axial symmetrisches Magnetfeld $B = B_0 e_3$ die Blochschen Gleichungen mit den zwei Relaxationszeiten T_1, T_2 die allgemeinsten linearen Bewegungsgleichung für die Spinmagnetisierung M sind. Weiter folgt, dass in diesem Fall zwingend die Ungleichung $2T_1 \geq T_2$ gelten muss.[4]

Weiterführende Literatur:
A. Abragam, *The Principles of Nuclear Magnetism*, Clarendon Press, Oxford, 1961.
R. R. Ernst, G. Bodenhausen, A. Wokaun, *Principles of Nuclear Magnetic Resonance in One and Two Dimensions*, Clarendon Press, Oxford, 1987.

Wir betrachten nun den Fall eines bezüglich der z-Achse axialsymmetrischen Kernresonanzexperiments mit einem Spin $\tfrac{1}{2}$. Jeder Operator auf einem zweidimen-

---

[4] Anmerkung der Hg.: Für $2T_1 < T_2$ ist die dynamische Halbgruppe nicht vollständig positiv (vgl. Abschn. 3.6, sowie G. A. Raggio, H. Primas, Remark on completely positive maps in generalized quantum mechanics, Found. Phys. **12**, 433–435 (1982)).

sionalen Hilbertraum kann als Linearkombination der drei Paulioperatoren $\hat{\sigma}_1$, $\hat{\sigma}_2$, $\hat{\sigma}_3$ und des Einheitsoperators $\hat{1}$ geschrieben werden. Wir benützen die übliche Darstellung

$$\hat{\sigma}_1 = \begin{pmatrix} 0 & 1 \\ 1 & 0 \end{pmatrix}, \quad \hat{\sigma}_2 = \begin{pmatrix} 0 & -i \\ i & 0 \end{pmatrix}, \quad \hat{\sigma}_3 = \begin{pmatrix} 1 & 0 \\ 0 & -1 \end{pmatrix}, \quad \hat{1} = \begin{pmatrix} 1 & 0 \\ 0 & 1 \end{pmatrix}.$$

Die der Axialsymmetrie des Problems angepassten Operatoren sind

$$\hat{\sigma}_+ := \tfrac{1}{2}(\hat{\sigma}_1 + i\hat{\sigma}_2) \ = \hat{\sigma}_-^* \quad = \begin{pmatrix} 0 & 1 \\ 0 & 0 \end{pmatrix},$$

$$\hat{\sigma}_- := \tfrac{1}{2}(\hat{\sigma}_1 - i\hat{\sigma}_2) \ = \hat{\sigma}_+^* \quad = \begin{pmatrix} 0 & 0 \\ 1 & 0 \end{pmatrix},$$

$$\hat{\sigma}^+ := \tfrac{1}{2}(\hat{1} + \hat{\sigma}_3) \ \ = (\hat{\sigma}^+)^* = \begin{pmatrix} 1 & 0 \\ 0 & 0 \end{pmatrix},$$

$$\hat{\sigma}^- := \tfrac{1}{2}(\hat{1} - \hat{\sigma}_3) \ \ = (\hat{\sigma}^-)^* = \begin{pmatrix} 0 & 0 \\ 0 & 1 \end{pmatrix}.$$

Für die allgemeinste axialsymmetrische dynamische Halbgruppe ist der Hamiltonoperator $\hat{H}$ gegeben durch

$$\hat{H} = -\Omega \hat{S}_3 = -\tfrac{1}{2}\hbar\Omega\hat{\sigma}_3,$$

während die drei Lindbladoperatoren wie folgt gewählt werden können

$$\hat{V}_1 = \sqrt{c_+}\ \hat{\sigma}_+, \quad \hat{V}_2 = \sqrt{c_-}\ \hat{\sigma}_-, \quad \hat{V}_3 = \sqrt{c_3}\ \hat{\sigma}_3,$$

wobei c_+, c_- und c_3 beliebige nichtnegative Konstanten sind

$$c_+ \geq 0, \quad c_- \geq 0, \quad c_3 \geq 0.$$

Mit den Abkürzungen $\mathcal{L}_1$, $\mathcal{L}_2$, $\mathcal{L}_3$ für die Lindblad-Generatoren

$$\mathcal{L}_1(\hat{X}) := \hat{\sigma}_-\hat{X}\hat{\sigma}_+ - \tfrac{1}{2}\hat{\sigma}_-\hat{\sigma}_+\hat{X} - \tfrac{1}{2}\hat{X}\hat{\sigma}_-\hat{\sigma}_+,$$

$$\mathcal{L}_2(\hat{X}) := \hat{\sigma}_+\hat{X}\hat{\sigma}_- - \tfrac{1}{2}\hat{\sigma}_+\hat{\sigma}_-\hat{X} - \tfrac{1}{2}\hat{X}\hat{\sigma}_+\hat{\sigma}_-,$$

$$\mathcal{L}_3(\hat{X}) := -\tfrac{1}{2}[\hat{\sigma}_3, [\hat{\sigma}_3, \hat{X}]],$$

sowie mit der für Spin $\tfrac{1}{2}$-Operatoren gültigen Beziehungen $\hat{S}_\nu = (\hbar/2)\hat{\sigma}_\nu$, folgt mit der Differentialgleichung für M_ν:

$$\dot{M}_\nu(t) = -\frac{\gamma\hbar\Omega}{4i}\langle[\hat{\sigma}_\nu, \hat{\sigma}_3]\rangle_t + \frac{\gamma\hbar}{2}\left\{c_+\langle\mathcal{L}_+(\hat{\sigma}_\nu)\rangle_t + c_-\langle\mathcal{L}_-(\hat{\sigma}_\nu)\rangle_t + c_3\langle\mathcal{L}_3(\hat{\sigma}_\nu)\rangle_t\right\}.$$

Durch Matrixmultiplikationen findet man:

$$\mathcal{L}_1(\hat{\sigma}_1) = -\tfrac{1}{2}\hat{\sigma}_1$$
$$\mathcal{L}_1(\hat{\sigma}_2) = -\tfrac{1}{2}\hat{\sigma}_2$$
$$\mathcal{L}_1(\hat{\sigma}_3) = 2\hat{\sigma}^- = \hat{1} - \hat{\sigma}_3$$

$$\mathcal{L}_2(\hat{\sigma}_1) = -\tfrac{1}{2}\hat{\sigma}_1$$
$$\mathcal{L}_2(\hat{\sigma}_2) = -\tfrac{1}{2}\hat{\sigma}_2$$
$$\mathcal{L}_2(\hat{\sigma}_3) = -2\hat{\sigma}^+ = -\hat{1} - \hat{\sigma}_3$$

$$\mathcal{L}_3(\hat{\sigma}_1) = -2\hat{\sigma}_1$$
$$\mathcal{L}_3(\hat{\sigma}_2) = -2\hat{\sigma}_2$$
$$\mathcal{L}_3(\hat{\sigma}_3) = \hat{0}.$$

Mit $[\hat{\sigma}_1, \hat{\sigma}_3] = -2\mathrm{i}\hat{\sigma}_2$, $[\hat{\sigma}_2, \hat{\sigma}_3] = 2\mathrm{i}\hat{\sigma}_1$ und $M(t) = (\gamma\hbar/2)\langle\boldsymbol{\sigma}\rangle_t$ folgt damit:

$$\dot{M}_1(t) = \quad \Omega M_2(t) - \tfrac{1}{2}(c_+ + c_- + 4c_3)M_1(t)$$
$$\dot{M}_2(t) = -\Omega M_1(t) - \tfrac{1}{2}(c_+ + c_- + 4c_3)M_2(t)$$
$$\dot{M}_3(t) = -(c_+ + c_-)M_3(t) + \frac{\gamma\hbar}{2}(c_+ + c_-).$$

Für den eben betrachteten axialsymmetrischen Fall

$$\boldsymbol{B} = (0, 0, B), \quad \boldsymbol{M}_\beta = (0, 0, M_\beta)$$

lauteten die Blochschen Gleichungen von Abschn. 5.4 ($\Omega := \gamma B$)

$$\dot{M}_1(t) = \quad \Omega M_2(t) - \frac{1}{T_2}M_1(t),$$
$$\dot{M}_2(t) = -\Omega M_1(t) - \frac{1}{T_2}M_2(t),$$
$$\dot{M}_3(t) = -\frac{1}{T_1}\{M_3(t) - M_\beta\}.$$

Der Vergleich mit der Lindblad-Halbgruppengleichung ergibt eine Identität, falls

$$\frac{1}{T_2} = \tfrac{1}{2}(c_+ + c_- + 4c_3),$$

$$\frac{1}{T_1} = c_+ + c_-,$$

$$M_\beta = \frac{\gamma\hbar}{2}\frac{c_+ - c_-}{c_+ + c_-}.$$

Dieses Resultat lässt sich leicht umkehren. Mit dem Ansatz $c_\pm = ce^{\pm\kappa}$ und der kanonischen Gleichgewichtsmagnetisierung $M_\beta = (\gamma\hbar/2)\tanh(\beta\hbar\Omega/2)$ (vgl. Abschn. 5.2) folgt

$$c_3 = \frac{1}{4}\frac{2T_1 - T_2}{T_1 T_2},$$

$$c_\pm = c\exp(\pm\kappa)\,\text{mit}$$

$$c = \frac{1}{T_1}\frac{1}{2\cosh(\beta\hbar\Omega/2)},$$

$$\kappa = \beta\hbar\Omega/2.$$

Da voraussetzungsgemäss gilt $c_3 \geq 0$, folgt das wichtige Resultat

$$2T_1 \geq T_2 > 0.$$

Kapitel 6
Zweites Beispiel: Fermi's Golden Rule und Einsteins Übergangswahrscheinlichkeiten

6.1 Leistungsbilanz

Wir betrachten ein offenes Quantensystem mit Hamiltonoperator

$$\hat{H}(t) = \hat{H}_0 - b(t)\hat{B},$$

wobei $t \mapsto b(t) \in \mathbb{R}$ eine äussere Anregung sei. Der Dichteoperator $\hat{D}$ des Systems möge wiederum der Karplus–Schwinger-Dynamik genügen,

$$\frac{\mathrm{d}}{\mathrm{d}t}\hat{D}(t) = \frac{1}{\mathrm{i}\hbar}[\hat{H}(t), \hat{D}(t)] - \Gamma\{\hat{D}(t) - \hat{D}_\beta\}.$$

Die Energie $E(t)$ des Systems zur Zeit t ist durch den Erwartungswert des Hamiltonoperators gegeben

$$E(t) = \mathrm{Sp}\{\hat{D}(t)\hat{H}(t)\}.$$

Die durch die Anregung $t \mapsto b(t)$ dem Quantensystem zugeführte Leistung $N(t)$ ist gleich der zeitlichen Energieänderung:

$$N(t) := \frac{\mathrm{d}E(t)}{\mathrm{d}t} = \mathrm{Sp}\left\{\frac{\mathrm{d}\hat{D}(t)}{\mathrm{d}t}\hat{H}(t)\right\} + \mathrm{Sp}\left\{\hat{D}(t)\frac{\mathrm{d}\hat{H}(t)}{\mathrm{d}t}\right\}$$

$$= \frac{1}{\mathrm{i}\hbar}\,\mathrm{Sp}\{[\hat{H}(t), \hat{D}(t)]\hat{H}(t)\} - \Gamma\,\mathrm{Sp}\{\hat{D}(t)\hat{H}(t)\}$$

$$+ \Gamma\,\mathrm{Sp}\{\hat{D}_\beta\hat{H}(t)\} - \dot{b}(t)\,\mathrm{Sp}\{\hat{D}(t)\hat{B}\}.$$

Da die Spur unter zyklischen Vertauschungen invariant ist, verschwindet der erste Term der rechten Seite, so dass

A. Amann, U. Müller-Herold, *Offene Quantensysteme*, Springer-Lehrbuch,
DOI 10.1007/978-3-642-05187-6_6, © Springer-Verlag Berlin Heidelberg 2011

$$N(t) = -\Gamma \, \mathrm{Sp}\{\hat{D}(t)\hat{H}(t)\} + \Gamma \, \mathrm{Sp}\{\hat{D}_\beta \hat{H}(t)\} - \dot{b}(t) \, \mathrm{Sp}\{\hat{D}(t)\hat{B}\}.$$

Um diese Leistungsbilanz mit den Resultaten der linearen Antworttheorie zu verknüpfen, entwickeln wir den Dichteoperator $\hat{D}(t)$ wiederum nach Potenzen des Störoperators

$$\hat{D}(t) = \hat{D}^{(0)}(t) + \hat{D}^{(1)}(t) + \dots,$$

wobei gemäss Kap. 4.6

$$\hat{D}^{(0)}(t) = \hat{D}_\beta \quad \text{für alle } t \in \mathbb{R},$$

$$\hat{D}^{(1)}(t) = \frac{\mathrm{i}}{\hbar} \int\limits_0^\infty \mathrm{e}^{-\Gamma\tau} \mathrm{e}^{-\mathrm{i}\tau \hat{H}_0/\hbar} [\hat{B}, \hat{D}_\beta] \mathrm{e}^{\mathrm{i}\tau \hat{H}_0/\hbar} b(t-\tau) \, \mathrm{d}\tau.$$

Damit folgt

$$N(t) = -\Gamma \, \mathrm{Sp}\{\hat{D}^{(1)}(t)\hat{H}(t)\}$$
$$- \dot{b}(t) \, \mathrm{Sp}\{\hat{D}_\beta \hat{B}\} - \dot{b}(t) \, \mathrm{Sp}\{\hat{D}^{(1)}(t)\hat{B}\} + \text{höhere Terme}.$$

Wegen der Invarianz der Spur unter zyklischen Vertauschungen folgt

$$\mathrm{Sp}\{\hat{D}^{(1)}(t)\hat{H}_0\} = 0,$$

so dass

$$N(t) = +\Gamma b(t) \, \mathrm{Sp}\{\hat{D}^{(1)}(t)\hat{B}\} - \dot{b}(t) \, \mathrm{Sp}\{\hat{D}^{(1)}(t)\hat{B}\} - \dot{b}(t)\langle \hat{B}\rangle_\beta,$$

wobei

$$\langle \hat{B}\rangle_\beta := \mathrm{Sp}\{\hat{D}_\beta \hat{B}\}.$$

Gemäss Kapitel 4.6 ist $\mathrm{Sp}\{\hat{D}^{(1)}(t)\hat{B}\}$ die lineare Antwort bezüglich des Störoperators $-b(t)\hat{B}$ und der Observablen $\hat{B}$, d. h.

$$\mathrm{Sp}\{\hat{D}^{(1)}(t)\hat{B}\} = \int\limits_0^\infty \Phi_{BB}(\tau) b(t-\tau) \, \mathrm{d}\tau.$$

Somit gilt im Kontext der linearen Antworttheorie:

$$N(t) = -\dot{b}(t)\langle \hat{B}\rangle_\beta + \{\Gamma b(t) - \dot{b}(t)\}\int\limits_0^\infty \Phi_{BB}(\tau)b(t-\tau)\,\mathrm{d}\tau.$$

Im Spezialfall einer oszillatorischen Anregung

$$b(t) = \cos(\omega t), \quad \omega > 0,$$

erhalten wir damit für die dem System zugeführte Leistung

$$N(t) = \omega \sin(\omega t)\langle \hat{B}\rangle_\beta$$
$$+ \{\Gamma \cos(\omega t) + \omega \sin(\omega t)\} \cdot$$
$$\cdot \int_0^\infty \Phi_{BB}(\tau)\{\cos(\omega t)\cos(\omega\tau) + \sin(\omega t)\sin(\omega\tau)\}\,\mathrm{d}\tau$$
$$= \omega \sin(\omega t)\langle \hat{B}\rangle_\beta$$
$$+ \{\Gamma \cos(\omega t) + \omega \sin(\omega t)\}\{\chi_{BB}^{(1)}(\omega)\cos(\omega t) + \chi_{BB}^{(2)}(\omega)\sin(\omega t)\}.$$

Von besonderem Interesse ist der Zeitmittelwert $\bar{N}$ der dem System zugeführten Leistung

$$\bar{N} := \frac{1}{T}\int_0^T N(t)\,\mathrm{d}t, \quad T = 2\pi/\omega \Rightarrow \bar{N} = \lim_{T\to\infty}\frac{1}{T}\int_0^T N(t)\,\mathrm{d}t.$$

Mit

$$\overline{\sin(\omega t)} = 0,$$
$$\overline{\sin(\omega t)\cos(\omega t)} = 0,$$
$$\overline{\sin^2(\omega t)} = \overline{\cos^2(\omega t)} = \tfrac{1}{2},$$

folgt

$$\bar{N} = \tfrac{1}{2}\Gamma\chi_{BB}^{(1)}(\omega) + \tfrac{1}{2}\omega\chi_{BB}^{(2)}(\omega).$$

In allen spektroskopisch wichtigen Fällen ist die Resonanzfrequenz ω_R immer viel grösser als die Dämpfungskonstante Γ (Oszillatoren mit hohem Gütefaktor $Q = \omega_R/2\Gamma$), so dass in der experimentell meist untersuchten Resonanznähe $\omega \approx \omega_R$ nur der zweite Term von Bedeutung ist:

$$\bar{N} \approx \tfrac{1}{2}\omega\chi_{BB}^{(2)}(\omega).$$

6.2 Fermi's Golden Rule

Fermi's Golden Rule erlaubt es, zeitabhängige quantenmechanische Probleme mit Hilfe von Übergangswahrscheinlichkeiten in der Sprache des ungestörten Systems zu diskutieren. Damit wird der Formalismus der Quantenmechanik mit einer eigentlich unerlaubten Interpretation verziert, die aber bei Spektroskopikern vom alten Schlag höchst populär ist und kluge Leute rasch und anschaulich zu wichtigen Resultaten führt.

Literaturhinweis
Da die traditionelle Herleitung von Fermi's Golden Rule auf etwas schwachen Füssen steht, leiten wir sie hier aus der gut fundierten linearen Antworttheorie her. Empfehlenswerte Darstellungen der traditionellen Herleitung finden sich beispielsweise in:
W. H. Louisell, *Radiation and Noise in Quantum Electronics*, McGraw-Hill, New York, NY 1964, Chap. 5.3.
A. Yariv, *Quantum Electronics*, Wiley, New York, Second edition, 1975, NY Chap. 3.12.

Um die Sprache des ungestörten Systems einzuführen, entwickeln wir alle Grössen nach der Eigenbasis des ungestörten Hamiltonoperators

$$\hat{H}_0\Psi_n = E_n\Psi_n, \quad \langle\Psi_n \mid \Psi_m\rangle = \delta_{nm}.$$

Damit folgt:

$$\begin{aligned}
\langle\Psi_n \mid \hat{B}(t)\Psi_m\rangle &= \langle\Psi_n \mid e^{it\hat{H}_0/\hbar}\hat{B}e^{-it\hat{H}_0/\hbar}\Psi_m\rangle \\
&= \exp\{it(E_n - E_m)/\hbar\}\langle\Psi_n \mid \hat{B}\Psi_m\rangle \\
&= \exp\{i\omega_{nm}t\}B_{nm},
\end{aligned}$$

wobei

$$\begin{aligned}
\omega_{nm} &:= (E_n - E_m)/\hbar, \\
B_{nm} &:= \langle\Psi_n \mid \hat{B}\Psi_m\rangle.
\end{aligned}$$

Mit

$$\langle \Psi_n \mid \hat{D}_\beta \Psi_m \rangle = \delta_{nm}\, p_n, \qquad p_n := \frac{\exp(-\beta E_n)}{\sum_j \exp(-\beta E_j)}$$

kann die Antwortfunktion Φ_{BB} in der Eigenbasis von $\hat{H}_0$ geschrieben werden

$$
\begin{aligned}
\Phi_{BB}(t) &:= \frac{\mathrm{i}}{\hbar} \mathrm{e}^{-\Gamma t}\, \mathrm{Sp}\{\hat{D}_\beta [\hat{B}(t), \hat{B}]\} \\
&= \frac{\mathrm{i}}{\hbar} \mathrm{e}^{-\Gamma t} \sum_n \sum_m p_n \left\{ \mathrm{e}^{\mathrm{i}\omega_{nm}t} B_{nm} B_{mn} - B_{nm} \mathrm{e}^{\mathrm{i}\omega_{mn}t} B_{mn} \right\} \\
&= \frac{\mathrm{i}}{\hbar} \mathrm{e}^{-\Gamma t} \sum_n \sum_m p_n \left\{ \mathrm{e}^{\mathrm{i}\omega_{nm}t} - \mathrm{e}^{\mathrm{i}\omega_{mn}t} \right\} |B_{nm}|^2 .
\end{aligned}
$$

Damit folgt für die komplexe Suszeptibilität χ_{BB}

$$
\begin{aligned}
\chi_{BB}(\omega) &:= \int_0^\infty \Phi_{BB}(t)\mathrm{e}^{\mathrm{i}\omega t}\, \mathrm{d}t \\
&= \frac{\mathrm{i}}{\hbar} \sum_n \sum_m p_n |B_{nm}|^2 \int_0^\infty \mathrm{e}^{-\Gamma t + \mathrm{i}\omega t} \left\{ \mathrm{e}^{\mathrm{i}\omega_{nm}t} - \mathrm{e}^{\mathrm{i}\omega_{mn}t} \right\} \mathrm{d}t \\
&= \frac{\mathrm{i}}{\hbar} \sum_n \sum_m p_n |B_{nm}|^2 \left\{ \frac{1}{\Gamma - \mathrm{i}(\omega + \omega_{nm})} - \frac{1}{\Gamma - \mathrm{i}(\omega + \omega_{mn})} \right\}
\end{aligned}
$$

oder mit $\omega_{nm} = -\omega_{mn}$

$$\chi_{BB}(\omega) = \frac{1}{\hbar} \sum_n \sum_m p_n |B_{nm}|^2 \left\{ \frac{(\omega - \omega_{nm}) - \mathrm{i}\Gamma}{(\omega - \omega_{nm})^2 + \Gamma^2} - \frac{(\omega - \omega_{mn}) - \mathrm{i}\Gamma}{(\omega - \omega_{mn})^2 + \Gamma^2} \right\}$$

Falls $|\omega_{nm}| \gg 0\ \forall n \neq m$, folgt mit der in Kap. 6.1 hergeleiteten Beziehung $\bar{N} = \frac{1}{2}\omega \chi^{(2)}$ und $\chi^{(2)}(\omega) = \mathrm{Im}\{\chi(\omega)\}$ für positive ω (vgl. 5.3-1)

$$\bar{N} \approx \frac{\pi}{2\hbar}\omega \sum_{\substack{n \\ \omega_{mn} > 0}} \sum_m p_n |B_{nm}|^2 L(\omega - \omega_{mn}) - \frac{\pi}{2\hbar}\omega \sum_{\substack{n \\ \omega_{nm} > 0}} \sum_m p_n |B_{nm}|^2 L(\omega - \omega_{nm})$$

Dabei ist $x \mapsto L(x)$ die normierte Lorentzkurve,

$$L(x) := \frac{1}{\pi} \frac{\Gamma}{x^2 + \Gamma^2}, \quad x \in \mathbb{R}.$$

Die traditionelle Herleitung der Golden Rule geht von der zeitabhängigen Schrödingergleichung aus, berücksichtigt also keinerlei dissipative Wechselwirkungen mit der Umgebung, was Anlass zu mancherlei mathematischen und begrifflichen Schwierigkeiten gibt. Korrekter ist, dissipative Effekte wenigstens global zu berücksichtigen (z. B. mit der Karplus–Schwinger-Dynamik mit $\Gamma > 0$) und erst im Schlussresultat zum Grenzfall $\Gamma \to +0$ verschwindender Dissipation überzugehen. Mit $\omega\delta(\omega - \omega_\alpha) = \omega_\alpha\delta(\omega - \omega_\alpha)$ und

$$\lim_{\Gamma \to +0} L(x) = \delta(x)$$

erhält man

Mittlere Leistungsaumfnahme $\bar{N}$ gemäss *linearer* Antworttheorie im Grenzfall $\Gamma \to 0$

$$\bar{N} = \frac{\pi}{2\hbar^2} \sum_{\substack{n \\ \omega_{mn}>0}} \sum_{m} p_n |B_{nm}|^2 \cdot \hbar\omega_{mn} \cdot \delta(\omega - \omega_{mn})$$

$$- \frac{\pi}{2\hbar^2} \sum_{\substack{n \\ \omega_{nm}>0}} \sum_{m} p_n |B_{nm}|^2 \cdot \hbar\omega_{nm} \cdot \delta(\omega - \omega_{nm})$$

Unter den angegebenen Bedingungen ist dieser quantenmechanische Ausdruck für mittlere Leistung $\bar{N}$ in jeder Beziehung legitim. Eigentlich kann man aus der Quantenmechanik nicht mehr herleiten, jedoch ist die Versuchung gross, diese Beziehung mit Vorstellungen zu verknüpfen, die der Quantenmechanik fremd sind. Die bei den Spektroskopikern heute noch beliebte Interpretation ist eben die Golden Rule und sie beruht auf den folgenden zwei historischen Postulaten von Niels Bohr[1]:

(i) Ein atomares oder molekulares System kann nur in gewissen diskreten, nicht-strahlenden Zuständen existieren, welche *erlaubte Energiezustände* genannt werden.

---

[1] N. Bohr, *On the constitution of atoms and molecules I*, Phil. Mag. **26**, 1–25 (1913).

(ii) Die Emission und Absorption elektromagnetischer Strahlung findet nicht kontinuierlich statt, sondern in Form von *Quantensprüngen* zwischen erlaubten Energiezuständen. Ein solcher Quantensprung ist begleitet von der Emission resp. Absorption monochromatischer elektromagnetischer Strahlung der Frequenz ν, welche durch den Energieerhaltungssatz gegeben ist

$$|E_j - E_k| = h\nu = \hbar\omega, \quad \omega := 2\pi\nu.$$

In einer für die Weiterentwicklung der Quantentheorie fundamentalen Arbeit übernahm Albert Einstein[2] die beiden Bohrschen Postulate (i) und (ii) und betrachtete die Bohrschen Quantensprünge in analoger Weise wie den spontanen Zerfall radioaktiver Atomkerne. Einstein nahm an, dass die Strahlungsübergänge in Atomen oder Molekülen durch Wahrscheinlichkeitsgesetze geregelt seien, ähnlich wie in der elementaren Theorie der Radioaktivität (Kinetik erster Ordnung). Zur statistischen Beschreibung der Quantensprünge führte Einstein die sogenannte *Übergangsrate* $W(j{\to}k)$ ein, welche die Wahrscheinlichkeit pro Zeiteinheit dafür angibt, dass das System von einem erlaubten Zustand der Energie E_j in einen erlaubten Zustand E_k übergeht (unter gleichzeitiger Emission resp. Absorption eines entsprechenden Lichtquants).

Aufgrund dieser Überlegungen von Bohr und Einstein aus den Jahren 1913 bzw. 1917 ist leicht, eine Leistungsbilanz zu erstellen. Falls das System anfänglich den Energiewert E_n und nach dem Quantensprung den Energiewert E_m hat, dann

absorbiert das System Strahlung, falls $E_n < E_m$,

emittiert das System Strahlung, falls $E_n > E_m$.

Mit dem Energieerhaltungssatz folgt

bei Absorption: $\hbar\omega = E_m - E_n$, oder $\omega = \omega_{mn} > 0$,

bei Emission: $\hbar\omega = E_n - E_m$, oder $\omega = \omega_{nm} > 0$,

Im Falle der Absorption ist die bei einem Quantensprung $n{\to}m$ umgesetzte Leistung $N(n{\to}m) = W(n{\to}m)\hbar\omega_{mn}$. Falls p_n die Wahrscheinlichkeit dafür ist, dass das System anfänglich in dem erlaubten Zustand mit der Energie E_n ist, dann ist die mittlere Absorptionsleistung $\bar{N}_A$ gegeben durch

$$\bar{N}_A = +\sum_n \sum_m p_n N(n{\to}m) = \sum_n \sum_m p_n W(n{\to}m)\hbar\omega_{mn}, \quad \omega_{mn} > 0.$$

---

[2] A. Einstein, *Quantentheorie der Strahlung*, Phys. Z. **18**, 121–128 (1917).

Analog ist die mittlere Emissionsleistung $\bar{N}_E$

$$\bar{N}_E = -\sum_n \sum_m p_n N(n \to m) = -\sum_n \sum_m p_n W(n \to m)\hbar\omega_{nm}, \quad \omega_{nm} > 0,$$

so dass für die gesamthaft umgesetzte mittlere Leistung $\bar{N} = \bar{N}_A + \bar{N}_E$ gilt:

$$\bar{N} = \sum_{\substack{n \\ \omega_{mn}>0}} \sum_m p_n W(n \to m)\hbar\omega_{mn} - \sum_{\substack{n \\ \omega_{nm}>0}} \sum_m p_n W(n \to m)\hbar\omega_{nm}.$$

Diese Leistungsbilanz ist verträglich mit der oben aus der quantenmechanischen linearen Antworttheorie hergeleiteten Beziehung für $\bar{N}$, falls für die Übergangsrate $W(n \to m)$ gilt:

Fermi's Golden Rule

$$W(n \to m) = \frac{\pi}{2\hbar^2}|B_{nm}|^2 \delta(\omega - |\omega_{nm}|)$$

Dabei beschreibt $\omega_{nm} > 0$ die Emission und $\omega_{nm} < 0$ die Absorption elektromagnetischer Strahlung. Diese erstmals 1927 von Dirac[3] hergeleitete Beziehung hat in der praktischen Quantenmechanik so hervorragende Dienste geleistet, dass sie von Fermi als Golden Rule bezeichnet wurde.

Gemäss Fermi's Golden Rule ist die Intensität eines spektroskopisch beobachtbaren Übergangs $n \to m$ proportional zum Absolutquadrat des Matrixelements B_{nm} zwischen Anfangszustand Ψ_n und Endzustand Ψ_m des Wechselwirkungsoperators $\hat{B}$ mit dem elektromagnetischen Strahlungsfeld,

$$\text{Intensität} \sim |\langle \Psi_n \mid \hat{B}\Psi_m \rangle|^2.$$

Die Aussage $\langle \Psi_n \mid \hat{B}\Psi_m \rangle = 0$ heisst eine *Auswahlregel*. Ein Übergang $n \to m$ heisst verboten, wenn $\langle \Psi_n \mid \hat{B}\Psi_m \rangle = 0$, wobei in der elektronischen Spektroskopie aus heute nicht mehr relevanten historischen Gründen lediglich der elektrische Dipolmomentoperator als Störoperator $\hat{B}$ berücksichtigt wird. In dieser etwas merkwürdigen Sprachregelung sind verbotene Übergänge durchaus nicht strikte verboten, sie treten lediglich in erster Ordnung Störungstheorie und bei Vernachlässigung magnetischer Dipol- und elektrischer Quadrupol-Wechselwirkungen nicht auf. In einer *linearen* Antworttheorie (Störungsrechnung erster Ordnung!) sind auch Mehrfachquantenübergänge nicht enthalten, welche ebenfalls zu „Verletzungen" von Auswahlregeln und zu Sättigungseffekten führen. Diese Effekte sind wichtig bei hohen

---

[3] P. A. M. Dirac, The quantum theory of the emission and absorption of radiation, Proc. R. Soc. Lond. A **114**, 243–265 (1927).

Strahlungsintensitäten, wie sie etwa in der Radio- und Laserspektroskopie auftreten können, sowie bei Doppelresonanzexperimenten.

Gruppentheoretische Auswahlregeln

Falls das Matrixelement $\langle \Psi_n \mid \hat{B}\Psi_m \rangle$ aus Symmetriegründen verschwindet, spricht man von einer symmetriebedingten oder gruppentheoretischen Auswahlregel. Für eine elementare Einführung in die Theorie gruppentheoretischer Auswahlregeln vgl. man z. B. M. Wagner, *Gruppentheoretische Methoden in der Physik*, Vieweg, Braunschweig, 1978; Skript 4.11.

Allereinfachstes Beispiel für eine gruppentheoretische Auswahlregel

Betrachte den Hilbertraum der komplexwertigen quadratintegrablen Funktionen Ψ : $\mathbb{R} \to \mathbb{C}$ über $\mathbb{R}$, und definiere das Skalarprodukt $\langle \cdot \mid \cdot \rangle$ durch

$$\langle \Psi_1 \mid \Psi_2 \rangle := \int_{-\infty}^{\infty} \Psi_1(x)^* \Psi_2(x)\, dx.$$

Es sei $\hat{B}$ der Multiplikationsoperator (physikalisch etwa als elektrischer Dipolmomentoperator zu interpretieren):

$$\{\hat{B}\Psi\}(x) = x\Psi(x), \quad x \in \mathbb{R}.$$

Dann ist

$$\langle \Psi_1 \mid \hat{B}\Psi_2 \rangle = \int_{-\infty}^{\infty} \Psi_1(x)^* x \Psi_2(x)\, dx$$

$$= \int_{0}^{\infty} \Psi_1(x)^* x \Psi_2(x)\, dx + \int_{0}^{\infty} \Psi_1(-x)^*(-x)\Psi_2(-x)\, dx.$$

Falls entweder Ψ_1 und Ψ_2 beide gerade Funktionen

$$\Psi_1(x) = \Psi_1(-x), \quad \Psi_2(x) = \Psi_2(-x)$$

oder beide ungerade Funktionen

$$\Psi_1(x) = -\Psi_1(-x), \quad \Psi_2(x) = -\Psi_2(-x)$$

sind, dann ist $\langle \Psi_1 \mid \hat{B}\Psi_2 \rangle = 0$. Die beiden durch

$$\{\hat{E}\Psi\}(x) = \Psi(x), \quad \{\hat{G}\Psi\}(x) = \Psi(-x)$$

definierten Operatoren $\hat{E}$ und $\hat{G}$ bilden eine Gruppe $(\hat{E}, \hat{G})$ der Ordnung 2. Die geraden und die ungeraden Funktionen sind die unter dieser Gruppe *symmetrieangepassten Funktionen*, und die eben hergeleitete Beziehung $\langle \Psi_1 \mid \hat{B}\Psi_2 \rangle = 0$ ist eine durch die Symmetriegruppe $(\hat{E}, \hat{G})$ bedingte Auswahlregel.

6.3 Die Einsteinschen Übergangswahrscheinlichkeiten

Ein Quantensystem in einem angeregten Energieeigenzustand kann auch in Abwesenheit eines äusseren, vom Experimentator angelegten elektromagnetischen Feldes elektromagnetische Strahlung emittieren. Man spricht dann von *spontaner Emission* und bezeichnet die spontane Übergangswahrscheinlichkeit $n \to m$ mit A_n^m. Die Ursache für diese spontane Emission ist das immer vorhandene, vom Experimentator nicht beeinflussbare *elektromagnetische Strahlungsfeld*, dessen Quellen die Multipolmomente der Elementarsysteme des betrachteten Quantensystems selbst sind, z. B. die Ladung und das magnetische Dipolmoment der Elektronen. Die spontane Emissionsrate A_n^m kann aus der Quantenelektrodynamik direkt berechnet werden. Das wurde zum ersten Mal von Dirac im Jahre 1927 durchgeführt.[4] Da wir hier die Theorie der Wechselwirkung zwischen Materie und quantisiertem elektromagnetischem Feld nicht behandeln, diskutieren wir lediglich eine ältere, aber höchst geniale Idee von Einstein,[5] um damit auf Grund von Korrespondenzbetrachtungen die Rate A_n^m der spontanen Emission aus der Rate B_n^m der induzierten Emission zu berechnen.

Einsteins grundlegende Idee war, das System im thermischen Gleichgewicht mit dem Strahlungsfeld zu diskutieren. Max Planck gab 1900 die mit der Erfahrung übereinstimmende Formel für die spektrale Intensität I der schwarzen Strahlung im thermischen Gleichgewicht bei der Temperatur T an

$$I(\omega) = \frac{\hbar}{\pi^2 c^3} \frac{\omega^3}{e^{\hbar\omega/kT} - 1} \quad [\mathrm{Js^{-1}m^{-3}}],$$

wobei k die Boltzmannkonstante und $2\pi\hbar$ die Plancksche Konstante ist. Die Energiedichte der schwarzen Strahlung ist gegeben durch $\int_0^\infty I(\omega)\,d\omega$.

Einstein nahm an, dass im thermischen Gleichgewicht eine bestimmte Anzahl N von Molekülen in dem n-ten angeregten stationären Zustand der Energie E_n, und eine bestimmte Anzahl N_m in einem tiefer liegenden stationären Zustand der Energie E_m seien, $E_n > E_m$. Weiter nahm Einstein in Übereinstimmung mit der Erfahrung an, dass die Anzahl der Moleküle, welche pro Zeiteinheit durch Absorption von elektromagnetischer Strahlung in einem Strahlungsfeld der Intensität I vom m-ten in den n-ten Zustand übergehen, proportional zu der Intensität bei der Resonanzfrequenz ω_{nm} sei,

$$\text{Rate der induzierten Absorption: } R(m \to n) = N_m B_m^n I(\omega_{nm}).$$

Die Rate $R(n \to m)$ der Emission setzt sich aus einem spontanen Anteil $N_n A_n^m$ und einem induzierten Anteil $N_n B_n^m I(\omega_{nm})$ zusammen

$$\text{Rate der gesamten Emission: } R(n \to m) = N_n \{A_n^m + B_n^m I(\omega_{nm})\}.$$

Im Gleichgewicht sind beide Raten gleich gross, $R(m \to n) = R(n \to m)$, so dass

$$N_m B_m^n I(\omega_{nm}) = N_n \{A_n^m + B_n^m I(\omega_{nm})\},$$

---

[4] P. A. M. Dirac, The quantum theory of the emission and absorption of radiation, Proc. R. Soc. Lond. A **114**, 243–265 (1927).

[5] A. Einstein, Quantentheorie der Strahlung, Phys. Z. **18**, 121–128 (1917).

oder

$$\frac{N_n}{N_m} = \frac{B_m^n I(\omega_{nm})}{A_n^m + B_n^m I(\omega_{nm})}.$$

Aufgrund der Boltzmannschen e-Faktoren ist im thermischen Gleichgewicht das Populationsverhältnis

$$\frac{N_n}{N_m} = \frac{\exp(-E_n/kT)}{\exp(-E_m/kT)} = \exp(-\hbar\omega_{nm}/kT),$$

wobei

$$\omega_{nm} := (E_n - E_m)/\hbar.$$

Somit gilt

$$B_m^n I(\omega_{nm})\mathrm{e}^{\hbar\omega_{nm}/kT} = A_n^m + B_n^m I(\omega_{nm}),$$

oder nach $I(\omega_{nm})$ aufgelöst

$$I(\omega_{nm}) = \frac{A_n^m}{B_m^n \exp(\hbar\omega_{nm}/kT) - B_n^m}.$$

Unter der plausiblen Annahme, dass für hohe Temperaturen die Strahlungsintensität beliebig gross wird,

$$\lim_{T\to\infty} I(\omega) = \infty,$$

folgt die wichtige Symmetrierelation

$$B_n^m = B_m^n.$$

Damit erhielt Einstein eine neue, sehr originelle Begründung des Planckschen Strahlungsgesetzes:

$$I(\omega_{nm}) = \frac{A_n^m/B_n^m}{\exp(\hbar\omega_{nm}/kT) - 1}.$$

Der Stand der Quantentheorie von 1917 erlaubte nicht, die Konstanten A_n^m und B_n^m aus der Mechanik zu berechnen. Aber der Vergleich mit der Planckschen Formulierung des Strahlungsgesetzes ergibt

$$\frac{A_n^m}{B_n^m} = \frac{\hbar \omega_{nm}^3}{\pi^2 c^3}.$$

Diese Beziehung enthält keine Grössen, welche sich auf das in der Herleitung vorausgesetzte thermische Gleichgewicht beziehen. In der Tat ist diese Beziehung zwischen den Einsteinkoeffizienten A_n^m und B_n^m allgemeingültig.

Aus der quantenmechanischen linearen Antworttheorie konnten wir über die Golden Rule die Koeffizienten B_n^m direkt berechnen:

$$B_n^m = \frac{\pi}{2\hbar^2} \left| \langle \Psi_n \mid \hat{B}\Psi_m \rangle \right|^2.$$

Da der Störoperator $\hat{B}$ selbstadjungiert ist, $\hat{B} = \hat{B}^*$, gilt $\langle \Psi_n \mid \hat{B}\Psi_m \rangle = \langle \Psi_m \mid \hat{B}\psi_n \rangle^*$, so dass $B_n^m = B_m^n$, wie von Einstein gefordert. Mit unseren Mitteln konnten wir die spontane Emission nicht voll quantenmechanisch diskutieren, trotzdem erlaubt uns die Einsteinsche Überlegung, den Einsteinkoeffizienten A_n^m der spontanen Emission aus B_n^m zu berechnen:

$$A_n^m = \frac{\omega_{nm}^3}{2\pi \hbar c^3} \left| \langle \Psi_n \mid \hat{B}\Psi_m \rangle \right|^2.$$

Dieser Ausdruck ist allgemein gültig, obwohl in der Einsteinschen Herleitung als Hilfsüberlegung eine thermische Gleichgewichtssituation eine Rolle spielt.

Einsteinkoeffizienten A_n^m und Lebensdauer
Ohne externes Feld gibt es nur die spontane Emission. Falls nur der Übergang $n \to m$ möglich ist, folgt aus der Definition von A_n^m, dass die Populierung der angeregten Zustände exponentiell abfällt

$$N_n(t) = N_n(0)e^{-A_n^m t}.$$

Falls mehrere Übergänge möglich sind, gilt

$$N_n(t) = N_n(0)e^{-t/\tau}$$

mit

$$\tau^{-1} = \sum_{\substack{m \\ E_m < E_n}} A_n^m.$$

Somit ist τ die *mittlere natürliche Lebenszeit* des n-ten angeregten Energiezustandes eines ungestörten Quantensystems.

Experimentelle Grössenordnung der A_n^m
Im optischen Bereich (UV und VIS) gelten folgende Richtwerte:

$$\text{starke elektrische Dipolstrahlung} \qquad A_n^m \approx 10^8 \ \mathrm{s}^{-1}$$

$$\text{magnetische Dipolstrahlung} \qquad A_n^m \approx 10^3 \ \mathrm{s}^{-1}$$

$$\text{elektrische Quadrupolstrahlung} \qquad A_n^m \approx 1 \ \ \mathrm{s}^{-1}$$

Natürlich handelt es sich dabei nur um ganz grobe Richtwerte, grosse Abweichungen sind möglich! Die Grössenordnungen sind aber für den Chemiker wichtig, denn sie erlauben grobe Abschätzungen der Lebensdauer von angeregten elektronischen Energieeigenzuständen:

$$\text{falls elektrische Dipolübergänge erlaubt sind:} \qquad \tau \approx 10\,\mathrm{ns}$$

$$\text{falls elektrische Dipolübergänge verboten, aber}$$
$$\text{magnetische Dipolübergänge erlaubt sind:} \qquad \tau \approx 1\,\mathrm{ms}$$

$$\text{falls elektrische und magnetische Dipolübergänge}$$
$$\text{verboten sind:} \qquad \tau \approx 1\,\mathrm{s}$$

Im letzteren Falle spricht man auch von metastabilen Zuständen.

Beispiel 1: Nachthimmel-Leuchten und Polarlicht
Diese in Abwesenheit von Zivilisationslicht leicht beobachtbaren Lichtphänomene sind „verbotene" Übergänge. Grob gesprochen handelt es sich um folgende Kinetik:

$$\text{tagsüber:} \ \ O_2 \xrightarrow{\ UV\ } O + O$$

$$\text{nachts:} \ \ \ O + O + O \longrightarrow O_2 + O(^1S_0) \ \text{in } 160\,\mathrm{km} \ \text{Höhe}$$

$$O(^1S_0) \longrightarrow O(^1D_2) + h\nu_1 \qquad \nu_1 = 5\,577\,\text{Å (grün)}$$

$$O(^1D_2) \longrightarrow O(^3P) + h\nu_2 \qquad \nu_2 = 6\,300\ldots 6\,400\,\text{Å (rot)}$$

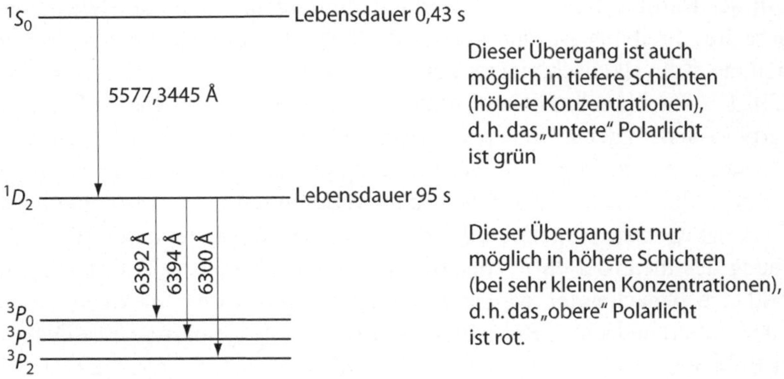

Interessant ist der zeitliche Verlauf des Polarleuchtens!

Beispiel 2: Radioastronomie
Es gibt durchaus extreme Beispiele metastabiler Zustände, zum Beispiel die magnetische Dipolstrahlung der Hyperfein-Aufspaltung des Grundzustandes des

H-Atoms. Dieses Phänomen kann nur bei extremer Verdünnung beobachtet werden,
z. B. in der Radiospektroskopie von Wasserstoff im interstellaren Raum:

$$1951: \text{21-cm-Linie des H-Atoms} \qquad \tau \approx 10^7 \text{ Jahre}$$
$$1955: \text{91,5-cm-Linie des D-Atoms} \qquad \tau \approx 10^9 \text{ Jahre}$$

Die Beobachtung dieser spontanen Emissionen ist im Labor unmöglich, wegen
$B \sim \omega^{-3} A$ kann jedoch die erzwungene Emission oder Absorption mit der
Molekularstrahl-Radiospektroskopie bequem untersucht werden:

$$\text{Rabi 1947: H} \quad 1\,420{,}410 \text{ MHz,}$$
$$\text{D} \quad 327{,}384 \text{ MHz.}$$

Maser und Laser
Induzierte Emission ist der springende Punkt bei Maser und Laser. Man wählt ein
geeignetes System mit einem metastabilen angeregten Zustand und bevölkert diesen
sehr stark, zum Beispiel durch Pumpen eines noch höheren Zustandes und Bevöl-
kerung des metastabilen Zustandes durch spontane Emission aus diesem höheren
Zustand. Der metastabile Zustand kann durch induzierte Emission Strahlung aus-
senden, dazu braucht es Licht oder Mikrowellen genau von der Frequenz, die bei
der erzwungenen Emission emittiert wird. Damit entsteht eine Art Kettenreaktion -
ein wesentlicher Faktor des Lasermechanismus.
Preisfrage: Albert Einstein kannte 1917 alle wesentlichen grundlegenden Prinzipien, um einen Laser zu verstehen. Warum hat er das Laserprinzip nicht
vorgeschlagen?

6.4 Einige Ursachen für die Linienverbreiterung

Wählt man als Ausgangspunkt für die theoretische Diskussion eines spektroskopischen Experiments die Karplus–Schwinger-Dynamik, so findet man für die Linienform der Spektrallinien eine Lorentzkurve mit der halben Halbwertsbreite Γ, wobei
Γ die in der Karplus–Schwinger-Gleichung auftretende reziproke Relaxationszeit
ist. Diese Beschreibung ist eine krasse Idealisierung der tatsächlich vorliegenden
Situation, aber physikalisch viel vernünftiger als Fermi's Golden Rule, die nur den
Grenzfall $\Gamma \to +0$ beschreibt und damit zu unendlich scharfen Spektrallinien führt.
Die Karplus–Schwinger-Dichteoperatordynamik ist häufig praktisch recht brauchbar, ist jedoch eine phänomenologische Beschreibung, welche über die physikalische Ursache der Relaxation und der damit verknüpften Linienverbreiterung noch
nichts aussagt. Generell reflektiert die Form einer Spektrallinie immer Einflüsse der
Umgebung des idealisierten Resonators, wobei die Umgebung sowohl das Strahlungsfeld, die benachbarten Moleküle als auch die direkte molekulare Nachbar-
schaft des isoliert gedachten Resonators sein kann. Naturgemäss ist eine Diskussion
solcher Effekte alles andere als einfach. Wir erwähnen hier nur ganz kurz eine kleine
Auswahl:

   (i) natürliche Linienbreite
  (ii) Linienverbreiterung durch Sättigung
 (iii) Linienverbreiterung durch molekulare Stösse
 (iv) Dopplerverbreiterung

6.4.1 Natürliche Linienbreite

Der Energieverlust durch die emittierte elektromagnetische Strahlung bewirkt eine Dämpfung, die sogenannte *Strahlungsdämpfung*. Diese Strahlungsdämpfung gibt Anlass zu einer prinzipiell nicht vermeidbaren Linienbreite, welche deshalb auch die *natürliche Linienbreite* genannt wird.

Die natürliche Linienbreite ist direkt mit den Einsteinschen Übergangswahrscheinlichkeiten A für die spontane Emission verknüpft. Im allgemeinen ist in der optischen Spektroskopie die natürliche Linienbreite viel zu klein, um experimentell beobachtbar zu sein. In der Radiospektroskopie und in der Spektroskopie mit kohärenter elektromagnetischer Strahlung kann allerdings die natürliche Linienbreite eine experimentell wichtige Rolle spielen.

6.4.2 Linienverbreiterung durch Sättigung ("power broadening")

Falls das externe Strahlungsfeld sehr gross gewählt wird, können die induzierten Übergänge mit den Einsteinschen Übergangswahrscheinlichkeiten B_m^n die Lebensdauer verkürzen und so eine Linienverbreiterung verursachen. Dieser Effekt hat keine praktische Bedeutung in der optischen Spektroskopie (UV, IR, Raman, Vis) mit inkohärenten Lichtquellen, da die erreichbare Strahlungsdichte zu klein ist. In der optischen Spektroskopie sind Sättigungseffekte erst durch die Anwendung von Lasern beobachtbar. In den Radiospektroskopien (MW, KR, ESR) sind Sättigungseffekte durch hohe Hochfrequenzfelder leicht erreichbar.

6.4.3 Stossverbreiterung ("collision broadening")

Vielfach kann ein molekularer Resonator durch Stösse desaktiviert werden (Beispiel: IR-Spektroskopie: Vibration der Molekel, MW-Spektroskopie: Rotation der Molekel, UV + VIS: elektronische Übergänge). Das muss nicht immer der Fall sein, so wird beispielsweise die Emission und Absorption elektromagnetischer Strahlung durch die Kernspins durch molekulare Stösse kaum beeinflusst.

Falls molekulare Stösse einen Resonator desaktivieren, so kann dieser nur während einer endlichen Zeit ungestört elektromagnetische Strahlung emittieren. Falls τ die mittlere Zahl zwischen zwei Stössen ist, und falls die Wahrscheinlichkeit $W(t)\,\mathrm{d}t$, dass die Lebensdauer einer Molekel im Bereich $(t, t + \mathrm{d}t)$ liegt, entsprechend einer Kinetik erster Ordnung durch ein Exponentialgesetz gegeben ist,

$$W(t) = \frac{1}{\tau}\mathrm{e}^{-t/\tau},$$

dann resultiert als Linienform eine Lorentzkurve mit der halben Halbwertsbreite $\gamma = 1/\tau$.

In einem verdünnten Gas ist gemäss der kinetischen Gastheorie die mittlere Geschwindigkeit eines Moleküls gegeben durch

$$v = \sqrt{8kT/\pi m}$$

und die mittlere freie Weglänge

$$l = kT/P\pi r^2 \sqrt{2},$$

wobei k die Boltzmannkonstante, T die absolute Temperatur, P der Gasdruck, m die Masse und r der Stossradius der Molekel ist. Damit folgt für die mittlere Stosszeit τ,

$$\tau = l/v = \sqrt{mkT}/4\sqrt{\pi}\,Pr^2,$$

und damit für die halbe Halbwertsbreite $\gamma = 1/\tau$

$$\gamma = \frac{4\sqrt{\pi}\,Pr^2}{\sqrt{mkT}}.$$

Man beachte die Temperaturabhängigkeit und die Abhängigkeit vom Gesamtdruck P (Fremdgaseinflüsse). Diese Effekte sind in der UV- und VIS-Spektroskopie von Gasen experimentell gut verifiziert. Andere Einflüsse, welche die Lebenszeit des Resonators verkürzen wie etwa chemische Reaktionen, führen zu ähnlichen Effekten.

Skizze der Rechnung für das Phasensprungmodell der Linienverbreiterung nach Lorentz, 1905

Wir nehmen an, dass ein Oszillator für eine gewisse Zeit mit der Kreisfrequenz ω_0 schwingt, dann desaktiviert wird, und danach gleich wieder mit derselben Amplitude und mit derselben Frequenz ω_0, aber nicht notwendigerweise mit derselben Phase, zu schwingen beginnt. In komplexer Schreibweise haben wir somit folgenden Signalverlauf $t \mapsto f(t)$:

$$t_0 < t < t_1 : f(t) = A\exp(i\omega_0 + i\varphi_1)$$
$$t_1 < t < t_2 : f(t) = A\exp(i\omega_0 + i\varphi_2)$$
$$t_2 < t < t_3 : f(t) = A\exp(i\omega_0 + i\varphi_3)$$

Mit dem Einheitsstoss $t \mapsto \vartheta(t)$ können wir daher die ungestörte Emission eines Oszillators der Lebensdauer τ durch

$$f_\tau(t) = \vartheta(t)\vartheta(\tau - t)\exp(i\omega_0 t + \varphi)$$

beschreiben. In der Probe haben wir viele Oszillatoren mit verschiedenen Lebensdauern τ. Falls der Mechanismus, der den Oszillator desaktiviert, unabhängig von der Geschichte des einzelnen Oszillators ist, erhalten wir ein Lebensdauergesetz wie beim radioaktiven Zerfall, d. h. die Wahrscheinlichkeit $W(\tau)\mathrm{d}\tau$, dass die Lebensdauer im Intervall $(\tau, \tau + \mathrm{d}\tau)$ liegt, ist gegeben durch

$$W(\tau) = \frac{1}{\bar{T}} e^{-\tau/\bar{T}},$$

wobei $\bar{T}$ die mittlere Lebensdauer der ungestört schwingenden Resonatoren ist. Da wir weder individuelle Lebensdauer τ noch die momentane Phase φ der einzelnen Resonatoren kennen können, müssen wir die Funktion $t \mapsto f_\tau(t)$ als Zufallsfunktion betrachten. Genau wie beim Wetter sind Details nicht voraussagbar, dennoch kann man statistische Prognosen machen. Dazu betrachtet man die Korrelationsfunktion

$$K(t) = \langle f_\tau(t) f_\tau^*(0) \rangle_{\text{Ens}}$$

wobei $\langle \cdot \rangle$ der Mittelwert über ein repräsentatives Ensemble ist.

Mit dem angenommenen exponentiellen Wahrscheinlichkeitsgesetz folgt

$$K(t) = \int\limits_0^\infty f_\tau(t) f_\tau^*(0) W(\tau)\, \mathrm{d}\tau$$

$$= \int\limits_0^\infty \vartheta(t)\vartheta(\tau - t)\vartheta(0)\vartheta(\tau) e^{i\omega_0 t + i\varphi} e^{-i\varphi} \frac{1}{\bar{T}} e^{-\tau/\bar{T}}\, \mathrm{d}\tau$$

$$= \vartheta(t) e^{i\omega_0 t} \frac{1}{\bar{T}} \int\limits_0^\infty e^{-\tau/\bar{T}}\, \mathrm{d}\tau = \vartheta(t) e^{i\omega_0 t} e^{-t/\bar{T}}.$$

Die beobachtbare Linienform entspricht dem Leistungsspektrum des Signals, d. h. der Fouriertransformierten der Korrelationsfunktion

$$\frac{1}{2\pi} \int\limits_{-\infty}^\infty e^{-i\omega t} K(t)\, \mathrm{d}t = \frac{1}{2\pi} \int\limits_0^\infty e^{-i(\omega - \omega_0)t_e - t/\bar{T}}\, \mathrm{d}\tau$$

$$= \frac{1}{(1/\bar{T}) + i(\omega - \omega_0)}.$$

Die absorbierte Leistung entspricht dem Realteil, d. h. der Lorentz-Kurve $L(\omega - \omega_0)$ mit halber Halbwertsbreite $\gamma = 1/\bar{T}$.

6.4.4 Dopplerverbreiterung

Die Linienverbreiterung infolge der mit dem Dopplereffekt der sich bewegenden Moleküle verbundenen Frequenzänderung heisst die Dopplerverbreiterung.

Emittiert ein molekülfester Resonator elektromagnetische Strahlung der Frequenz ν_0 und bewegt sich die Molekel mit der Geschwindigkeit $u = |v| \cos \vartheta$ relativ zu einem Beobachter, dann misst der Beobachter die Frequenz $\nu = \nu_0 + \nu_0 u/c$. Dabei ist ϑ der Winkel zwischen der Bewegungsrichtung der Molekel und der Verbindungslinie vom Molekül zum Beobachter, und c ist die Lichtgeschwindigkeit. In einem verdünnten Gas gilt die Maxwellsche Geschwindigkeitsverteilung, d. h. die Wahrscheinlichkeit, dass die Geschwindigkeit einer Molekel zwischen u und $u + \mathrm{d}u$ liegt, ist

$$\mathrm{d}W = \sqrt{\frac{m}{2\pi k T}} \exp\left\{ -\frac{m}{2kT} u^2 \right\} \mathrm{d}u,$$

wobei m die Molekülmasse, k die Boltzmannkonstante und T die absolute Temperatur ist. Mit $u = c(\nu - \nu_0)/\nu_0$ folgt damit für die Wahrscheinlichkeitsverteilung der beobachteten Frequenz ν

$$\frac{dW}{d\nu} = \frac{c}{\nu_0}\sqrt{\frac{m}{2\pi kT}}\,\exp\left\{-\frac{m}{2kT}\frac{c^2}{\nu_0^2}(\nu - \nu_0)^2\right\},$$

das heisst, eine Gausssche Linienform mit der Halbwertsbreite

$$(\Delta\nu)_{\text{Doppler}} = 1,67\frac{\nu_0}{c}\sqrt{\frac{2kT}{m}}.$$

Praktisch wichtig ist, dass $(\Delta\nu)_{\text{Doppler}} \sim \sqrt{T}$, $(\Delta\nu)_{\text{Doppler}} \sim \nu_0$ und $(\Delta\nu)_{\text{Doppler}} \sim m^{-1/2}$.

Beispiel: Na-D-Linien
$\lambda = 5\,893\,\text{Å}$, $t = 500\,\text{K}$, $(\Delta\nu)_{\text{Doppler}} \approx 0,056\,\text{cm}^{-1} \hat{=}\, 0,02\,\text{Å}$
und $(\Delta\lambda)_{\text{Doppler}} \approx 200(\Delta\lambda)_{\text{natürlich}}$.

6.5 Gibt es Quantensprünge?

Fermi's Golden Rule hat sich tausenfach bewährt, was aber nicht bedeutet, dass sie auch theoretisch einen guten Status hat. Wir denken dabei nicht an die mancherlei Modifikationen und Verbesserungen, die man unschwer anbringen kann. In jeder Herleitung der Golden Rule wird die Existenz von Quantensprüngen vorausgesetzt. Aber, gibt es Quantensprünge? Folgt die Existenz von Quantensprüngen aus den ersten Prinzipien der Quantenmechanik?

Jedenfalls folgt die Existenz von Quantensprüngen *nicht* aus der hier gegebenen oder einer ähnlichen Herleitung aus der Quantenmechanik. Die Vorstellung von Quantensprüngen wurde einfach aus der vorquantenmechanischen Theorie übernommen und korrespondenzmässig umgedeutet. Alles was wir gezeigt haben ist, dass *wenn* es aus irgend einem Grund Quantensprünge geben sollte, dass *dann* die Übergangsraten in der Näherung der linearen Antworttheorie durch

$$W(n \to m) = \frac{\pi}{2\hbar^2}|B_{nm}|^2\delta(\omega - |\omega_{nm}|)$$

gegeben sind.

Die in den Lehrbüchern übliche „Herleitung" von Fermi's Golden Rule geht von der zeitabhängigen Schrödingergleichung

$$i\hbar\dot{\Phi}(t) = \{\hat{H}_0 + \hat{V}(t)\}\Phi(t)$$

aus, wobei angenommen wird, dass zur Zeit $t = 0$ der Anfangszustand durch den n-ten Eigenvektor Ψ_n des ungestörten Hamiltonoperators H_0 gegeben ist,

$$\Phi(0) = \Psi_n, \qquad H_0\Psi_n = E_n\Psi_n.$$

Der Einfachheit halber sei angenommen, dass $\hat{H}_0$ ein rein diskretes Spektrum und mithin ein vollständiges System von Eigenvektoren hat

$$\hat{H}_0\Psi_j = E_j\psi_j, \qquad \langle \Psi_j \mid \Psi_k \rangle = \delta_{jk}$$

so dass $\Phi(t)$ nach den Eigenvektoren Ψ_j von $\hat{H}_0$ entwickelt werden kann. Bequemlichkeitshalber spalten wir einen Phasenfaktor $\exp(-it\,E_j/\hbar)$ ab und definieren den Entwicklungskoeffizienten c_j durch

$$\exp(-it\,E_j/\hbar)c_j(t) := \langle \Psi_j \mid \Phi(t) \rangle,$$

d. h.

$$\Phi(t) = \sum_j c_j(t)\mathrm{e}^{-it\,E_j/\hbar}\Psi_j.$$

Aus der Normierung $\|\Phi(t)\| = 1$ folgt

$$\sum_j |c_j(t)|^2 = 1,$$

so dass man die Zahlen

$$p_j(t) := |c_j(t)|^2$$

formal als Wahrscheinlichkeiten interpretieren kann,

$$0 \leq p_j(t) \leq 1, \qquad \sum_j p_j(t) = 1.$$

Wahrscheinlichkeiten für was? Die meisten Lehrbücher begnügen sich mit der saloppen Aussage, dass mit der Anfangsbedingung $\Phi(0) = \Psi_n$ die Zahl $p_j(t)$ die *Übergangswahrscheinlichkeit*

$$P_t(n \to j) := \frac{|c_j(t)|^2}{|c_n(0)|^2}$$

sei, d. h. die Wahrscheinlichkeit dafür, dass das System innerhalb der Zeit t aus einem vorgegebenen Eigenzustand Ψ_n in einen Eigenzustand Ψ_j von $\hat{H}_0$ übergeht. Diese Formulierung ist nicht lediglich salopp, sondern falsch, weil das System unter den gemachten Annahmen nicht daran denkt, vom Zustand Ψ_n in den Zustand Ψ_j überzugehen. Denn das gestörte System ist unter den gemachten Annahmen für

$t > 0$ nie in einem Eigenzustand von $\hat{H}_0$, sondern immer in einer *kohärenten Superposition* von Eigenzuständen, denn es gilt

$$\Phi(t) = \sum_j c_j(t)\mathrm{e}^{-\mathrm{i}t E_j/\hbar}\Psi_j,$$

wobei die Entwicklungskoeffizienten $c_j(t)$ *stetige* Funktionen der Zeit sind. Das heisst, die in unserer Rechnung verwendete Schrödingergleichung ist prinzipiell nicht im Stande, Quantensprünge zu beschreiben. Ist es damit sinnlos, von Übergangswahrscheinlichkeiten zu sprechen? Keineswegs, nur muss man präzise sagen, was man meint.

Die bereits von Pauli 1933 ausgesprochene Warnung, „dass eine Ausdrucksweise, wonach unabhängig von deren Feststellung durch Messung das System notwendig eine bestimmte innere Energie E_n besitzt oder, was dasselbe ist, sich in einem bestimmten *stationären* Zustand befinden muss, leicht zu Widersprüchen Anlass geben kann, insbesondere dort, wo die ältere Quantentheorie von ‚Übergangsprozessen' zwischen den verschiedenen stationären Zuständen des Systems spricht",[6] hat allerdings die nostalgische Vorliebe der Spektroskopiker für Quantensprünge nicht erschüttert.

Eine korrekte Interpretation der Übergangswahrscheinlichkeit $P_t(n \to j)$ lautet daher etwa:

Übergangswahrscheinlichkeit

$P_t(n \to j)$ ist die *bedingte* Wahrscheinlichkeit dafür, dass das System mit dem Hamiltonoperator $\hat{H}_0$ unter dem Einfluss der Störung $\hat{V}(t)$ innerhalb der Zeit t vom Eigenzustand Ψ_n in den Eigenzustand Ψ_j von $\hat{H}_0$ übergeht, wobei die Bedingungen lauten:

 (i) zur Zeit $t = 0$ ist das System im Zustand Ψ_n,
 (ii) eine Messung erster Art der Observablen $\hat{H}_0$ zur Zeit t hat ergeben, dass das System im Zustand Ψ_j ist.

Es ist sehr irreführend, statt von bedingten Wahrscheinlichkeiten lediglich von Wahrscheinlichkeiten zu sprechen, da die für den Übergang entscheidende Bedingung (ii) in der Systemsbeschreibung mit dem Hamiltonoperator $\hat{H}_0 + \hat{V}(t)$ *nicht* enthalten ist. Eine detaillierte Beschreibung eines „Quantensprungs" muss in drei Stufen erfolgen:

(a) Präparierung des Systems bei $t = 0$ in den Anfangszustand Ψ_n,
(b) Zeitevolution unter der äusseren Störung $\hat{V}(t)$

$$\Psi_n \to \sum_k c_k(t)\exp(-\mathrm{i}E_k t/\hbar)\Psi_k,$$

---

[6] W. Pauli, *Die allgemeinen Prinzipien der Wellenmechanik*, in: *Handbuch der Physik*, 2.Aufl., Band 24, 1. Teil, 1933; p. 148.

(c) Messung der Observablen $\hat{H}_0$ zur Zeit t, welche mit der Wahrscheinlichkeit $P_t(n \rightarrow j)$ zum Messwert E_j führt. Summarisch wird dieser Messprozess durch die sogenannte „Reduktion des Wellenpakets" beschrieben:

$$\sum_k c_k(t) \exp(-\mathrm{i}E_k t/\hbar)\Psi_k \rightarrow \Psi_j \qquad \text{(im Zeitpunkt } t)$$

Man beachte, dass nur die Operation b) durch die Schrödingergleichung

$$\mathrm{i}\hbar\dot{\Phi}(t) = \{\hat{H}_0 + \hat{V}(t)\}\Phi(t)$$

beschrieben wird. Für eine detaillierte Beschreibung des Präparationsprozesses (a) und des Messprozesses (c) ist die elementare Quantenmechanik nicht mehr zuständig. Es wären dazu Wechselwirkungen mit Systemen mit unendlich vielen Freiheitsgraden wie dem elektromagnetischen Strahlungsfeld und klassischen Messgeräten zu berücksichtigen. Solche Probleme sind schwierig, heute noch nicht definitiv gelöst, aber Gegenstand aktueller theoretischer Forschung.[7]

Der praktische Erfolg von Fermi's Golden Rule beruht entscheidend auf der Tatsache, dass der eigentliche Messprozess (c) relativ zum Störprozess (b) ausserordentlich schnell abläuft. Der Engpass für den Gesamtprozess ist daher der theoretisch einfach zu erfassende Teilprozess (b), welcher die für das Schlussresultat relevanten *bedingten* Wahrscheinlichkeiten zu berechnen erlaubt, ohne dass die Quantensprünge selbst beschrieben werden müssen.

6.6 Veranschaulichung an einem exakt lösbaren Modell

Wir betrachten ein Teilchen mit Spin $\frac{1}{2}$ in einem äusseren statischen Magnetfeld B_0 in z-Richtung und einem dazu senkrechten periodischen Hochfrequenzfeld mit Kreisfrequenz ω. Das Problem ist rechnerisch besonders einfach, wenn wir das vom Experimentator angelegte Hochfrequenzfeld $\boldsymbol{B}(t)$ nicht oszillatorisch, sondern rotatorisch wählen. Das heisst, wir wählen

$$\boldsymbol{B}(t) = B_1 \cos(\omega t) \cdot \boldsymbol{e}_1 - B_1 \sin(\omega t) \cdot \boldsymbol{e}_2 + B_0 \boldsymbol{e}_3.$$

Damit folgt für den Hamiltonoperator

$$\hat{H}(t) = -\gamma \boldsymbol{B}(t)\hat{\boldsymbol{S}} = \hat{H}_0 + \hat{V}(t),$$

wobei der ungestörte Hamiltonoperator durch

---

[7] Anmerkung der Hg.: Ein grundlegender Fortschritt in der quantenmechanischen Theorie des Messprozesses ist von C. M. Lockhart und B. Misra, Irreversibility and measurement in quantum mechanics, Physica **136A**, 47–76 (1986) erzielt worden (siehe auch Math. Rev. **87k**: 81006, Nov 1987).

$$\hat{H}_0 = -\Omega_0 \hat{S}_3, \qquad \Omega_0 := \gamma B_0,$$

und die Störung durch

$$\hat{V}(t) = -b\{\cos(\omega t)\hat{S}_1 - \sin(\omega t)\hat{S}_2\}, \qquad b := \gamma B_1$$

gegeben ist. Die Spinoperatoren $\hat{S}_1$, $\hat{S}_2$, $\hat{S}_3$ werden in der üblichen Matrixdarstellung durch

$$\hat{S}_1 = \frac{\hbar}{2}\begin{pmatrix} 0 & 1 \\ 1 & 0 \end{pmatrix}, \quad \hat{S}_2 = \frac{\hbar}{2}\begin{pmatrix} 0 & -i \\ i & 0 \end{pmatrix}, \quad \hat{S}_3 = \frac{\hbar}{2}\begin{pmatrix} 1 & 0 \\ 0 & -1 \end{pmatrix}$$

dargestellt.

Mit der bereits in Abschn. 5.2 benützten Beziehung

$$e^{i\omega t \hat{S}_3/\hbar}\hat{S}_1 e^{-i\omega t \hat{S}_3/\hbar} = \cos(\omega t)\hat{S}_1 - \sin(\omega t)\hat{S}_2$$

folgt

$$\hat{V}(t) = -be^{i\omega t \hat{S}_3/\hbar}\hat{S}_1 e^{-i\omega t \hat{S}_3/\hbar}.$$

Da $\exp\{\pm i\omega t \hat{S}_3/\hbar\}$ mit $\hat{H}_0 = -\Omega_0 \hat{S}_3$ vertauscht, folgt

$$\hat{H}(t) = e^{i\omega t \hat{S}_3/\hbar}\{-\Omega_0 \hat{S}_3 - b\hat{S}_1\}e^{-i\omega t \hat{S}_3/\hbar}.$$

Diese Beziehung erleichtert die Lösung der zeitabhängigen Schrödingergleichung

$$i\hbar\dot{\Phi}(t) = \hat{H}(t)\Phi(t)$$

ausserordentlich, denn wir können damit schreiben

$$i\hbar\dot{\Phi}(t) = e^{i\omega t \hat{S}_3/\hbar}\{-\Omega_0 \hat{S}_3 - b\hat{S}_1\}e^{-i\omega t \hat{S}_3/\hbar}\Phi(t),$$

oder

$$i\hbar\, e^{-i\omega t \hat{S}_3/\hbar}\dot{\Phi}(t) = \{-\Omega_0 \hat{S}_3 - b\hat{S}_1\}\varphi(t)$$

mit

$$\varphi(t) := e^{-i\omega t \hat{S}_3/\hbar}\Phi(t).$$

Wegen

$$\dot{\varphi}(t) = (-i\omega/\hbar)\hat{S}_3\varphi(t) + e^{-i\omega t \hat{S}_3/\hbar}\dot{\Phi}(t)$$

folgt eine sehr einfache Vektor-Differentialgleichung für φ:

$$\mathrm{i}\hbar\dot{\varphi}(t) = \{(\omega - \Omega_0)\hat{S}_3 - b\hat{S}_1\}\varphi(t),$$

welche mit den Eigenvektoren $\alpha = \left(\begin{smallmatrix}1\\0\end{smallmatrix}\right)$ und $\beta = \left(\begin{smallmatrix}0\\1\end{smallmatrix}\right)$ von $\hat{S}_3$ und der Definition $\varphi(t) = c_1(t)\alpha + c_2(t)\beta$, $c_1(t), c_2(t) \in \mathbb{C}$, auch in folgender Form geschrieben werden kann:

$$\mathrm{i}\begin{pmatrix} \dot{c}_1(t) \\ \dot{c}_2(t) \end{pmatrix} = \tfrac{1}{2}\begin{pmatrix} \Delta & -b \\ -b & -\Delta \end{pmatrix}\begin{pmatrix} c_1(t) \\ c_2(t) \end{pmatrix},$$

$$\Delta := \omega - \Omega_0.$$

Damit kann der Zustandsvektor $\Phi(t) = \exp(\mathrm{i}\omega t\,\hat{S}_3/\hbar)\varphi(t)$ durch die zwei komplexwertigen Funktionen $t \mapsto c_1(t)$ und $t \mapsto c_2(t)$ ausgedrückt werden:

$$\Phi(t) = \mathrm{e}^{\mathrm{i}\omega t/2}c_1(t)\alpha + \mathrm{e}^{-\mathrm{i}\omega t/2}c_2(t)\beta.$$

Zur Lösung der Differentialgleichungen für c_1 und c_2 unterwerfen wir die dazugehörige Matrix einer orthogonalen Transformation mit einem noch zu bestimmenden Drehwinkel ϑ:

$$\begin{pmatrix} \cos\vartheta & \sin\vartheta \\ -\sin\vartheta & \cos\vartheta \end{pmatrix}\begin{pmatrix} \Delta & -b \\ -b & -\Delta \end{pmatrix}\begin{pmatrix} \cos\vartheta & -\sin\vartheta \\ \sin\vartheta & \cos\vartheta \end{pmatrix}$$

$$= \begin{pmatrix} \Delta\cos(2\vartheta) - b\sin(2\vartheta) & -\Delta\sin(2\vartheta) - b\cos(2\vartheta) \\ -\Delta\sin(2\vartheta) - b\cos(2\vartheta) & -\Delta\cos(2\vartheta) + b\sin(2\vartheta) \end{pmatrix}.$$

Wählt man den Drehwinkel ϑ so, dass

$$\Delta\sin(2\vartheta) + b\cos(2\vartheta) = 0, \qquad \text{d. h.} \quad \tan(2\vartheta) = -b/\Delta,$$

dann ist die resultierende Matrix diagonal mit den Diagonalelementen

$$\pm\{\Delta\cos(2\vartheta) - b\sin(2\vartheta)\} = \pm\left\{\Delta\frac{1}{\sqrt{1+\tan^2(2\vartheta)}} - b\frac{\tan(2\vartheta)}{\sqrt{1+\tan^2(2\vartheta)}}\right\}$$

$$= \pm\sqrt{\Delta^2 + b^2}.$$

Mit

$$\begin{pmatrix} d_1(t) \\ d_2(t) \end{pmatrix} := \begin{pmatrix} \cos\vartheta & \sin\vartheta \\ -\sin\vartheta & \cos\vartheta \end{pmatrix}\begin{pmatrix} c_1(t) \\ c_2(t) \end{pmatrix}$$

folgt damit das entkoppelte Gleichungssystem

$$\mathrm{i}\dot{d}_1(t) = \tfrac{1}{2}\Omega d_1(t)$$
$$\mathrm{i}\dot{d}_2(t) = -\tfrac{1}{2}\Omega d_2(t)$$

wobei

$$\Omega := |\sqrt{\Delta^2 + b^2}| = |\sqrt{(\omega - \Omega_0)^2 + b^2}|.$$

Mit den Lösungen

$$d_1(t) = \mathrm{e}^{-\mathrm{i}\Omega t/2}d_1(0), \qquad d_2(t) = \mathrm{e}^{+\mathrm{i}\Omega t/2}d_2(0)$$

folgt

$$c_1(t) = \cos\vartheta\,\mathrm{e}^{-\mathrm{i}\Omega t/2}d_1(0) - \sin\vartheta\,\mathrm{e}^{+\mathrm{i}\Omega t/2}d_2(0)$$
$$c_2(t) = \sin\vartheta\,\mathrm{e}^{-\mathrm{i}\Omega t/2}d_1(0) + \cos\vartheta\,\mathrm{e}^{+\mathrm{i}\Omega t/2}d_2(0)$$

oder mit

$$d_1(0) = \cos\vartheta\,c_1(0) \quad + \sin\vartheta\,c_2(0)$$
$$d_2(0) = -\sin\vartheta\,c_1(0) + \cos\vartheta\,c_2(0)$$

nach kurzer Rechnung:

$$c_1(t) = \cos(\Omega t/2)c_1(0) - \mathrm{i}\sin(\Omega t/2)\{\cos(2\vartheta)c_1(0) + \sin(2\vartheta)c_2(0)\},$$
$$c_2(t) = \cos(\Omega t/2)c_2(0) + \mathrm{i}\sin(\Omega t/2)\{\cos(2\vartheta)c_2(0) - \sin(2\vartheta)c_1(0)\}.$$

Resultat – Spin $\tfrac{1}{2}$ in rotierendem Hochfrequenzfeld

Die exakte Lösung der Schrödingergleichung

$$\mathrm{i}\hbar\dot{\Phi}(t) = \{\hat{H}_0 + \hat{V}(t)\}\Phi(t)$$

mit

$$\hat{H}_0 = -\Omega_0\hat{S}_3, \qquad \Omega_0 > 0$$
$$\hat{V}(t) = -b\{\cos(\omega t)\hat{S}_1 - \sin(\omega t)\hat{S}_2\}, \qquad \omega > 0, \quad b \in \mathbb{R}$$

lautet

$$\Phi(t) = \mathrm{e}^{\mathrm{i}\omega t/2}c_1(t)\alpha + \mathrm{e}^{-\mathrm{i}\omega t/2}c_2(t)\beta,$$

wobei

$$\hat{S}_3\alpha = \tfrac{1}{2}\hbar\alpha, \qquad \hat{S}_3\beta = -\tfrac{1}{2}\hbar\beta.$$

$$c_1(t) = \cos(\Omega t/2)c_1(0) - \mathrm{i}\sin(\Omega t/2)\{\cos(2\vartheta)c_1(0) + \sin(2\vartheta)c_2(0)\}$$

$$c_2(t) = \cos(\Omega t/2)c_2(0) + \mathrm{i}\sin(\Omega t/2)\{\cos(2\vartheta)c_2(0) - \sin(2\vartheta)c_1(0)\}$$

mit

$$\Omega := |\sqrt{(\omega - \Omega_0)^2 + b^2}|$$

$$\tan(2\vartheta) = \frac{b}{\Omega_0 - \omega}$$

Nehmen wir zur Illustration dieses Resultats an, am Anfang des Experiments sei der Spinzustand „spin up", d. h.

$$c_1(0) = 1, \qquad c_2(0) = 0.$$

Dann gilt

$$c_1(t) = \cos(\Omega t/2) - \mathrm{i}\cos(2\vartheta)\sin(\Omega t/2),$$

$$c_2(t) = -\mathrm{i}\sin(2\vartheta)\sin(\Omega t/2),$$

und damit

$$p_1(t) := |c_1(t)|^2 = \cos^2(\Omega t/2) + \cos^2(2\vartheta)\cdot\sin^2(\Omega t/2),$$

$$p_2(t) := |c_2(t)|^2 = \sin^2(2\vartheta)\cdot\sin^2(\Omega t/2),$$

wo natürlich wie erwartet

$$p_1(t) + p_2(t) = 1 \quad \text{für alle} \quad t \geq 0.$$

Mit

$$\sin^2(2\vartheta) = \frac{\tan^2(2\vartheta)}{1 + \tan^2(2\vartheta)} = \frac{b^2}{\Delta^2 + b^2} = \frac{b^2}{\Omega^2}$$

können wir für die Wahrscheinlichkeit $p_2(t)$, dass zur Zeit t der Spinzustand „down" realisiert ist, schreiben

$$p_2(t) = b^2 \frac{\sin^2(\Omega t/2)}{\Omega^2},$$

so dass die Übergangswahrscheinlichkeit $P_t(\alpha \to \beta)$ vom Spinzustand α nach dem Spinzustand β eine periodische Funktion der Zeit t ist,

$$P_t(\alpha \to \beta) := \frac{|c_2(t)|^2}{|c_1(0)|^2} = b^2 \frac{\sin^2(\Omega t/2)}{\Omega^2}.$$

Als Funktion der Anregungsfrequenz ω hat die Übergangswahrscheinlichkeit $P_t(\alpha \to \beta)$ ihren Maximalwert beim kleinstmöglichen Wert von $\Omega^2 = (\omega - \Omega_0)^2 + b^2$, d. h. an der Resonanzstelle $\omega = \Omega_0$. Im Resonanzfall $\omega = \Omega_0$ gilt:

$$P_t(\alpha \to \beta) = \sin^2(bt/2).$$

Das heisst, bei exakter Resonanz $\omega = \Omega_0$ ändert sich die Population der beiden Niveaus oszillatorisch mit der Flipfrequenz b („Rabi flipping"),

$$\begin{aligned} p_1(t) &= \cos^2(bt/2) \\ p_2(t) &= \sin^2(bt/2) \end{aligned} \quad \text{für} \quad \omega = \Omega_0,$$

wobei b ein Mass für die Stärke des vom Experimentator angelegten Hochfrequenzfeldes ist.

Aus der exakten Übergangswahrscheinlichkeit

$$P_t(\alpha \to \beta) = b^2 \frac{\sin^2(\Omega t/2)}{\Omega^2}$$

folgt, dass die exakte Übergangsrate

$$W_t(\alpha \to \beta) := \frac{dP_t(\alpha \to \beta)}{dt} = \frac{b^2}{2} \frac{\sin(\Omega t)}{\Omega}$$

periodisch in der Zeit ist. Dies ist im krassen Widerspruch zur zeitunabhängigen Übergangsrate $W^{\mathrm{GR}}(\alpha \to \beta)$ der Golden Rule von Kap. 6.2

$$W^{\mathrm{GR}}(\alpha \to \beta) = \frac{\pi}{2} b^2 \delta(\Delta), \qquad \Delta = \omega - \Omega_0.$$

Die Klärung dieses Paradoxes ist lehrreich.

Zunächst reproduzieren wir die wesentlichen Schritte der in vielen Lehrbüchern gegebenen „Herleitung" von Fermi's Golden Rule.[8] Dabei betrachtet man nur schwache äussere Störungen und macht Störungsrechnung erster Ordnung. Dann

---

[8] Vergleiche beispielsweise:H.L. Strauss, *Quantum Mechanics. An Introduction*, Prentice-Hall, NJ 1968, pp. 134–140. A. Yariv, *Quantum Electronics*, Second Edition, Wiley, New York, NY 1975, pp. 54–58.

erhält man statt der exakten Eigenfrequenz $\Omega = +\sqrt{(\omega - \Omega_0)^2 + b^2}$ lediglich den dominanten Termin der Taylorentwicklung von Ω nach Potenzen von b,

$$\Omega \approx \omega - \Omega_0 + O\left(\frac{b}{\omega - \Omega_0}\right)^2,$$

welche Näherung offensichtlich nur ausserhalb der Resonanz $\omega = \Omega_0$ brauchbar ist. In dieser Approximation folgt dann

$$P_t(\alpha \rightarrow \beta) \approx \tfrac{1}{4}b^2 \frac{\sin^2(t\Delta/2)}{(\Delta/2)^2}, \qquad \Delta := \omega - \Omega_0.$$

Die Funktion $\Delta \rightarrow \dfrac{\sin^2(t\Delta/2)}{(\Delta/2)^2}$ nimmt an der Stelle $\Delta = 0$ den Wert t^2 an und fällt dann ab mit einer Breite von etwa t^{-1}. Durch Integration über Δ erhält man

$$\int_{-\infty}^{\infty} \frac{\sin^2(t\Delta/2)}{(\Delta/2)^2}\, \mathrm{d}\Delta = 2t \int_{-\infty}^{\infty} \frac{\sin^2(x)}{x^2}\, \mathrm{d}x = 2\pi t,$$

so dass

$$\Delta \rightarrow \delta_t(\Delta) := \frac{1}{2\pi t} \frac{\sin^2(t\Delta/2)}{(\Delta/2)^2} \geq 0, \qquad t > 0,$$

eine auf 1 normierte positive Funktion mit dem Maximalwert $t/(2\pi)$ bei $\Delta = 0$ ist. Somit gilt

$$\lim_{t \rightarrow \infty} \delta_t(\Delta) = \delta(\Delta),$$

oder

$$\frac{\sin^2(t\Delta/2)}{(\Delta/2)^2} \rightarrow 2\pi t \delta(\Delta) \quad \text{für} \quad t \rightarrow \infty.$$

Setzt man diese asymptotische Relation in den Ausdruck für die Übergangswahrscheinlichkeit ein, so erhält man

$$P_t(\alpha \rightarrow \beta) \approx \frac{\pi}{2}b^2 \cdot t \cdot \delta(\Delta),$$

und damit für die Übergangsrate $W_t = \mathrm{d}P_t/\mathrm{d}t$ das Resultat von Fermi's Golden Rule

$$W_t(\alpha \rightarrow \beta) \approx \frac{\pi}{2}b^2 \delta(\Delta).$$

Diese verkürzte Herleitung der Golden Rule ist kaum überzeugend, denn abgesehen von mathematisch orientierten Einwänden ist es alles andere als klar, warum man im Fall des hier diskutierten exakt lösbaren Beispiels nicht ebenso gut oder vielmehr besser die exakte Beziehung für $W_t(\alpha \to \beta)$ verwenden kann. Eine sorgfältige Diskussion zeigt, dass man in der eben skizzierten „Herleitung" in scheinbar harmlosen Approximationen neue, in der originalen Problemstellung *nicht* enthaltene Annahmen einführt.

Wir verzichten hier auf eine pedantische Diskussion der erwähnten Argumente und geben statt dessen eine physikalisch einwandfreie und daher transparente Herleitung der Golden Rule für unser exakt lösbares Modell.

Der Hauptgrund für das Paradoxon liegt in der Vernachlässigung dissipativer Wechselwirkungen mit der Umgebung. Diese Wechselwirkungen sind entscheidend wichtig, aber in dem hier exakt gelösten Modell nicht berücksichtigt. Das impliziert unter anderem, dass überhaupt keine „Quantensprünge" auftreten. Falls ein molekulares System von einem Energiezustand zu einem anderen Energiezustand übergehen soll, muss eine quantenmechanische Messung tatsächlich ausgeführt werden, und das ist nicht möglich ohne die Mitwirkung einer durch die Umgebung des Systems verursachten *dissipativen* Wechselwirkung.

Falls das molekulare System durch äussere dissipative Wechselwirkungen einem spontanen Zerfallsprozess unterliegt, welcher beispielsweise durch ein exponentielles Zerfallsgesetz

$$t \mapsto g(t) = \gamma e^{-\gamma t}, \quad \gamma > 0,$$

$$\int_0^\infty g(t)\, dt = 1,$$

geregelt wird, dann ist die mittlere Population des β-Niveaus gegeben durch

$$\bar{p}_2 := \int_0^\infty g(t) p_2(t)\, dt = \frac{b^2 \gamma}{\Omega^2} \int_0^\infty e^{-\gamma t} \sin^2(\Omega t/2)\, dt$$

$$= \frac{1}{2} \frac{b^2}{\Omega^2 + \gamma^2}, \qquad \Omega^2 = \Delta^2 + b^2.$$

Somit ist die mittlere Übergangswahrscheinlichkeit $\bar{P}(\alpha \to \beta)$ exakt gegeben durch

$$\bar{P}(\alpha \to \beta) = \frac{1}{2} \frac{b^2}{\Delta^2 + b^2 + \gamma^2}.$$

Die mittlere Lebensdauer des β-Niveaus ist gleich der Relaxationszeit $\bar{T} = 1/\gamma$, also ist die exakte mittlere Übergangsrate

$$\bar{W}(\alpha\to\beta) = \frac{\bar{P}(\alpha\to\beta)}{\bar{T}} = \frac{b^2}{2}\frac{\gamma}{\Delta^2 + b^2 + \gamma^2}.$$

Die Golden Rule ist nur im Rahmen der *linearen* Antworttheorie gültig, also nur für kleine äussere Störungen b. Setzen wir voraus, dass

$$b^2 \ll \gamma^2,$$

dann gilt approximativ

$$\bar{W}(\alpha\to\beta) \approx \frac{b^2}{2}\frac{\gamma}{\Delta^2 + \gamma^2} = \frac{\pi}{2}b^2 L(\Delta)$$

mit der Lorentzfunktion

$$L(\Delta) := \frac{1}{\pi}\frac{\gamma}{\Delta^2 + \gamma^2}.$$

Im Grenzfall schwacher Dissipation gilt

$$\lim_{\gamma\to 0} L(\Delta) = \delta(\Delta)$$

so dass

$$\bar{W}(\alpha\to\beta) \approx \frac{\pi}{2}b^2\delta(\Delta) \quad \text{falls} \quad b^2 \ll \gamma^2 \to 0,$$

was genau die Behauptung der Golden Rule ist

$$\bar{W}(\alpha\to\beta) = W^{\mathrm{GR}}(\alpha\to\beta) \quad \text{für} \quad b^2 \ll \gamma^2 \to 0.$$

Bei dieser Herleitung wird deutlich, dass die *dissipativen Wechselwirkungen* für die Existenz von Quantensprüngen entscheidend sind.[9]

---

[9] Anmerkung der Hg.: Wesentlich für die Herleitung ist der Ansatz $\bar{p}_2 := \int_0^\infty g(t)p_2(t)$ für die mittlere Population des β-Niveaus. Die Dissipation wird also nicht auf der Ebene einer Schrödinger-Dynamik eingeführt, sondern ad-hoc mit dem disspationsfreien Rabi-Flip kombiniert. Auch wenn das dann direkt auf Fermi's Golden Rule führt, wäre es doch zufriedenstellender, dasselbe Ziel weniger heuristisch über eine Karplus–Schwinger-artige Dynamik zu erreichen.

Personen- und Sachverzeichnis

A. Amann, U. Müller-Herold, *Offene Quantensysteme*, Springer-Lehrbuch,
DOI 10.1007/978-3-642-05187-6, © Springer-Verlag Berlin Heidelberg 2011